建筑设备监控系统工程技术指南

赵晓宇　王福林　吴悦明　姜子炎　等著

中国建筑工业出版社

图书在版编目（CIP）数据

建筑设备监控系统工程技术指南/赵晓宇等著．— 北京：中国
建筑工业出版社，2016.9
ISBN 978-7-112-19520-6

Ⅰ．①建… Ⅱ．①赵… Ⅲ．①房屋建筑设备-监控系统-指南
Ⅳ．①TU855-62

中国版本图书馆CIP数据核字（2016）第138023号

责任编辑：杨 杰 张伯熙
责任设计：李志立
责任校对：陈晶晶 张 颖

建筑设备监控系统工程技术指南

赵晓宇 王福林 吴悦明 姜子炎 等著

＊

中国建筑工业出版社出版、发行（北京西郊百万庄）
各地新华书店、建筑书店经销
北京红光制版公司制版
北京君升印刷有限公司印刷

＊

开本：787×1092毫米 1/16 印张：22¼ 字数：551千字
2016年11月第一版 2016年11月第一次印刷
定价：49.00元
ISBN 978-7-112-19520-6
（29045）

序

随着城市化发展和信息技术的普及，智能建筑市场不断扩大。2015年十二届全国人大三次会议上，李克强总理在政府工作报告中首次提出"互联网＋"行动计划，为互联网＋建筑节能的深度融合以及智慧城市、绿色建筑的深化发展提供了新契机。在可预见的未来，"互联网＋"下的建筑智能化系统必将在深度和广度两个维度上承担职责并发挥作用。在深度上，利用信息化、网络与控制等技术，不仅实现居住环境的安全、健康、舒适，更要最大限度的降低建筑运行的能源消耗，实现节能减排；在广度上，建设运营的主体将从住宅、办公楼向商场、学校、医院、交通枢纽、会展中心等各种类型建筑推广覆盖。

不积跬步无以至千里，上述美好而宏大的愿景若要得以实现，必须依赖智能建筑行业各个从业人员的努力与付出，做到每一个工程的精心设计、施工、调试、试运行、检测、验收和运维，通过对系统工程全生命期的技术控制，使得智能建筑真正发挥其"智能"的效果。

遗憾的是，从我国大量相关工程项目的实施效果来看，建筑设备监控系统正常运行的比例很低，能够发挥正常功能的不足20％。为何有如此大的差距呢？调研分析表明，在实际工程的设计、施工、验收和运行等环节中普遍存在着问题，而且这些问题很大程度是机制的问题，而不是某个企业的具体问题，因此需要在工程流程和技术管理上进行规范，以实现行业的健康发展。

早在2009年《建筑设备监控系统工程技术规范》编制工作启动时，我就建议制订行业标准的重点在于制定规则，要用一套标准化的描述方法把监控系统应该干成什么样给定义清楚。所谓标准化的描述方法，其实就是行业内所有参与人员都能明白的"普通话"，把监控系统需要实现的功能用标准的语言、标准的形式、标准的图描述清楚，使得人人都可以看懂。比如设计院把功能表达清楚了，工程公司据此进行具体设计、再验收，最后根据这套标准化的方法评判运行效果。这样的一套标准化的描述方法，可以成为监控系统设计、施工、调试、验收、运行的依据，解决好各环节之间衔接脱节的问题，从而保障建筑设备监控系统的良好运行。

《建筑设备监控系统工程技术规范》（JGJ/T 334—2014）在2014年发布并实施了，首次建立并规范了这样的标准化描述方法。限于写作范式，《规范》只能是对规定的简单罗列，陈述"应该做什么"、"不能做什么"，对于"为什么应该做（或不能做）"、"为什么这么做"则是惜墨如金，可能难免对想要参考规范的业内人士带来一些困惑。本书花了大量篇幅介绍了《规范》编制过程中的研究成果，包含了作者的思考和见地，是对于《规范》的有益补充，可供建筑设备监控系统全生命期参与者（设计师、施工单位、调试人员、检测机构、物业等）阅读参考。

　　但凡是新事物总有一个被接受和广泛采纳意见的过程，目前基于《规范》要求建成的实际工程案例还比较少。本书专门摘选出几个具有典型性的工程案例，采用标准化功能描述方法进行表述，值得读者借鉴。规范来自实践，最终还要回到实践中，去指导实践。也借此机会望业内同仁在未来更多的实践中不断推敲琢磨，多提宝贵意见。

　　智能技术是实现功能的根本，建筑智能化领域的发展变革也非常迅速。近些年"去中心"、"物联网"、"大数据"等概念引起了世人的极大关注，与这些概念息息相关的技术也应运而生。本书的最后一篇，作者很有心地介绍了无中心扁平化的智能建筑平台、无线无源的能量采集技术与大数据技术，希望读者开卷有益。

江亿

2016 年 8 月于清华园

前　言

对建筑设备监控系统的素材收集和资料分析工作始于 2009 年初向住房和城乡建设部申请标准编制立项，随后《建筑设备监控系统工程技术规范》（下文简称《规范》）的编制任务被列入了当年的首批标准编制目录。《规范》的主编单位为同方股份有限公司和中国建筑业协会智能建筑分会（原智能建筑专业委员会），邀请行业内三十余位专家成立了标准编制组，由我担任主编，开始了长达五年的编制过程。经过多次讨论修改、征求意见和专家评审等环节，《建筑设备监控系统工程技术规范》JGJ/T 334—2014 已于 2014 年 12 月 1 日起正式实施。这是我国首部完全针对建筑设备监控系统的专业性技术规范，对建筑全生命期中关键环节，如设计、施工、调试、试运行、检测、验收和运行维护等的技术要求进行了全面的规定。

标准编制过程中，我们查阅了国内外大量技术资料，走访调研了部分实际工程，分析了当前国内工程效果存在的问题，最终确定了"功能"是贯穿系统工程的"纲"。在规范编制中强调了功能设计的重要性，并为突出可操作性，采用了一套标准化的功能描述方法。在系统配置中选用适当的系统架构和产品将其落实，通过施工安装和调试将其实现，系统检测和验收也有了明确的依据。建筑设备监控系统的功能和效果是要在实际运行中体现的，由于监控系统采用的是电子元器件，需要定期进行校核和维护保养，而且随着使用情况还需要对预先编制的软件参数和程序进行必要的调整和优化，因此运行维护阶段是必不可少的一部分，首次将该部分内容纳入为系统工程的一环，期望能促进系统发挥作用。

编制过程中比较困扰的一个问题是，由于建筑设备监控系统依托于自动化、计算机和网络通信等技术，产品的更新换代非常快，如何对系统配置中的产品进行要求？经过反复讨论，标准中未对系统的架构层次和产品的硬件参数做具体规定，希望以功能设计为导向的系统配置原则能够在技术上适用时间更长且范围更广。

在 2014 年 11 月，《规范》实施前，编制组进行了宣贯，收集了行业内的反馈意见，功能设计的理念得到普遍认同，但是标准化描述方法如何在实际工程中具体应用还比较抽象。因此本书将标准编制过程中的分析思考进行梳理后，补充了典型工程案例。

本书的主要内容包括：

第一篇主要是对技术资料的分析整理。第 1 章介绍了相关的基本概念，系统组成和关键技术，其中国内系统名称的演变过程反映了系统内涵与国外的区别。第 2 章介绍了行业发展历史，我国的行业现状和国内外的技术标准状况其中我国市场调研数据还是首次在国内公开发表，虽然数据是几年前的，但对了解当前的行业状况仍然很有参考价值。第 3 章对我国工程实施效果和产品故障情况进行了调研和分析，确定了应以功能为目标进行系统工程的全生命期技术控制。

第二篇主要是系统工程全生命期的思路和关键技术等内容，包含了标准编制的成果。第 4 章重点对功能设计和标准化描述方法进行了详细介绍。第 5 章"系统配置"中对产品的性能参数和相关影响因素进行了详细介绍而未对其硬件参数做具体要求。由于施工、调试、试运行、检测和验收等内容有很多相关的工程建设标准和书籍，因此第6章对该部分内容进行了综合和概括介绍。第7章仅对运行维护的技术内容提出了要求，相当于系统使用说明和注意事项的提示。

第三篇选取了近年来有代表性的几个工程案例，对系统工程全生命期中的主要技术资料进行归纳整理，特别是对系统功能采用了标准化功能描述方法进行表述，以便于读者理解和参考。

考虑到技术发展快速，第四篇介绍了无中心扁平化系统（TOS）、无源无线传感器和大数据等新技术和新产品的应用。这些新技术已经在多年研究的基础上开始了工程应用，相信今后还会有更多的新技术、新产品推动本行业的健康快速发展。

本书的编写凝聚了《建筑设备监控系统工程技术规范》编制组成员的集体智慧，并通过后期同方泰德国际科技（北京）有限公司贺迪（第1章）、于长雨（第8章）、陈俊（第9章）、马奎（附录二），同方股份有限公司方豪（第6章，第9章）、张聪（第10章，附录一）和清华大学陈哲良（第13章）等多位同事的辛苦付出才得以完成。在编写过程中，得到了清华大学江亿院士的指导，在此一并表示深深的感谢。

建筑设备监控系统在我国的应用已有20余年，随着节能减排和智慧城市的深入进行将持续快速发展。希望本书提供的内容能对工程应用有一定的参考和借鉴，本书的相关结论还需行业内交流和探讨，不足之处敬请读者给予批评指正。

目　　录

第一篇　概　　述

　　本篇是对技术资料的分析整理。其中相关的基本概念、系统组成和关键技术等内容贯穿于全书，了解行业发展历史、我国市场现状、国内外技术标准状况，对我国工程实施效果进行调研后深入分析了原因，提出了应以功能为目标进行全生命期的技术控制的思路。

第1章 基 本 概 念

1.1 名称由来

"建筑设备监控系统"是建筑电气和智能建筑中的一个独立系统,其功能和内涵可以追溯到"楼宇自动化系统"或称为"楼宇自动控制系统"(简称为"楼控系统"),该词来源于 Building Automation System(BAS)的英文直译,主要是指可以对建筑服务设备/系统进行监测、控制和记录的集中控制系统。在国外文献中相关的术语还有:Building Management System(BMS),Building Control System(BCS),Building Automation and Control System(BACS),Building Energy Management System(BEMS)等,在系统组成和主要功能方面都比较类似。

智能建筑的基本功能主要由三大部分构成,即建筑设备自动化系统(BA)、通信自动化系统(CA)和办公自动化系统(OA)集成组成,简称为3A。后来,由于我国对于建筑中的火灾自动报警系统(FA)和安全防范自动化系统(SA)分别由公安部消防局和公安部安防办来进行管理,因此将该两个系统与前面三个自动化系统并列开来,简称为5A。通常,也将国外的 BAS 或 BMS 等称为广义的 BAS,而我国去除了 FA 和 SA 的 BAS 称为狭义的 BAS;国内称为建筑设备管理系统的 BMS,即包含与消防和安防系统进行信息交互和联动控制的功能,可对应于国外的 BMS 或广义 BAS。

从我国已经发布的国家标准中对该系统的术语定义可以看出这一发展过程:

智能建筑行业第一部国家标准为《智能建筑设计标准》GB/T 50314—2000[1],术语"建筑设备自动化系统(BAS)building automation system"是指"将建筑物或建筑群的电力、照明、给排水、防火、保安、车库管理等设备或系统,以集中监视、控制和管理为目的,构成综合系统。"与国外的广义 BAS 概念是一致的。

随后发布的《智能建筑工程质量验收规范》GB 50339—2003[2],术语"建筑设备自动化系统(BAS)building automation system"是指"将建筑物或建筑群内的空调与通风、变配电、照明、给排水、热源与热交换、冷冻和冷却及电梯和自动扶梯等系统,以集中监视、控制和管理为目的构成的综合系统。本规范所用建筑设备监控系统与此条通用。"根据工程实施和验收的管理情况,将该系统定义为狭义的 BAS,并提出术语"建筑设备监控系统"与"建筑设备自动化系统"通用。

修编后的国家标准《智能建筑设计标准》GB/T 50314—2006[3]又在前两者的基础上定义了术语"建筑设备管理系统(BMS)building management system",是指"对建筑设备监控系统和公共安全系统等实施综合管理的系统。"而"公共安全系统(PSS)public security system"是指"为维护公共安全,综合运用现代科学技术,以应对危害社会安全的各类突发事件而构建的技术防范系统或保障体系。"可以对应于国外的 BMS 或 BAS。

此后，建工行业标准《民用建筑电气设计规范》JGJ 16—2008[4,5]在建筑电气系统的组成中采用术语"建筑设备监控系统"。自此，在民用建筑的电气或智能化系统中均采用这一术语。

在2014年实施的建工行业标准《建筑设备监控系统工程技术规范》JGJ/T 334—2014[6]中对"建筑设备监控系统（BAS）building automation system"定义为"将建筑设备采用传感器、执行器、控制器、人机界面、数据库、通信网络、管线及辅助设施等连接起来，并配有软件进行监视和控制的综合系统。简称监控系统。"该定义将关注点从被控对象拉回到监控系统的自身构成。

综上所述，建筑设备监控系统的主要功能是对建筑物内的机电设备进行集中监视、自动测量和控制调节，以及满足相关管理需求对相关的公共安全系统进行监视和联动控制。该系统的监控和管理对象包括：锅炉房和换热系统、制冷系统、通风和空调系统、给排水系统、供配电系统、照明系统和电梯等。建筑物内消耗能源的设备和系统都归其管理，室内的温度、湿度、新风量、含尘浓度和照度等环境由其管理的设备营造。该系统为人们工作和生活创造"安全、健康、节能、环保"的环境发挥了重要作用，已经成为建筑智能化系统中十分重要的组成部分。

1.2 系统组成

根据建筑的规模、功能要求和选用产品的特点，建筑设备监控系统可以采用不同的网络结构。目前工程应用中以集散式计算机控制系统DCS为主，核心控制功能由直接数字控制器DDC实现，通信网络通常采用三层网络结构[4,5,7]，见图1-1所示。

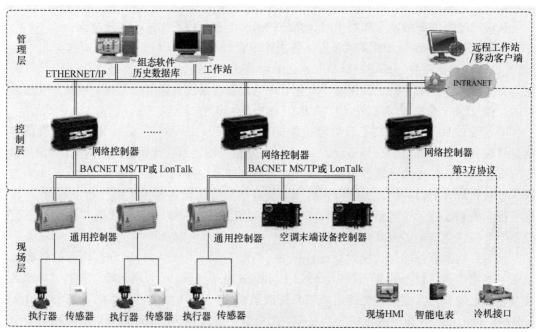

图1-1 建筑设备监控系统网络结构图（三层）

管理层（信息层）的功能是实现集中显示与操作、进行信息综合，硬件构成包括计算机、网络接口和网络设备（网卡、集线器、交换机）等。管理层能够以用户容易理解的方式显示系统数据，允许用户发送一定的命令去控制系统，自动执行计划任务，产生系统报警和事件信息，生成综合报表，实现信息系统共享数据，与互联网建立联系，允许远程访问等。

控制层（自动化层）的功能是实现控制策略，硬件构成包括通用控制器和网络接口。通用控制器是指用户可自由编程的控制器，适用于各种机电设备的控制；能够以用户容易理解的方式显示数据，允许用户发送命令去控制机电设备，自动执行计划任务，产生设备报警和事件控制，生成报告，与其他控制器共享数据等。网络接口有两类，分别把控制层信息向上连接到管理层或向下连接到现场层进行交互。

现场层（仪表层）的功能是完成仪表信号传送，硬件构成包括网络接口、末端控制器、分布式输入输出模块和传感器（变送器）、执行器等，也称为仪表层或设备层。末端处理器是一种嵌入计算机硬件和软件的对建筑末端设备使用的专用控制器，大多是用户不能自由编程的控制器，有些可以自由编程但仅限于该类末端设备的控制。

集散式控制系统的宗旨是使监视和操作工作集中化以便于管理，而具体对象的控制分散化以便减少设备故障对其他设备和系统运行造成的风险。网络结构层次的减少可降低系统造化并简化工程的系统和安装，因此也有很多厂家的产品已经只包括管理层和现场层[4,5,7~9]，系统结构简图见图 1-2。

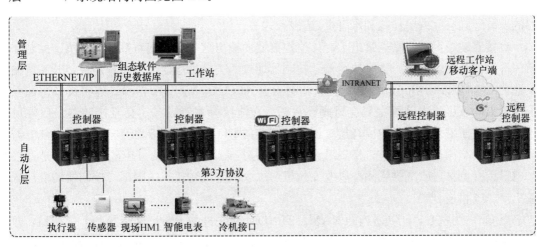

图 1-2　建筑设备监控系统网络结构图（两层）

随着信息技术的发展，仪表层的现场设备均是数字化的，即自带微处理芯片，可将现场设备层单向传输的模拟信号变为全数字双向多站的数字通信，实现现场设备层的全网络化。这样，建筑设备监控系统的网络结构趋于扁平化，整个系统只是一层结构即成为真正的分布式控制系统 FCS，见图 1-3 所示[9,10]。这种发展已成为一种趋势，目前已有部分全以太网的控制产品上市了。

1.2.1　现场设备

现场设备有传感器、执行器和控制器三大类。

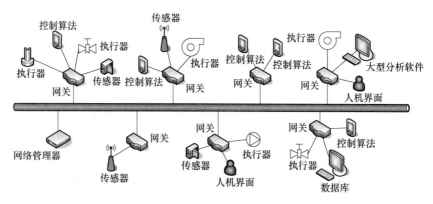

图 1-3 分布式系统结构图

传感器通过敏感元件感应出所测量的物理量，经过变送器转成为电信号送入计算机输入通道中。根据信号形式的不同，主要有两种连接：（1）模拟量输入通道 AI（Analogy Input），可以是电流信号或电压信号，当变送器为电流输出时，长线输送抗干扰的能力较强；（2）开关量输入通道 DI（Digital Input），通过通道上电平高/低两种状态，直接将其转换为数字量 1 或 0，进而对其进行逻辑分析和计算。有些 DI 通道还可直接对脉冲信号进行测量，测量脉冲频率、脉冲宽度或对脉冲个数进行计数。建筑中经常监测的物理量有：温度、湿度、压力（压差）、流量、液位、CO_2 浓度或空气质量、光照度等等，传感器的安装形式有室内壁挂式和水管/风道浸入式等。[11,12]

直接安装在设备或输送管道上，接受控制器的输出信号，实现对系统的调整、控制和启停等操作的现场装置，称为执行器。控制器通过两类输出通道与该装置连接：开关量输出通道 DO（Digital Output）和模拟量输出通道 AO（Analogy Output）。建筑设备监控系统中常见的现场输出装置主要有风阀、水阀、交流接触器等设备。交流接触器是启停风机、水泵及压缩机等设备的执行器，通过控制器的 DO 输出通道带动继电器，再由继电器的触头带动交流接触器线包，实现对设备的启/停控制。变频器及可控硅类执行器是直接对电量进行调整，改变供电频率以改变风机、水泵的电机转速，一般都与控制器的模拟量输出口 AO 相连。[11,12]

以 CPU 为核心，配以适当的 RAM、EPROM 和先进的 Flash 存储器及 I/O 接口，即构成可以编程的智能控制器。控制器通常安装在被控对象的附近，也称为现场控制器，既可独立工作，也可以通过网络接受中央监控计算机的监督指导。控制器与其所控系统内的传感器、执行器及被控设备组成了一个相对独立的控制单元，在网络通信出现故障时仍具有独立工作能力。

现场设备中通常采用的模拟量信号有标准电流信号 4～20mA 和标准电压信号 0～5V 或 0～10V。为安装使用方便，新型控制器产品有通用输入通道 UI 既可连接 AI 也可连接 DI。另外，比较常用的信号还有温度输入信号（如热敏电阻）。

随着计算机技术的发展，安装有 CPU 芯片的智能型传感器和执行器可直接将输入、输出信号数字化，方便远程传输，因此越来越多地得到应用。从基本概念分析，智能型传感器即为传感器和控制器的组合。

1.2.2 网络拓扑结构

网络中节点的互连形式称为拓扑结构[13~18]，常见的拓扑结构及主要特点见表 1-1。

拓扑结构图与主要特点　　　　　　　　　　　　　　　　　　表 1-1

拓扑名称	拓扑结构图	主 要 特 点
星形		各个节点分别与中央节点相连，节点之间的通信通过中央节点进行。星形拓扑便于实现数据通信量的综合处理，终端节点只承担较小的通信量，常用于终端密集的地方。典型应用如通过 hub 连接的局域网。单个节点故障时不影响全网，但可靠性对中央节点的依赖极大。各节点都需要连接到中央节点，因此使用线缆数量大
树形		树形拓扑的传输介质是不封闭的分支电路，是星形拓扑和总线拓扑的扩展形式；任意两个节点之间不产生回路，每个链路都支持双向传输。主要特点是结构比较简单，成本低。节点扩充方便灵活，寻找链路路径比较方便。但是，除叶节点及其相连的链路外，任何一个节点或链路产生的故障都会影响整个网络
环形		通过对网络节点的点对点链路连接，构成一个封闭的环路。信号在环路上从一个设备到另一个设备单向传输，直到信号传输到达目的地为止。每个设备中有一个中继器，中继器之间可使用高速链路（如光纤），因此吞吐量较大，当单个设备故障时其他网络节点可通过连接的另一半链路尽心通信。为提高网络连接的可靠性，在重要场合使用双环
总线形		采用一条主干电缆作为传输介质（总线），各网络节点直接挂接在总线上。每一时刻只允许一个节点发送信息（允许发送广播报文），多个节点可同时接收。特点是结构简单灵活，便于扩充，安装方便且节约电缆。由于多个节点共用一条传输信道，故信道利用率高，但容易产生访问冲突而造成数据丢失，通信协议设计难度高。分支节点故障不影响其他节点，但故障查找难

在实际应用中，通常将不同拓扑结构的子网结合在一起，形成混合型拓扑的更大网络，见图 1-1。当传感器、执行器通过模拟信号通道连接在现场控制器时，是以控制器为中心节点的"星形"结构。多个控制器（含智能型传感器或执行器）之间以"总线"结构分布在建筑中被控设备的安装位置附近。监控计算机、网络打印机和控制器之间则以"树形"结构为主布线。

1.2.3 网络传输介质

通信网络的拓扑结构需要靠物理媒介来连接，常见的传输介质有双绞线、同轴电缆、光导纤维线缆和 GPRS 移动通信[13~18]，主要特性比较见表 1-2。近年来无线通信也开始采用，关于无线通信方式的介绍详见第 1.3 节。

常用通信介质特性比较　　　　　　　　　　　　　　　　表 1-2

介质名称	抗干扰性	传输距离	工程造价	常见应用场合
双绞线	屏蔽型较高 非屏蔽型较低	低速时可达 1200m；高速以太网 连接时，最远 100m	低	在民用和工业控制系统 中广泛使用
同轴电缆	较高	<1800m	中	以太网、有线电视
光纤	高，几乎不受 电磁干扰	6~8km	高	常用于网络 主干部分
GPRS 移动 通信	较高	几十公里	高	常用于站点少， 距离远

在实际工程应用中，造价是比较重要的考虑因素，因此在建筑设备监控系统中最常使用的是双绞线。

1.3　通信协议和接口

通信协议（communications protocol）是指两个或多个通信节点之间完成通信或服务所必须遵循的规则和约定。第 1.2 节的系统组成和网络结构表达了各设备的物理连接，为了实现系统的功能，需要将传感器的信息传递到控制器和监控计算机、同时将程序的计算结果或人员的操作命令下发到执行器中，系统中各设备的信息交互是实现监控管理功能的基础。在网络传输中以数字量来表达信息，数据的产生、传输、协调、识别与应用等，需要遵守相关标准才能保证计算机之间相互通信。就像人与人之间的交流必须具有共同的语言。交流什么、怎样交流及何时交流，都必须遵循某种互相都能接受的规则，这个规则就是通信协议。

由于历史的原因，在不同行业甚至同行业应用中出现多种通信标准广泛共存的局面。因此，需要通过通信协议和接口才能实现建筑自动化。

1.3.1　OSI 通信参考模型

为实现不同厂家设备之间的互连操作和数据交换，国际标准化组织 ISO/TC97 建立了"开放系统互连"分技术委员会，制定了开放系统互连参考模型 OSI（Open System Inter-connection）。OSI 参考模型把完整的通信协议机制划分为 7 个层次，依次是物理层、数据链路层、网络层、传输层、会话层、表示层和应用层，见图 1-4[9,10]。

（1）物理层（Physical Layer）

主要解决二进制传输问题，包括两方面的内容：

1）提供为建立、维护和拆除物理链路所需要的机械的、电气的、功能和规程的特性，即：定义相关底层的机械、电气和传输介质等。

2）提供有关在物理链路上传输数据流、故障检测的指示和管理，即：定义了"0"，"1"二进制数据流的实现、传输、指示和管理。

（2）数据链路层（Data Link Layer）

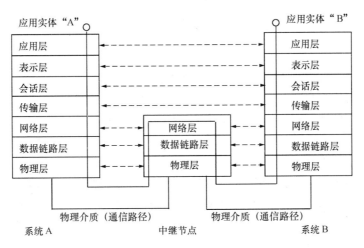

图 1-4 开放互连网络模型

主要解决接入介质问题，主要包括四方面：

1）为网络层实体间通信提供数据发送和接收的服务器功能，即：数据的成帧、传输链路的建立、数据传输和数据链路的拆除。

2）提供数据链路的流量控制，即：控制和避免因收发双方处理速度不匹配等印象引起的数据传输堵塞等问题。

3）检测和纠正物理链路产生的差错，即：通过校验和重传机制，解决传输过程帧的破坏、丢失和重复等问题。

4）处理共享信道访问问题。

链路层往往又被划分为两个子层：逻辑链路控制子层（Logical Link Control，LLC）和媒体访问控制子层（Multi-media Access Control，MAC）。LLC 子层主要负责帧的划分和链路服务的设定，MAC 子层通过控制对终端传送媒体的访问，避免帧的冲突，降低冲突发生率。

（3）网络层（Network Layer）

主要解决网络选择最优路由的问题，主要功能包括三方面：

1）控制分组传输，提供路由选择、拥挤控制和网络互连等功能，实现数据包的路由和中继。

2）根据传输层的要求，提供网络连接的建立与管理，实现网络流量的记账管理。

3）实现帧格式转换，完成异种网络互连。

（4）传输层（Transport Layer）

主要解决端对端（指程序线程和应用软件）的连接问题，主要功能包括四方面：

1）提供建立、维护和拆除端到端的传送连接功能；

2）提供多连接、多服务功能；

3）选择网络层提供最合适的服务，即有连接服务和无连接服务；

4）在系统之间提供可靠、透明的数据传送，提供端到端的错误恢复和流量控制。

（5）会话层（Session Layer）

主要解决主机间的通信问题，主要功能包括两方面：

1）提供两个基础之间建立、维护和结束会话连接的功能；

2）提供交互会话的管理功能。

（6）表示层（Presentation Layer）

主要解决主机数据统一表示问题，主要功能包括两方面：

1）代表应用线程协商数据表示，实现网络虚拟终端；

2）完成数据转换、格式化和文本压缩，实现数据传输。

（7）应用层（Application Layer）

提供 OSI 用户服务，例如事务处理、文件传输协议和网络管理等。

第 1～3 层即物理层、数据链路层和网络层一起实现数据传送功能，被统称为底层。底层数据传输任务与数据的具体内容无关，只是将上层数据作为代码进行透明传输，因此不同的数据应用领域可以采用相同的底层通信方式。通常，常用的底层传输协议相对比较固定，底层网络技术也相对比较成熟。

第 4～7 层即传输层、会话层、表示层和应用层通常被认为是网络传输的高层。由于这几层涉及应用程序的内容，而应用程序相对复杂，因此在实际的建筑自动化通信网络协议中往往将这几层合并为一层或两层，而不作如此详细的划分。同时，由于高层通信协议与应用程序的应用领域有关，高层通信协议通常由不同应用领域的用户根据需求分别设定，因此高层通信协议相对比较灵活，在各个领域，对高层通信协议的研究仍在不断完善之中。

1.3.2　常见的通信接口

建筑自动化网络中常见的物理层标准包括 EIA-232 标准、EIA-485 标准、ISO 8877 标准等，对应设备的物理层接口分别为 RS-232、RS485 和 RJ45。其中 EIA 为美国电子工业协会，最早规定了便于通信设备连接的标准接口。接口的机械特性，如连接器尺寸、引脚的位置和定义都是统一的，就可以把设备与通信网络连接起来。

EIA-232 标准规定用电平高低表示逻辑"1"和"0"，即数据发送时，电平在 +5～+15V 之间表示逻辑"0"，电平在 −15～−5V 之间表示逻辑"1"；数据接收时，电平高于 +3V 表示逻辑"0"，电平小于 −3V 表示逻辑"1"。数据的传输方式为全双工通信方式，即数据的发送和接收可以同时进行。

EIA-485 标准则用一对通信线上的电压差来表示逻辑"1"和"0"，可以消除共模干扰，最大传输距离可达到 1.2km，远远超过 EIA-232 的 15m。数据的传输方式为半双工通信方式，即数据的发送和接收共用一对通信线路，某一特定时刻的数据传输只能按照一个方向进行，但可根据需要在其他时刻反向传输。

1.3.3　现场总线技术

现场总线是指安装在被控区域的现场装置与控制室内的自动装置之间的数字式、串行、多点通信的数据总线，是自动化领域中底层数据通信网络。简单说，现场总线就是以数字通信替代了传统 4～20mA 模拟信号及普通开关量信号的传输，主要解决智能化仪器仪表、控制器、执行机构等现场设备间的数字通信以及这些现场控制设备和高级控制系统之间的信息传递问题。现场总线技术很好地适应了自动控制系统向分散化、网络化和智能化发展的趋势，因此在工业自动化和建筑自动化系统中都普遍使用。

建筑设备监控行业习惯借用工业自动领域的现场总线概念来阐述自己的通信协议。狭义的总线是指，安装在被控设备区域现场的控制模块之间，以及它们与控制室之间连接的数字式、串行、多点通信的通信线路（如 RS-485）。在建筑设备监控行业谈到现场总线技术，往往还涵盖了实现通信协议中物理层以上功能所需的软、硬件，可完成测量、控制和管理功能的一整套系统。

由于历史原因，通信协议通常由产品公司推出，随着产品的应用而逐渐标准化并广泛使用的。常用的工业现场总线包括 Foundation Fieldbus（FF）、LonWorks、Profibus、HART、CAN 等，这些现场总线应用的领域和场合不尽相同。建筑设备监控系统总线技术的发展，有以下三个明显的趋势：一是寻求统一的现场总线国际标准，当前主流厂商普遍支持的协议是 BACnet 和 LonTalk。二是普遍应用互联网技术，支持 TCP/IP 网络通信；再者，随着智能化的仪表、传感器和执行器等设备的成长，通信协议应用范围会继续从 DDC 或 PLC 等控制器向下扩展，取代采用电压、电流、电阻或数字量信号的多线制的 IO 通道，各类无线通信技术也会随之更为普及。

1. BACnet 协议

为了解决系统集成中遇到的问题，1995 年 6 月美国供热、制冷及空调工程师协会通过了 BACnet 标准，旨在为计算机控制暖通空调系统及其他楼宇系统规定通信服务和协议，从而使不同厂家的产品可以在同一个系统内协调工作。迄今为止，BACnet 是唯一一个针对建筑自动化系统而制定的网络通信标准。其协议体系结构图如图 1-5 所示。

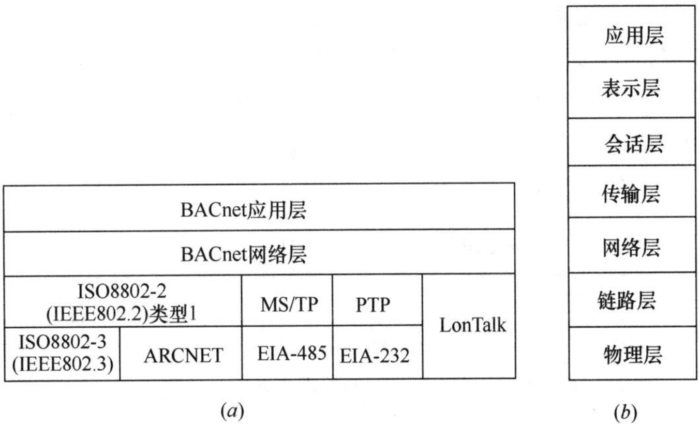

图 1-5　BACnet 协议和 OSI 协议体系结构的对比
(a) BACnet 协议结构；(b) OSI/RM 协议结构

在物理层，BACnet 支持 5 种建筑自动化系统中最常用的物理层标准，即 IEEE802.3、ARCNET、EIA-485、EIA-232 及 LonTalk 协议；在数据链路层，规定了与以太网连接的协议、提供基于 EIA-485 的主从/令牌环网链路层协议，同时兼容基于 EIA-232 物理层的点对点通信模式和 LonTalk 的数据链路层协议；网络层规定了网络设备的各种对话方式和通信路由的确定方法；应用层从建筑自动化中控制调节的特点出发，规定了 18 种对象（Object）、35 种服务（Service）和 13 个功能组（Functional Group）。

BACnet 的优点首先是开放性，它是一个完全开放的网络协议，任何人都可以获取它的全部内容，有助于促进各种控制产品采用同一种网络协议，从而避免信息系统集成过程中协议转换的麻烦。其次，BACnet 的物理层和链路层兼容了多种底层通信协议，给产品生产商灵活的底层通信技术选择。第三，高层通信协议是根据建筑自动化系统中各种控制操作的特点而制定的，规范了在控制调节过程中数据处理过程，也在网络协议的高层保证数据应用的可靠性。在系统集成时，不同种通信协议都可以将其高层协议根据 BACnet 应用层对建筑自动化的理解翻译成 BACnet 应用层协议，在这样一个公共的专业协议下，实现系统集成。因此，在楼宇自动化系统中的使用也越来越普遍。

2. LonWorks 总线

LonWorks 是美国 Echelon 公司推出，Motorola、东芝公司共同倡导，于 1990 年正式公布而形成的现场总线标准。LonWorks 采用了 ISO/OSI 模型的全部 7 层通信协议，采用了面向对象的设计方法，通过网络变量把网络通信设计简化为参数设置；通信速率 300kbps～1.5Mbps 之间，直接通信距离可达 2700m（在 78kbps，双绞线作为传输媒介的条件下）；支持双绞线、同轴电缆、射频、光纤、红外线和电力线等多种通信介质。

LonWorks 的核心技术主要包括 LonWorks 节点和路由器；LonTalk 协议；Lon-Works 收发器和一些开发工具。

LonWorks 节点主要分为两类。一种是以神经元芯片为核心，增加部分收发器构成的现场控制单元；另一种采用模块信息处理结构，用高性能主机代替 8 位 CPU 的神经元芯片实现复杂的测控功能，而只将神经元芯片作为通信协议处理器。

LonWorks 技术所采用的协议被称为 LonTalk 协议。LonTalk 被封装在被称为 Neuron 的神经元芯片中。该芯片中有 3 个 8 位 CPU。其中一个用于完成物理层和链路层的任务，称为媒体访问控制处理器；另一个用于实现从网络层到表示层的功能，称为网络处理器；还有一个被称为应用处理器，执行操作系统服务和用户代码。芯片中还具有存储信息缓冲区，以实现 CPU 之间的信息传递，并作为网络缓冲区和应用缓冲区。LonTalk 协议与 OSI 模型对应的结构见表 1-3。

LonTalk 协议与 OSI 模型的对应结构

表 1-3

OSI 模型	LonTalk 对应结构	
应用层	Neuron C 程序	应用：网络变量交换；应用专用 RPC（远程过程调用协议）等；
表示层	网络变量	网络管理：网络管理 RPC；诊断
会话层	网络管理	请求-应答
传输层	报文服务	确认和无确认，单播，组播； 认证服务； 事务控制子层：公共排序和重复检测
网络层	寻址和路由	无连接，域广播，无分段 无循环拓扑结构
数据链路层	媒介访问	组帧，数据编码，CRC 差错校验； MAC 子层：预测 p-保持 CSMA，冲突避免；可选优先权和冲突检测
物理层	物理连接	多种通信媒介，与媒介有关的协议

LonWorks 收发器解决电气接口问题，支持多种通信通信介质。包括双绞线收发器，

电源线收发器、电力线收发器、无线收发器、光纤收发器等。

Echelon 工作的技术测量是鼓励各 OEM 开发商运用 LonWorks 技术和神经元芯片，开发自己的应用产品，并进一步组成 LonMark 协会，开发推广 LonWorks 技术和产品。它已被广泛应用在楼宇自动化、家庭自动化、保安系统、办公系统、交通运输、工业控制等行业。

3. Modbus 协议

Modbus 是由 Modicon（现为施耐德电气公司的一个品牌）在 1979 年发明的，是全球第一个真正用于工业现场的总线协议。为更好地普及和推动 Modbus 在基于以太网上的分布式应用，目前施耐德公司已将 Modbus 协议的所有权移交给 IDA（Interface for Distributed Automation，分布式自动化接口）组织，并成立了 Modbus-IDA 组织，为 Modbus 今后的发展奠定了基础。

Modbus 协议为应用层协议。控制器通信使用主—从技术，即仅一设备（主设备）能初始化传输（查询）。其他设备（从设备）根据主设备查询提供的数据作出相应反应。典型的主设备有主机和可编程仪表。典型的从设备为可编程控制器。主设备可单独和从设备通信，也能以广播方式和所有从设备通信。如果单独通信，从设备返回一消息作为回应，如果是以广播方式查询的，则不作任何回应。Modbus 建立了主设备查询的格式：设备（或广播）地址、功能代码、所有要发送的数据、错误检测域。

Modbus 协议与 OSI 模型对应的结构见表 1-4。

Modbus 协议与 OSI 模型的对应结构　　　　　　　　　　表 1-4

OSI 模型	Modbus RTU	Modbus IP
应用层	Modbus 应用层	
表示层	空	在 TCP/IP 上的 Modbus 映射
会话层	空	
传输层	空	TCP IETF[1] RFC[2] 793
网络层	空	IP IETF RFC 791
数据链路层	Modbus 串行链路协议	以太网 II/802.3 IEEE 802.2
物理层	TIA/EIA-232F；TIA/EIA-485-A；	以太网物理层

[1] IETF（Internet Engineering Task Force）工程任务组；

[2] RFC（Request For Comments）请求注解。

Modbus 可以支持多种电气接口，如 RS-232、RS-485 等，还可以在各种介质上传送，如双绞线、光纤、无线等。Modbus 的帧格式简单、紧凑，通俗易懂。用户使用容易，厂商开发简单。与 LonTalk 协议相比，用户可以免费、放心地使用 Modbus 协议，不需要交纳许可证费，也不会侵犯知识产权。目前，支持 Modbus 的厂商和产品很多，遍布多个领域。

4. EIB/KNX 总线

EIB 为欧洲安装总线（European Installation Bus）的简称。1990 年由西门子公司发起，多家欧洲电器制造商在比利时布鲁塞尔成立了欧洲安装总线协会（European Installation Bus Association，EIBA），并推出了 EIB 总线。EIB 总线协议规定了 OSI 模型中的物理层、数据链路层和网络层。其中，链路层采用 CSMA/CA 方式协调总线设备的数据传输。EIB 以双绞线为物理传输介质。作为总线的双绞线不仅实现数据的传输，还为每个总线设备提供 24V 的直流电压。EIB 总线可以采用任何拓扑结构。EIB 总线构建的网络以"线路"为单位，每条线路上最多可以连接 64 个设备，最多每 12 条线路可以构成一个"区域"，每 15 个区域构成一个"系统"。各线路之间、各区域之间靠"连接器"连接。EIB 系统中每条线路都有独立的电压设备，这样当一条线路电源出现故障，不会影响到网络中的其他设备。每条"线路"的最长通信距离为 1000m，线路中的设备距离电源设备最大距离为 350m。

EIB 总线被广泛应用于照明控制，智能家居控制、电器控制等领域。用户对建筑物自控系统在安全性、灵活性和实用性方面的要求以及在节能方面的需求促进了这项技术的迅速推广。与此同时，同样的需求在法国促进了 Batibus 技术的发展，欧洲家用电器协会（EHSA）也对家用电器（又称白色电器）的网络通信制定了 EHS 协议。1997 年上述三个协议的管理结构联合成立了 KNX（Konnex）协会，在这三个协议的基础上开发出 KNX 协议标准。该协议以 EIB 为基础，兼顾了 BatiBus 和 EHSA 的物理层规范，并吸收了 BatiBus 和 EHSA 中配置模式等优点。目前在家庭和建筑物自动化领域，KNX 已成为 ISO/IEC14543 和欧洲标准 EN500990、CE13321 要求的开放式国际标准。

5. CAN 总线

CAN 是控制局域网络（Control Area Network）的简称，最早由德国 BOSCH 公司推出，用于汽车内部测量与执行机构间的数据通信。CAN 总线协议也是建立在 OSI 模型基础上的，不过其协议只包括 3 层：即 OSI 模型中物理层、数据链路层和应用层。其信号传输介质位双绞线，通信速率最高可达 1Mbps；在最高传输速率下传输长度为 40m，而直接传输距离最远可达 10km（在传送速率为 5kbps 的条件下）。CAN 总线上可挂接设备的数量最多为 110 个。

CAN 总线采用短帧机构，每一帧的有效字节数为 8 个，因而传输时间短，受干扰的概率低。当节点严重错误时，CAN 具有自动关闭功能，以切断节点与总线的联系，使总线上的其他节点和通信不受影响，因而具有较强的抗干扰能力。

该总线规范已被 ISO 国际标准化组织制定位国际标准。由于得到了 Motorola、Intel、Philips 和 NEC 等公司的支持，CAN 总线广泛地应用于建筑自动化系统，生产过程自动化系统，以及各种离散控制领域。

6. ProfiBus 总线

ProfiBus 总线是符合德国国家标准 DIN19245 和欧洲标准 EN50170 的现场总线。它是以西门子公司为主的十几家德国公司、研究所共同推出的，由 ProfiBus-DP、ProfiBus-FMS 和 ProfiBus-PA 组成。ProfiBus 采用了 OSI 模型的物理层和链路层。在 ProfiBus-FMS 中还规定了应用层协议。ProfiBus 的传输速率为 9600～12Mbps，最大传输距离为 400m（在 1.5Mbps 的条件下），采用中继器可以延长到 10km。其传输介质可以是双绞线或光缆。最多可以挂接 127 个节点。可实现总线供电。ProfiBus-DP 用于分散外设间的高速通信传输，通常用在工业控制领域，在建筑自动化系统中也有应用；FMS 亦为现场信息规范，应用于纺织行业控制、建筑自动化、可编程控制器、低压开关等；ProfiBus-PA 主要用于过程自动化控制。

7. FF 总线

基金会现场总线（Foundation Fieldbus，FF）是在两个通信协议的基础上建立起来的。即以美国 Fisher-Rosemount 公司为首，联合 Foxboro、横河、ABB、西门子等 80 家工作制定的 ISP 协议，和以 Honeywell 公司为首联合欧洲等地的 150 家工作制定的 Word-FIP 协议。这两个技术集团于 1994 年合并成立了现场总线基金会，致力于开发国际上统一的现场总线，并推出了 FF 总线。它以 OSI 模型为基础，规定了物理层、链路层和应用层。并在应用层以上增加了用户层。用户层主要针对自动化测控系统，定义了信息存取的统一规则，采用设备表示语言规定了通用的功能块集。

基金会现场总线分为低速 H1 和高速 H2 两种通信速率。H1 的传输速率为 31.25kbps，通信距离为 1900m（加中继器后可以延长），可支持总线供电。H2 的传输速率为 1Mbps 和 2.5Mbps 两种，通信距离分为 750m 和 500m。传输介质可以支持双绞线、光缆和无线射频，协议符合 IEC1158-2 标准。其物理介质传输信号采用曼彻斯特编码。

基金会现场总线的主要技术包括 FF 通信协议；用于完成 OSI 模型第 2～7 层通信协议的通信栈；用于描述设备特征、参加及操作接口的 DDL 设备描述语言、设备描述字典；用于实现测量、控制、工程量转换等应用的功能块；实现系统组态、调度、管理等功能的系统软件，以及实现系统集成的集成技术等。

1.3.4 无线通信技术

近年来，无线通信技术日趋成熟，因为施工安装方便、可以灵活移动、适用范围广等特点越来越多地应用到建筑中来，和建筑设备监控系统相关的无线通信技术主要有：Wi-Fi、Zigbee、433M 和蓝牙技术等。

近年来，无线技术的兴起为建筑设备监控系统提供了可以解决安装布线及安装费用限制的新选择。相比于有线网络，灵活性是无线网络的最大优点，从而优化系统性能、增加用户的舒适感及适应使用规划的改变。在当前的 BAS 市场上，有很多无线技术及产品可以使用，还有更多的开发工作尚在进行中。

1. Wi-Fi 通信技术

Wi-Fi 通信技术的中文名称为无线保真通信技术，由澳洲政府的研究机构 CSIRO 在 20 世纪 90 年代发明，国际电气电子工程师协会（IEEE）在 1999 年制定为 802.11 标准。Wi-Fi 通信频率采用 2.4GHz 的公共频段，频率范围为 2400MHz 到 2483.5MHz，属于免许可频段资源，在世界范围内无需任何电信运营执照，因此应用非常广泛。

Wi-Fi 技术主要用于以太网上的 TCP/IP 通信，它的每个设备都有唯一的 IP 地址。其主旨是提高基于 LAN 产品的互操作性，主要用于手机、电脑等无线连接因特网服务。考虑到高速和 TCP/IP 的兼容性，Wi-Fi 可用于为现场的以太网设备提供无线方式连接到现有的 Wi-Fi 办公网络中。

Wi-Fi 通信技术在建筑设备监控系统中的应用刚刚兴起。在公共建筑领域，基于 Wi-Fi 通信的监控系统尚未见成熟的实际工程应用，在研究领域的应用探讨比较热烈。在智能家居领域，已有很多生产厂商提供解决方案和相关产品。

2. ZigBee 通信技术

ZigBee 又称紫蜂协议，是由国际电气电子工程师协会 IEEE 802.15 工作组中提出，并由其 TG4 工作组制定规范。ZigBee 的工作频率为 2.4GHz（全球）、868MHz（美国）和 915MHz（欧洲），也都属于免许可频段。其定义了多种网络拓扑，包括星形拓扑、网状拓扑和树形拓扑，应根据具体应用或设备选择最合适的拓扑结构。无论何种拓扑结构，全功能设备（如 24V 交流供电的现场控制面板），能为其他节点提供路由；相反，精简功能设备（如电池供电的房间温度传感器）只能收发自己的数据。

ZigBee 无线通信具有鲜明的技术特点：传输距离短（一般介于 10～100m 之间）、低功耗（在低耗电待机模式下，2 节 5 号干电池可支持 1 个节点工作 6～24 个月）、低复杂度、自组织、低成本（采用 8051 的 8 位微控制器，全功能的主节点需要 32KB 代码，子功能节点少至 4KB 代码，而且 ZigBee 免协议专利费，每块芯片的价格大约为 2 美元）、低数据速率（<250kbps）等。

建筑设备监控系统的数据通信特点是短距离、短数据长度（例如传递一个温度数据只需要一个字节）、低数据传输频率（例如一般不会超过每秒一条数据的传输需要），因此与适合大数据量、连续通信的基于以太网 IP 通信协议的 Wi-Fi 通信技术相比，ZigBee 通信技术更适合用于建筑设备监控系统，数据传输效率（需要传输的信息字节长度在通信数据帧总字节长度中所占的比例）比 Wi-Fi 通信更高。

ZigBee 通信技术适合建筑设备监控系统的另外一个功能是其动态路由自组网功能。在公共建筑中，经常会出现由于租户变更、装修变化、房间分隔改变等调整，这些改动经常会导致某条通信通道断开无法连通，传统楼宇自控系统采用的是人工组网配置、固定路由的模式，当发生这些情况时，只能通过人工开手动更改组网配置和调试，时间成本和人工成都比较高，因此不少实际建筑出现了因装修变更、租户变化等导致楼宇自控系统通信中断，最终楼宇自控系统被弃之不用的现象。如果建筑设备监控系统采用了 ZigBee 通信系统，那么就可以随着建筑装修、房间分隔等的变化引起的监控节点的增减、通信路由的变化而自动调整网络配置，就会减少人工成本，不会影响楼宇自控系统的正常使用。

鉴于其技术特点，ZigBee 技术在建筑设备监控系统中的应用也如雨后春笋一般蓬勃发展。与 Wi-Fi 技术在智能家居中的应用类似，ZigBee 技术首先在智能家居领域得到了广泛的应用，大量的生产厂商推出了基于 ZigBee 技术的智能家居产品和解决方案。

3. 433M 通信技术

433M 通信技术使用 433M 的免许可频段资源，频率范围为 433.05～434.79MHz，以调幅（AM）方式发射无线电波信号进行通信。基于 433MHz 的无线通信，具有高接收灵敏度、绕射性能强的特点，在主从模式的通信系统中有较多应用，这种主从拓扑结构具有网络结构简单，布局容易，上电时间短的优势，在早期智能家居、智能抄表等行业得到广泛应用。

433M 通信的数据传输速率只有 9600bps，远远小于采用 2.4GHz 频段的 Wi-Fi 和 Zigbee 的数据速率，因此 433MHz 技术一般只适用于数据传输量较少的应用场合。433M 通信使用的无线电波频率低于采用 2.4GHz 频段的 Wi-Fi 和 Zigbee 通信，所以绕射性能比 Wi-Fi 和 ZigBee 好，但是穿透性能不如 Wi-Fi 和 ZigBee。从通信可靠性的角度来讲，433MHz 技术和 Wi-Fi 一样，只支持星型网络的拓扑结构，通过多基站的方式实现网络覆盖空间的扩展，因此其无线通信的灵活性、可靠性和稳定性也逊于 Zigbee 技术。另外，不同于 Zigbee 和 Wi-Fi 技术中所采用的加密功能，433MHz 网络中一般采用数据透明传输协议，因此其网络安全可靠性也是较差的。433MHz 通信与 2.4GHz 通信性能的比较，如表 1-5 所示。

433MHz 通信与 2.4GHz 通信性能比较 表 1-5

	433MHz	2.4GHz
频率范围	窄（1.75MHz）	宽（83.5MHz）
数据传输速率	慢（受带宽和调制方式限制）	快（频带宽、调制方式灵活）
绕射能力	强（因为波长长，可用于复杂环境）	弱（因为波长短，可采用路由等方式弥补）
穿透能力	弱、反射干扰大	强
通信距离	远（相同参数点条件下）	近（相同参数点条件下）
组网难度	难（无现成成熟方案）	易（有成熟协议）
产品尺寸	较大（波长长，天线尺寸大）	较小（波长短，天线尺寸小）
接收灵敏度	高（带宽窄，噪声小）	较低（带宽宽，噪声大）

4. 蓝牙技术

蓝牙是单跳的点到多点的通信技术，主要用于短距离的替代电缆的通信，如蓝牙键盘、蓝牙耳机等。它能支持有限数量的网络设备，如 1 个网络对应 8 个设备。它的数据通信速率和功耗都小于 Wi-Fi，也比其更接近于 BAS 应用的需求。

第2章 行　业　发　展

2.1　行业发展历史

建筑设备监控系统是自动控制技术在建筑环境中的应用，因此楼控行业随着工业自动控制技术的发展、建筑功能的提升和节能减排的要求而不断发展起来。

2.1.1　自动控制系统的发展

早在19世纪末，为了对暖通、电力等设备进行控制，西欧和美国的一些公司生产了机械控制器和电气控制器。工业控制的主要发展历程为[9,19]：

1940年及以前：早期采用气动控制，由空压机提供标准压力的空气，依赖机械过程实现控制。可称为气动仪表控制系统。

1940～1950年：随着电气技术的发展，标准电流信号与模拟电路取代了气动控制系统，实现了对单个设备低成本、较稳定的自动控制。可称为电动单元组合仪表控制系统。

1950～1960年后期：通过本地模拟电路自动控制的设备逐渐增多，产生了集中监测设备运行参数、在中央机房调整各个设备设定值的需求。于是每个传感器、执行器都通过数据线，传送4～20mA信号，与中央机房的中央控制柜相连。可称为电子仪表控制系统。

1960年后期～1970年初期：随着计算机技术发展，计算机开始取代由模拟电路搭建的中央控制柜。此时，每一个末端仍通过独立的线缆与中央计算机相连，线缆有的采用同轴电缆，有的则是双绞线。可称为计算机集中控制系统。

1970年中后期～1980年后期：微型计算机和PLC技术的引用，对原有一台中央机直接连接所有信息点的结构进行了离散化，系统由许多小型的本地控制器组成，这提升了系统处理信息点的数量和能力。输入和输出信号分别由PLC或DDC管理，PLC或DDC再将信号传递给中央机。可称为集中管理分散控制的集散式控制系统（DCS）。

1980年后期～2000年：随着网络技术的发展，局域网和数据总线技术开始引入自控系统，而在建筑自控领域，直到90年代中后期，随着标准总线协议不断成熟和推广，总线技术才开始普及。现场总线控制系统的目的就是成为完全分散的分布式控制系统（FCS）。

2000年至今：重点在原有系统集成，自控系统与广域网互联，无线通信等领域发展。

与常规仪表控制系统相比，采用计算机的控制系统具有很多优点：用显示器代替仪表盘，有利于监视和操作；可用软件组态，控制灵活；信息可以统一上传到计算机，可以实现复杂过程和优化的综合控制。然而，集中控制系统的风险高、可靠性差，需要大量和长距离的现场连线，安装复杂，抗干扰能力差，因而应用规模受到较大的限制。

为克服计算机集中控制系统危险高度集中的致命缺点，分布式控制系统（DCS）发展起来并广泛应用起来。在设备附近安装带有微处理器芯片的现场控制器，实现分散控制，由监控室装有应用软件的计算机（中央工作站和分站）实现集中管理。各计算机（包括中央站、分站和现场控制器）之间以一定的网络结构形式连接起来，形成控制网络。

智能传感器、智能执行器的出现，将微处理器直接嵌入现场设备内部（本身具有独立的控制功能和通信功能），实现了监控功能的完全分散，最大限度地消除故障根源。同时，随着网络通信技术的发展，上位机可位于任何物理位置进行复杂计算实现系统协调。因此，现场总线系统成为新一代控制系统的结构模式，它具有高可靠性、灵活性和实用性，而可互操作的设备也会带来更低的成本。随着物联网和信息技术的发展，网络结构的扁平化成为技术发展的趋势。

2.1.2 智能建筑的发展

将计算机自动控制和网络信息系统应用于建筑是20世纪80年代DCS系统发展后开始的。世界上的第一幢智能建筑出现于1984年美国康涅狄格州的哈特福德市的都市大厦，其智能系统工程由美国联合技术建筑公司承接，装备了通信系统、办公自动化系统、自动监控和建筑设备管理系统。随后，智能建筑在日本、德国、英国、法国等国家相继发展起来。

我国最早的智能建筑是1990年建成的北京发展大厦，经过一段时间对国外技术的跟踪研究，1996年1月建设部在上海召开了第一次智能建筑设计研讨会，从此拉开了从研究到工程应用的帷幕，一些大中型城市相继建起了高水平的智能建筑。随着城市化的发展和信息技术的普及，需求市场不断扩大，行业技术标准和工程验收标准等逐步颁布和实施，智能建筑行业得到快速发展和推广普及。当前建筑智能化系统已经成为建筑必备系统之一，在大型公共建筑和住宅小区等的应用不断发展。在北京、上海等发达地区城市的新建楼宇、住宅小区的智能系统工程比重多数已超过10%，有的甚至达到了15%，建筑智能化业务占比逐步提升已成为现代建筑的趋势。智能化从住宅小区和办公楼到医院、银行、学校、商场、图书馆、会展中心、交通枢纽等建筑中的的应用不断延伸和扩展，目前正通过信息网络连接形成"数字化"城市。

2005年3月，建设部、科技部等在北京召开了首届"国际智能与绿色建筑技术研讨会"，提出绿色建筑概念，包括了节能建筑、环保建筑和生态建筑等内涵，从此建筑智能化开始向着"绿色是目的、方向、总纲，智能化是手段、措施与技术"的方向发展：以可持续发展的思想为宗旨，在合理利用信息化、网络、控制、绿色生态等技术的基础上，实现居住环境的安全性、健康性和舒适性，最大限度地降低能源消耗，减少环境污染、提高建筑本身利用率的新型建筑。随着国家出台的一系列贯彻法律法规，不断落实"节能减排综合性工作方案"。节能、减排、绿色、数字化等技术的应用需求，促进了智能建筑行业的快速发展。

2.1.3　我国节能减排的形势

能源与环境是当今世界的两大难题，我国的形势尤其严峻，因此节能减排已经列入基本国策，在"十一五"规划中也首次明确了节能、减排的量化指标；国务院和各大部委也相继出台了多项法律法规。建筑节能与工业节能和交通节能成为我国节能工作的三大重点领域。

2008 年 6 月 25 日国务院公布的《公共建筑室内温度控制管理办法》[20]规定："第三条　公共建筑夏季室内温度不得低于 26℃，冬季室内温度不得高于 20℃。""第七条　新建公共建筑空调系统设计时，设计单位应严格按照《公共建筑节能设计标准》GB 50189—2005 的相关条款进行设计。空调房间均应具备温度控制功能。主要功能房间应在明显位置设置带有显示功能的房间温度测量仪表；在可自主调节室内温度的房间和区域，应设置带有温度显示功能的室温控制器。""第十一条　空调系统无温度监测与控制设施的建筑，其所有权人或使用人应根据建筑的现状，选择合适的室温控制设施改造方式。建筑面积大于两万平方米的，应进行温度自动监测与控制的改造；建筑面积小于两万平方米的，改造完成后应具备温度监测与控制手段。"

2008 年 8 月 1 日公布的《民用建筑节能条例》[21]有多项规定："第十八条　实行集中供热的建筑应当安装供热系统调控装置、用热计量装置和室内温度调控装置；公共建筑还应当安装用电分项计量装置。居住建筑安装的用热计量装置应当满足分户计量的要求。计量装置应当依法检定合格。""第十九条　建筑的公共走廊、楼梯等部位，应当安装、使用节能灯具和电气控制装置。""第二十九条　对实行集中供热的建筑进行节能改造，应当安装供热系统调控装置和用热计量装置；对公共建筑进行节能改造，还应当安装室内温度调控装置和用电分项计量装置。"同期公布的《公共机构节能条例》[22]也有类似规定："第三十条　公共机构应当严格执行国家有关空调室内温度控制的规定，充分利用自然通风，改进空调运行管理。""第三十一条　公共机构电梯系统应当实行智能化控制，合理设置电梯开启数量和时间，加强运行调节和维护保养。""第三十二条　公共机构办公建筑应当充分利用自然采光，使用高效节能照明灯具，优化照明系统设计，改进电路控制方式，推广应用智能调控装置，严格控制建筑物外部泛光照明以及外部装饰用照明。""第三十三条　公共机构应当对网络机房、食堂、开水间、锅炉房等部位的用能情况实行重点监测，采取有效措施降低能耗。"

法规中提到的"用热计量装置"、"用电分项计量装置"、"用能情况监测"本来就是建筑设备管理系统应该配置的监测仪表，相应的"室内温度调控装置"、"改进空调运行管理"、"电梯智能化控制"、"照明智能调控"等也是建筑设备管理系统应该具备并实现的控制调节功能，而"夏季室内温度不得低于 26℃"更是需要开通楼宇自控系统的远程监控功能才能真正得到保证。

随着网络技术的发展，智能建筑为实现建筑节能和绿色建筑提供了坚实的基础，而节能和绿色也对建筑自动化系统提出了更高的要求。随着各项法律法规的出台，建筑设备监控系统的内容日趋明确，其建设和运行已经逐渐向全社会强制推进。

2.2 我国楼控行业现状

2.2.1 总体市场规模

根据英国建筑设备研究与情报协会 BSRIA（Building Services Research and Information Association）的研究报告[23]，2007 年全球楼控市场规模达到 92.05 亿欧元，我国为 3.27 亿欧元，仅占全球份额的 3.6%。全球不同地区的市场占比可见图 2-1，具体销售额数据见表 2-1。

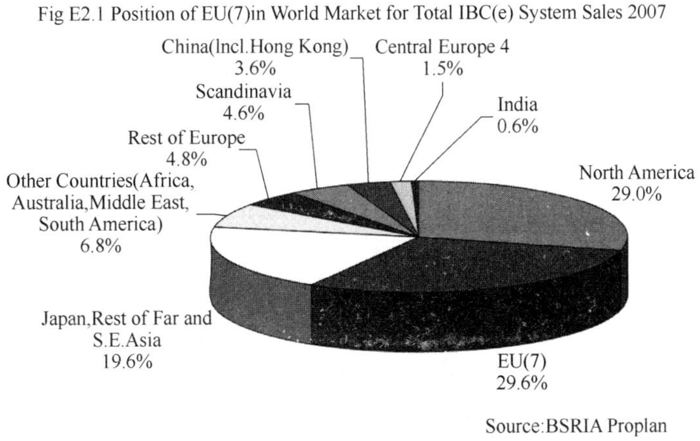

Fig E2.1 Position of EU(7)in World Market for Total IBC(e) System Sales 2007

China(lncl.Hong Kong) 3.6%
Central Europe 4 1.5%
Scandinavia 4.6%
India 0.6%
Rest of Europe 4.8%
Other Countries(Africa, Australia,Middle East, South America) 6.8%
North America 29.0%
Japan,Rest of Far and S.E.Asia 19.6%
EU(7) 29.6%

Source:BSRIA Proplan

图 2-1　全球不同地区的市场占比

全球不同地区的销售额和比例　　　　　　　　　表 2-1

地区	销售额（百万欧元）	比例（%）
北美	2672	29.0
西欧	2723	29.6
日本和东南亚	1800	19.6
其他（非洲，澳洲，中东，南美）	630	6.8
欧洲其他地区	439	4.8
北欧	420	4.6
中国（含香港）	327	3.6
中欧	139	1.5
印度	55	0.6
总计	9205	100

注：汇率折算 1 欧元＝10.15 元人民币，1 美元＝0.73 欧元。

中国建筑业协会智能建筑专业委员会和赛迪咨询预测综合多方信息推算，目前智能建筑市场规模达 1000 亿元。主要是根据我国《2007 年统计年鉴》，全国建筑总面积超过 400 亿平方米，总投资已超过 2 万亿元。根据其中建筑智能化的投资约占建筑总投资的 5％～10％；公共建筑类智能化系统投资在 100～300 元/m² 左右，居住小区的智能系统建设投资在 30～60 元/m² 左右[24,25]。另外，根据统计建筑设备监控系统在智能建筑中的投资比例为 20％～30％。由此推算，楼控行业的市场规模约为 200～300 亿元。

对比国外和国内的不同资料，发现国内的推算数据相对粗糙，分析这一差异的主要原因是：（1）我国总体额度与比 BSRIA 调研的数据高出约十倍是用总体建筑规模推算，实际上从 1996～2008 年以来每年的新建和竣工建筑面积分别为 25～50 亿和 15～25 亿 m²；因此年度市场规模约为推算的 1/10。（2）根据本书第 3 章不同单位对我国工程状况的调研，我国公共建筑中配备建筑设备监控系统的尚不足一半，而居住小区则基本上未配置本系统。但是实际配置了智能化系统的项目投资要高出上述推算值。因此建筑面积基数和单位平方米造价等数据均不确切。

因此，本节下面部分的数据均采用文献［23］BSRIA 的调研报告，统计口径分为四个类别：

（1）IBC（e）产品：包括各种类型的直接数字控制器 DDC，LCD 显示屏，中央监控计算机，监控管理软件和硬件，通信设备，逻辑控制器（PLC）和传感器。

（2）全部产品：包括 IBC 产品，再加上阀门、执行器和变速装置。

（3）IBC（e）系统：包括全部产品，再加上电控箱柜、缆线和施工安装调试验收等。

（4）系统维护：包括产品的维护保养，以及相关的管理服务。

其中第 1 和 2 类属于产品销售，以出厂价统计；第 3 类属于工程，按合同额度统计，在我国需要实施企业具有相关的弱电施工或设计施工一体化资质；第 4 类属于服务，业主可能与产品供应商、系统集成商或运行服务商等单独签订合同。

2.2.2 我国楼控市场概览

我国从 1996 到 2008 年以来的楼控系统工程的状况见图 2-2。

从图 2-2 中可以看出：2008 年楼控系统工程额度迅速增长到 1996 年的 2.5 倍，而且这十几年的发展过程是逐渐增速的，从 1996～2001 年，每年递增 3％～5％；从 2001～2004 年，每年递增 5％～8％；从 2005 年后，一直维持在 10％以上。增速最快发生在 2007 年，达到 15％，与 2008 年将在中国举办奥运会有一定的关系，因为在北部和东部的相关城市有很多大型基建项目。

产品销售与系统工程的市场状况基本相同，从 1996 到 2008 年以来的楼控产品销售状况见图 2-3。

将核心控制产品 IBC 产品再细化后，可以看出从 1994 到 2008 年以来的技术变迁，详见图 2-4，其中将 IBC 产品细分为：

（1）CSC——中央监控计算机，Central Supervisory Computer

（2）FP——自由编程型控制器，Freely Programmable Outstations

（3）FF＋D——固定功能（可配置）和专用控制器

（4）LCD——液晶显示面板

（5）PLC——可编程逻辑控制器

Figure S 1.2IBC(e) system sales in China 1996-2008

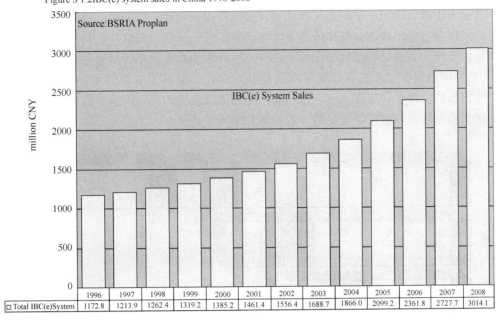

	1996	1997	1998	1999	2000	2001	2002	2003	2004	2005	2006	2007	2008
□ Total IBC(e)System	1172.8	1213.9	1262.4	1319.2	1385.2	1461.4	1556.4	1688.7	1866.0	2099.2	2361.8	2727.7	3014.1

Source:BSRIA Proplan

图 2-2　1996～2008 年中国楼控系统工程情况

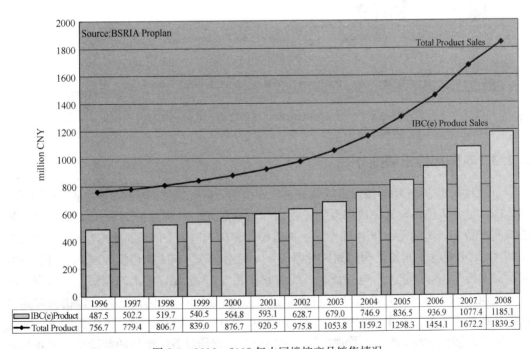

	1996	1997	1998	1999	2000	2001	2002	2003	2004	2005	2006	2007	2008
□ IBC(e)Product	487.5	502.2	519.7	540.5	564.8	593.1	628.7	679.0	746.9	836.5	936.9	1077.4	1185.1
◆ Total Product	756.7	779.4	806.7	839.0	876.7	920.5	975.8	1053.8	1159.2	1298.3	1454.1	1672.2	1839.5

图 2-3　1996～2008 年中国楼控产品销售情况

（6）CE——文件服务器，网络控制器，人机界面硬件和软件含软件网关

（7）传感器

从图 2-4 中可以看出：中央监控计算机所占份额在持续下降，主要原因是终端用户可

以直接进行计算机的集中采购,而从控制厂商单独购买相关软件。自由编程型 DDC 控制器一直稳占市场份额的一半以上,而固定功能的专用控制器持续下降,主要是硬件价格方面自由编程型与专用控制器的比值在下降,同时产品厂商提供的软件工具功能更加完善而且使用也方便。液晶显示面板的份额在提升,用户希望看到更多的信息并更方便地控制系统。CE 类网络服务设备的份额有了很大提升,而且又促进了对联网型 DDC 控制器的需求。传感器的份额也在持续上升,这与欧洲等的市场趋势相同,因为要做到更加完善的自动控制和能量管理,就需要安装更多的检测和输入设备。

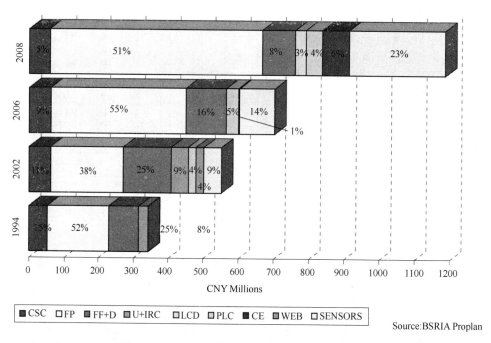

Source:BSRIA Proplan

图 2-4 1994～2008 年不同类型楼控产品的销售情况

2.2.3 我国楼控市场细分

下面对我国 2008 年的楼控市场数据进行详细的分析,数据列于图 2-5。总体市场额度为 33.59 亿元人民币,其中楼控系统工程为 30.14 亿元,系统维护为 3.45 亿元。IBC 核心控制产品 11.85 亿元,其中 DDC、中央监控计算机+LCD+PLC、传感器分别为 7.02、2.10 和 2.73 亿元。再加上阀门和执行器 5.54、变速装置 0.64 和传统控制 0.36 亿元后,总产品销售为 18.39 亿元。电控盘柜、线缆和安装 3.79 亿元,施工、调试、检测到验收 2.47 亿元,合计从产品厂商统计为总额 24.65 亿元。这 24.65 亿元分为直接销售和非直接销售即销售给第三方渠道两类,分别为 13.67 和 10.98 亿元。非直接销售的 10.98 亿元,加上附加的 OEM 产品、管理软件、通信设备、现场设备、个别的制冷空调设备和相应盘柜缆线施工,总额达到 16.47 亿元,统计为第三方渠道销售。由厂商直接销售的 13.67 亿元,和第三方渠道销售的 16.47 亿元,构成了系统工程总额 30.14 亿元。

DDC 控制器可进一步分为大型控制器和现场控制器,其中大型控制器主要用于大型冷站和带有多种空调设备的复杂系统,监控点位多,能够存储自控程序和应用程序;而现

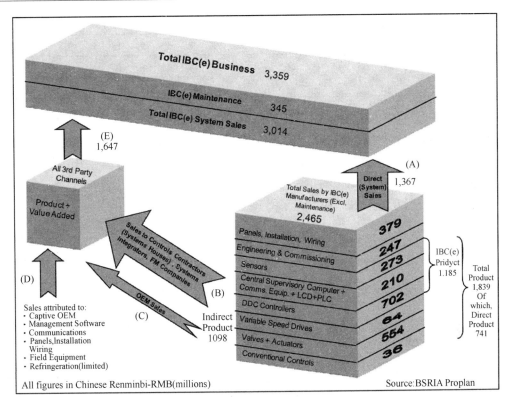

图 2-5　2008 年中国楼控市场额度细化

场控制器主要控制小型空调设备如变风量末端（VAV Box）、风机盘管（FCU）或空调机组（AHU），其输入/输出（I/O）可以是固定的或者是可扩展的模块式。总销售额 7.02 亿元是由 1.26 亿元的大型控制器和 5.76 亿元的现场控制器组成。可自由编程和固定功能（含可配置型）类控制器所占的比例见表2-2，其中可自由编程的占了绝大多数。

自由编程和固定功能（含可配置）的控制器比例　　　　　　　　　　　表 2-2

	现场控制器（%）	大型控制器（%）
自由编程	85	90
固定功能（含可配置）	15	10

传感器主要为监测暖通空调系统使用，主要有温度、湿度、压力和空气品质四大类，在总销售额 2.73 亿元中所占的比例见表 2-3。其中温度传感器的销售量最大，虽然单价最低仍占了超过三分之一的销售额；空气品质传感器的销售量最小不到温度传感器的十分之一，因单价最高也占了 11.9% 的销售额。

不同类型传感器的销售情况统计　　　　　　　　　　　表 2-3

	销售额（百万元）	平均出厂单价（元/台）	销售量（台）
温度	93.1	500	186111
湿度	81.3	1100	73928
压力	66.0	800	82549

续表

	销售额（百万元）	平均出厂单价（元/台）	销售量（台）
空气品质	32.5	2200	14761
总计	272.9		357349

　　阀门和执行器的销售额为 5.54 亿元，其中阀门为 2.22 亿元，执行器为 3.32 亿元。执行器中水阀执行器的销售额最大，而风阀执行器的销售量最大，不同类型执行器的销售额、数量和所占比例见表 2-4。需要说明的是，由于 BSRIA 统计中按国外 BA 范畴把防火阀和排烟阀执行器也列入，而国内的 BA 市场不含此项；因数额和比例在总体统计中不大，为保持数据统计的一致性，我们仍采用其统计数据。

不同类型执行器的销售情况统计　　　　　表 2-4

	销售额（百万元）	占比（%）	平均出厂单价（元/台）	销售量（台）
风阀执行器	104.7	31.5	700	149556
水阀执行器	149.6	45.0	1500	99704
防火阀排烟阀执行器	50.5	15.2	650	77718
VAV 执行器	27.6	8.3	2000	13792
总计	332.3			340770

　　楼控系统中使用的通信协议有第 1.3 节中列出的多种标准协议，也有生产厂商的私有协议，不同协议使用的比例见表 2-5。值得一提的是，新出现的无线传感器和无线通信的使用已达到 1.5%，因为施工便利等原因深受欢迎。

不同通信协议的销售情况统计（%）　　　　　表 2-5

私有协议	BACnet	Lon	ModBus	KNX/EIB	CANbus	IP	其他	总计
32.0	28.1	24.4	6.0	0.9	2.7	3.0	2.9	100

　　将 2008 年我国楼控市场销售额按照产品厂商统计的产品销售和工程服务情况见表 2-6。可以看出，产品销售的前十名占领了 75% 以上的市场份额，且只有一家国内企业（同方股份有限公司，目前的产品生产和服务业务已归为同方泰德国际科技有限公司，产品品牌和商标也由 THTF 改为 Techon），其中著名的三大品牌国外厂商的产品销售额占据了接近 60% 的市场，占有率非常集中。在系统工程施工服务等方面，则 50% 以上由国内的施工企业完成，但是在系统维护方面仍以产品厂商为主，国内施工企业只承担了 36%。

我国楼控系统产品销售和工程服务的市场份额　　　　　表 2-6

公司	产品销售		工程服务		
	IBC 产品	全部产品	施工安装 A	系统维护 B	A+B
Honeywell	21.1%	19.2%	7.9%	19.1%	9.1%
Johnson Controls	19.1%	17.4%	6.2%	11.1%	6.7%

续表

公司	产品销售		工程服务		
Siemens	18.1%	18.8%	3.9%	12.3%	4.7%
THTF	1.9%	1.8%	1.3%	3.4%	1.6%
Trane	2.5%	2.5%	1.3%	1.6%	1.4%
Schneider TAC	4.8%	5.1%	1.3%	3.5%	1.5%
Carrier	1.6%	1.6%	0.8%	1.1%	0.8%
Sauter	1.4%	1.4%	0.5%	0.9%	0.6%
Delta	2.8%	1.8%	0.1%	1.0%	0.2%
KMC	2.2%	1.9%	0.1%	0.8%	0.1%
其他	24.6%	28.5%	22.0%	9.0%	20.6%
第三方供应商			54.7%	36.2%	52.8%
总计（百万元）	1185	1839	3013	346	3359

在 20 世纪 90 年代初，以美国江森自控、霍尼韦尔和德国西门子等公司为代表的国际楼宇自控系统设备供应商开始进入国内建筑智能工程市场。利用其自身具有绝对优势的系统设备产品占据了刚刚兴起的国内智能建筑市场。随着国内有一系列建筑、招标相关法律法规和制度的出台，国内的部分民营企业迅速崛起并逐步成为楼控工程和服务业务的行业主体。近几年，外资系统设备供应商已经逐步退出工程服务市场，转变为纯粹的系统设备供应商或技术服务公司，但仍在系统设备方面的优势显著，并以 80% 以上的市场占有率垄断了楼控设备的产品市场，并往往以设备单独采购形式保持着较高的产品利润率[26]。

根据文献［27］和［28］中国建筑业协会智能建筑专业委员会（现更名为智能建筑分会）的统计，我国从事建筑智能化工程服务的企业约 3000 家，产品供应商 3000 家。2006年建筑智能化系统集成企业前十位共实现收入 35.8 亿元，按照行业 1000 亿元的市场容量计算，前十名企业市场占有率不到 4%，市场集中度非常低，行业尚处于成长期。

国内科研院所和企业也从 20 世纪 80 年代末期进行相关产品的自主研发，并在不同功能的建筑中进行工程应用，但市场占有率一直不高，产品的可靠性和稳定性还有待提高。而且大多应用在工厂、热网等有特殊需求的场所，社会影响力较小。分析其原因：工厂用户相对于写字楼、酒店等商业用户，更关心的是所用产品的可靠性、价格以及能否达到技术条件要求等，而不仅仅是品牌[26,29]。

2.3 技术标准状况

技术标准既是工程实践中技术的总结和规范，又是推动技术创新和行业发展的重要技术支撑。

2.3.1 境外相关标准

国际标准化组织（ISO）针对楼控系统（Building automation and control systems

（BACS）)的标准编号为 16484。该系列标准是由技术委员会 ISO/TC 205〈建筑环境设计〉分委员会（SC）和技术委员会 CEN/TC 247〈建筑自动化、控制及建筑管理〉协力完成。目前包括以下七个部分[30]：

ISO 16484-1 Building automation and control systems（BACS）：Project specification and implementation

ISO 16484-1 建筑自动化和控制系统：项目详述及实施规范

ISO 16484-2 Building automation and control systems（BACS）：Hardware

ISO 16484-2 建筑自动化和控制系统：硬件

ISO 16484-3 Building automation and control systems（BACS）：Functions

ISO 16484-3 建筑自动化和控制系统：功能

ISO 16484-4 Building automation and control systems（BACS）：Applications

ISO 16484-4 建筑自动化和控制系统：应用

ISO 16484-5 Building automation and control systems（BACS）：Data communication-Protocol

ISO 16484-5 建筑自动化和控制系统：数据通信协议

ISO 16484-6 Building automation and control systems（BACS）：Data communication-Conformance testing

ISO 16484-6 建筑自动化和控制系统：数据通信兼容测试

ISO 16484-7 Building automation and control systems（BACS）：Impact on energy performance of buildings

ISO 16484-7 建筑自动化和控制系统：对建筑能效的影响

该系列标准在全球大多成员国都有对应译本，日本、英国、德国等都遵照执行。此外，欧盟还有暖通空调系统应用管理网方面的标准，英国也在遵照执行。欧盟标准有以下两部分：

ENV 1805-1 Data communication for HVAC application management net-Part 1：Building automation and control networking（BACnet）

ENV 1805-1 HVAC 应用管理网的数据通信　第 1 部分：建筑自动化和控制网络

ENV 1805-2 Data communication for HVAC application management net-Part 2：System neutral data transmission by open communication for building automation（FND）

ENV 1805-2 HVAC 应用管理网的数据通信　第 2 部分：建筑自动化开放通信的系统中性数据传输

美国暖通空调工程协会 ASHRAE 制定的 BACnet 协议成为美国国家标准局的标准，同时该协议也在欧洲和其他地区得到广泛应用。根据表 2-5 统计，目前已成为我国国内楼控市场中使用率最高的标准协议。

ANSI/ASHRAE 135 BACnet - A Data Communication Protocol for Building Automation and Control Networks

ANSI/ASHRAE 135　BACnet - 建筑自动化和控制网络的数据通信协议

日本建筑与住宅国际机构中的"建筑标准委员会"，专门负责研究世界各国的建筑法制法规，其对国际标准 ISO TC205（建筑环境设计，Building Environment Design）委员会进行了全面跟踪调研，并将其中的 ISO 16484-3 即建筑控制系统设计中的功能部分，翻译成日语，出版了日英对照版本。另外，日本工业标准协会（Japan Industrial Standards Committee，http：//www.jisc.go.jp/index.html）颁布了关于建筑电气和自动电气控制装置的多项标准，楼控系统中使用的硬件也应遵守。

香港特别行政区政府颁布的工程标准都是针对政府建筑使用。商业建筑的设计、施工和检测等标准由业主自行选择，英国（欧洲）和美国的标准都可以参照执行；一般情况下，产品类标准执行英国（欧洲）系列，规定比较详尽，工程类标准执行美国系列。而特别行政区政府颁布的楼控系统与暖通空调制冷系统（HVACR）的标准是合在一起的，其中集中监控系统的功能不仅能实现空调通风的监控，也可整合消防、安防、门禁等其他设备或系统进行监控，而且实现能源管理是一项主要功能，同时也考虑自动诊断、维护和预留未来连接等管理功能。相关标准有：

（1）C90 General specification for air-conditioning，refrigeration，ventilation and central monitoring & control system installation in government buildings of the Hong Kong special administrative region

C90 香港政府建筑空调制冷通风和集中监控系统安装通用规范

（2）C101 Testing and commissioning procedure for air-conditiong，refrigeration，ventilation and central monitoring & control system installasion in government buildings of the Hong Kong administrative region

C101 香港政府建筑暖通空调和集中监控系统的调试和检验规范

2.3.2 国内相关标准

我国也对 ISO 14664 系列标准进行翻译和改编工作，已于 2012 年通过了前三部分国家标准，即 GB/T 28847.1—2012《建筑自动化和控制系统 第 1 部分：概述和定义》[31]、GB/T 28847.2—2012《建筑自动化和控制系统 第 2 部分：硬件》[32] 和 GB/T 28847.3—2012《建筑自动化和控制系统 第 3 部分：功能》[33]，并且于 2013 年 2 月 15 日开始实施。该系列标准属于产品标准体系，后续的 4 项标准正在逐步编制过程中。工程建设领域标准的立项、编制和发布等信息均在国家工程建设标准化网上有公示[34]。

监控系统通常是在建筑中配置的一个电气系统，随着土建活动进行，该过程中共同的、重复使用的技术依据和准则属于工程建设标准体系，在国家标准代号中采用GB(/T)50×××-20××表示。根据使用范围，工程建设标准划分为国家标准、行业标准、地方标准和企业标准四类。在全国范围内使用的标准为国家标准，在某一行业使用的标准为行业标准，在某一地方行政区域使用的标准为地方标准，在某一企业使用的标准为企业标准。根据《中华人民共和国标准化法》的规定，国家标准、行业标准可以引用国家标准或行业标准，不应引用地方标准和企业标准[35]。

工程建设标准按照属性划分为强制性标准和推荐性标准，强制性标准必须严格执行，推荐性标准自愿采用。目前，在工程建设领域，工程建设强制性标准是指全文强制标准和标准中的强制性条文。直接涉及人民生命财产和工程安全、人体健康、环境保护、能源资源节约和其他公共利益等的技术、经济、管理要求，均应定为强制性标准，而推荐性标准以/T 表示[35]。

工程建设标准按工程类别分为：土木工程、建筑工程、线路管道和设备安装工程、装修工程、拆除工程等等；按行业领域分为：房屋建筑、城镇建设、城乡规划、公路、铁路、水运、航空、水利、电力、电子、通信、煤炭、石油、石化、冶金、有色、机械、纺织等等；按建设环节分为：勘察、规划、设计、施工、安装、验收、运行维护、鉴定、加固改造、拆除等等[35]。

工程建设标准之间存在着客观的内在联系，它们相互依存、相互制约、相互补充和衔接，构成一个科学的有机整体即标准体系，其框图示意见图 2-6 所示[35]。

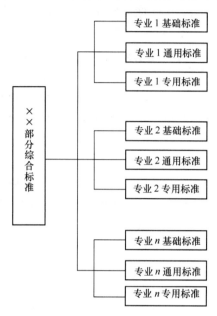

图 2-6 工程建设标准体系（××部分）框图示意

图 2-6 左侧——××部分体系中的综合标准均是涉及质量、安全、卫生、环保和公众利益等方面的目标要求或为达到这些目标而必需的技术要求及管理要求；它对该部分所包含各专业的各层次标准均具有制约和指导作用。而图 2-6 右侧——××部分体系中所含各专业的标准分体系，按各自学科或专业内涵排列，在体系框图中竖向分为基础标准、通用标准和专用标准三个层次。上层标准的内容包括了其以下各层标准的某个或某些方面的共性技术要求，并指导其下各层标准，共同成为综合标准的技术支撑。

按照上述分类，智能建筑标准体系中的现行标准可以分为：综合标准 GB 50314—2015《智能建筑设计标准》，GB 50339—2013《智能建筑工程质量验收规范》和 GB 50606—2010《智能建筑工程施工规范》；专业标准包括 GB 50116—2013《火灾自动报警系统设计规范》和 GB 50166—2007《火灾自动报警系统施工及验收规范》，GB 50311—2007《综合布线系统工程设计规范》和 GB 50312—2007《综合布线系统工程验收规范》，GB 50348—2004《安全防范工程技术规范》，GB 50526—2010《公共广播系统工程技术规范》等等。

关于楼控系统，国家标准 GB 50339—2013《智能建筑工程质量验收规范》中第 17 章"建筑设备监控系统"和行业标准 JGJ 16—2008《民用建筑电气设计规范》中第 18 章"建筑设备监控系统"分别对其工程质量验收和设计进行规范，而行业标准 JGJ/T 334—2014《建筑设备监控系统工程技术规范》则是对其功能设计、系统配置、施工安装、调试和试运行、检测、验收、运行和维护进行了全过程的技术规范。

此外，在 GB 50736—2012《民用建筑供暖通风与空气调节设计规范》中第 9 章"检测与监控"规定了：传感器和执行器，供暖通风系统的检测与监控，空调系统的检测与监控，空调冷热源及其水系统的检测与监控等详细内容。GB 50034—2013《建筑照明设计标准》中第 7.3 节对"照明控制"有相关规定。

在建筑节能标准体系中，GB 50189—2015《公共建筑节能设计标准》第 4.5、6.2 和 6.3 节分别对暖通空调系统的监测、控制与计量，照明控制和电能监测与计量做出了规定。GB 50411—2007《建筑节能工程施工质量验收规范》第13章"监测与控制"有相应建筑设备监控系统的施工质量验收标准，分别对主控项目和一般项目的内容进行规定。JGJ 176—2009《公共建筑节能改造技术规范》在第3章"节能诊断"中有3.6节"监测与控制系统"，第4章"节能改造判定原则与方法"中有4.6节"监测与控制系统单项判定"，第8章"监测与控制系统改造"中分别有采暖通风空调及生活热水供应系统和供配电与照明系统的监测与控制等内容。

2.3.3 小结

可以看出，建筑设备监控系统的标准大致有两类：一类为自控和信息类，强调通信协议的标准化和开放性，另一类与监控对象密切相关，特别是暖通空调系统（HVAC）功能需求多、执行要求高而且直接影响建筑能耗。同时，境外建筑工程的机电一体化程度很高，因此香港、美国等一部分国家和地区的建筑设备监控系统与暖通空调系统的标准是一体的。而我国专业划分较细，实际工程中需要暖通、给排水、电气、智能化和楼控系统等多方协调配合。

第3章 实 施 效 果

智能建筑从概念到实用只有二十余年的历史，还属于新兴技术，而且其自身的网络技术、计算机技术也在高速发展过程之中。因此，这二十余年的应用进程伴随着技术进步而迅速扩展，同时也暴露出一些问题。本章主要内容来源于两部分：一是清华大学在中国工程院咨询项目"中国智能城市建设与推进战略研究"中的"智能建筑与家居发展战略研究"课题研究成果，二是行业标准 JGJ/T 334—2014《建筑设备监控系统工程技术规范》编制组对国内工程项目实施效果的调研。

3.1 工程实施效果调研

3.1.1 文献调研

对我国的学术期刊文献进行调研，因为楼控系统主要应用于公共建筑中，因此调研范围限于公共建筑。涉及"智能建筑"的文献有 200 余篇，文献年代分布如图 3-1 所示，我国对于智能建筑的研究始于 20 世纪 90 年代初，而 2003 年到 2008 年为研究的高峰期。这些文献主要涉及公共建筑对于智能化功能的需求、智能化系统存在的问题以及相关改进措施。[36]

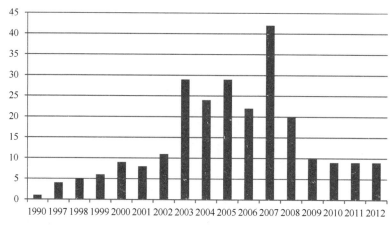

图 3-1 文献年代分布

对于智能化系统的各项功能需求，涉及的文献分布情况如图 3-2 所示。可以看出，对于公共建筑而言，智能化系统首先要为建筑使用者提供安全、舒适、便利的环境，因此涉及"自动调节"功能的研究最多；其次，智能化系统要有助于建筑极其设备的运行管理，针对"设备管理"、"出入控制"的研究占较大比重；而建筑的安全也是极其重要的一环，关于"火灾报警"、"消防联动"的研究也占相当一部分。这几个方面恰好也是属于国外广义楼控系统范畴，的确反映了楼控系统的重要性。[36]

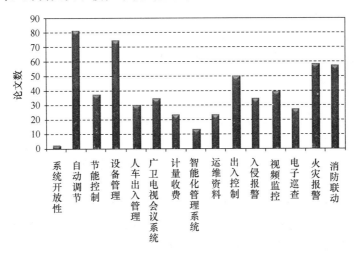

图 3-2 文献提及的公用建筑智能化系统功能

智能化系统虽然已逐渐成为公共建筑的标准配置，但是在实际的设计、施工、运行、维护管理方面仍存在很多问题。图 3-3 总结了文献提到的公共建筑智能化系统存在的问题，主要集中在开发商、系统配置集成、设计施工、管理、人员素质、标准规范等方面。下面针对不同问题的主要现象进行具体解释：[36]

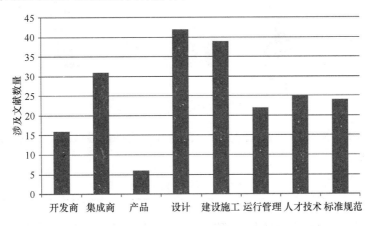

图 3-3 文献提及的公共建筑智能化系统存在的问题

（1）开发商问题：一是为节约、压缩成本，对智能化系统的投入不足；二是由于缺乏对项目的定位，盲目追求系统的先进性。

（2）系统配置集成与产品问题：低价竞标使得集成商不得不降低系统的质量；产品开放性低，通信协议等对用户不公开，各个系统的产品互不兼容，造成系统集成安装困难或在运行维护中的不便。

（3）设计施工问题：建筑以及建筑设备设计人员与智能化系统设计人员对彼此的工作内容了解不够，交流不足，两方面缺乏配合；施工方对于设计人员给出的施工图理解不深入，且与设计方缺少交流。这导致智能化系统的设计施工过程中各环节脱节。加之对智能化系统设计、施工审核验收不到位，使得设计施工成为问题最严重的方面之一。

（4）运行管理问题：系统安装完成后，由于管理人员培训不足、工作变更交接不善等原因，造成管理人员不熟悉系统结构和操作，或因为系统出现故障缺乏有效的售后服务，导致部分子系统被弃置不用而用手动操作代替。

（5）人才技术、人员素质问题：缺少专业的建筑智能化系统的设计、施工人才；运维管理人员的专业素质不高，缺乏对智能化系统的理解，难以胜任系统的管理操作工作。

（6）标准规范问题：一方面缺少对建筑智能化项目进行定位、分级的标准，来约束引导开发商的行为；另一方面设计施工验收标准不完善、执行不严格；此外，在智能化产品质量、售后服务方面，以及运行维护人员管理方面，均需要相应的规范标准来保证智能化系统的良好运行。

文献也提出了改善上述问题的措施，涉及的改进方法如图 3-4 所示。其中，完善智能化系统的分级标准以及设计、施工、验收、评价等规范为最主要的改善措施；而采用新形式的系统、技术也是一个重要方面；而在行业内，需加强设计、施工、验收、运维管理人员的配合，加强专业人才的培训考察。[36]

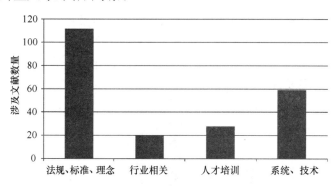

图 3-4　文献提及的改善建筑智能系统运行质量的措施

另外，不同单位对于不同地区的公共建筑中建筑设备监控系统工程的使用效果进行了调查，汇总于表 3-1。

建筑设备监控系统工程使用效果调研　　　　　　　　　　　　　　　　表 3-1

时间	地点（单位）	调 查 结 果
2003	上海市	能起重要作用的仅占 20%，部分运行正常、还可使用的占 45%，35% 的系统不能开通使用或运行后发生故障、因无人管理维修而废弃[37]
2005	青岛市建委	写字楼 150 座，正常运行运行的仅 43 座、占 29%[38]
2006	北京市智专委	106 幢商业建筑，运行满意的只占 25%，完全运行不正常或废弃不用的占 30%[39]
2008	华南深圳建科院	26 幢商业建筑，开通楼控系统的占 26.9%，其中冷站群控功能设计要求有 42.3%，实施 19.2%，正常运行的不足 10%

综合下来，国内楼控系统能够运行满意、发挥正常功能的，只有 20% 多的比例。这

种情况造成大量的建设投资浪费，损失惊人，问题非常严重。

3.1.2 规范编制组典型项目调研

JGJ/T 334—2014《建筑设备监控系统工程技术规范》编制组在 2009 年启动标准编制工作之初，对主编和参编单位参与设计和施工的几个典型工程项目进行了详细调研，主要情况概述见表 3-2。

典型工程项目调研情况 表 3-2

编号	地点	建筑功能	建筑面积（万 m²）	投入使用时间	系统概况
A	北京	校园建筑	7	2002	除冷水机组靠自带控制器监控外，变频器、电梯等均通过接口纳入系统监控；可以实现空调系统的远程控制和自动控制。温湿度传感器故障率较高，6 年左右需要全部更新
B	广州	博物馆	1.7	2004	对冷水机组、变频器、换热机组、电梯、自备发电机等自带控制器的设备不做监控，做空调设备的远程启停和阀门自动调节，没有时间表自控
C	广州	商业综合体	8	1996	对冷水机组、变频器、换热机组、电梯、自备发电机等自带控制器的设备不做监控，做空调设备的远程启停和阀门自动调节，没有时间表自控
D	广州	博物馆	1.7	1993	对冷水机组、变频器、换热机组、电梯、自备发电机等自带控制器的设备不做监控，做空调设备的远程启停和阀门自动调节，没有时间表自控
E	广州	商业综合体	6	2003	冷水机组通过接口纳入系统监控，做空调设备的远程启停和阀门自动调节，没有时间表自控

通过对实施工程的调研来看：

1）楼控系统主要是实现对暖通空调系统的监测和控制，房间和风道的温湿度测点均设置较全，可实现对设备的远程启停控制，方便运行人员操作；自动控制逻辑主要是对风阀、水阀等连续调节型执行器的；没有按时间表自动启停的设置使得运行节能主要靠运行工人的自觉性。

2）自带控制器的设备，如冷水机组、变频器、换热机组、电梯和自备发电机等，由于涉及设备安全和产品协议转换的问题，大多不纳入楼控系统。随着建设年代的推进，对第三方设备进行监控的需求有所提升，冷水机组、变频器等均可通过接口纳入系统监控范围。而电梯等涉及安全问题，可接入楼控系统进行集中的运行状态显示，不接受系统的控制指令，即俗称"只监不控"。

3.1.3 清华大学对北京地区典型项目调研

清华大学建筑学院和北方工业大学建筑工程学院于 2012～2013 年对北京地区十五栋公共建筑的智能化现状进行了现场调研。通过调研，对以下几个方面进行了更深入的了解：1）目前安装的智能系统有哪些；2）系统运维管理人员对于智能化系统的观点；3）智能化系统的运行效果和存在的问题；4）对智能化系统的意见与建议。[36]

十五栋公共建筑的基本信息如表 3-3 所示，并对其中的 5 栋典型建筑的系统详细信息进行介绍。

调研公共建筑的基本信息　　　　　　　　　　　　　　　　　　　　　表 3-3

编号	建筑功能	建筑面积（万 m²）	投入使用时间	系 统 概 况
1	办公楼	5.5	1990	空调、冷热源、照明、电梯、给排水等子系统均能实现远程监控，其中电梯系统的监控是在后期独立增加的，能够监测轿厢位置并实现远程启停
2	办公楼	15.0	2006	
3	办公楼	5.7	2011	多联机空调自带控制系统，只有新、排风纳入系统监控；照明系统的灯具配置调光模块，通过监测人员占位自动开关调光；给排水系统能实现监测与报警。电梯无接口，未纳入系统监控
4	办公楼	5.9	2011	
5	办公楼	14.0	2011	
6	办公楼	8.0	2011	
7	展馆	5.9	2008	
8	展馆	19.2	2011	冷源采用冰蓄冷形式，有单独监控系统。展馆和库房有不同的温湿度要求，自控策略可以进行温、湿度控制。照明系统设置多种模式，根据需求开启相应灯具；室内设照度传感器，根据照度控制开启的灯具的台数，灯具无调光功能
9	酒店	18.7	2002	空调、照明、电梯、给排水等纳入楼控系统，冷站的集中监控于 2006 年单独增设，能够实现与冷机通信，获取冷机运行参数、设定值等，但冷机不支持远程启停，仍需现场启停；水泵频率可以根据温差、压差采用模糊算法自动调节，但温差、压差的设定值需要人员手动设定
10	酒店	1.8	2008	
11	酒店	4.0	2008	
12	酒店	4.5	2011	
13	商业综合体	10.0	2008	楼控系统没有投入使用，空调、冷热源、照明、电梯等均为进行自控，可以在集中监控计算机上看到监测参数，但空调设备的运行均靠运行人员手动控制，风机盘管的风机档位由用户自己调节，水阀则根据室温与设定值偏差自动控制
14	商业综合体	30.5	2012	
15	校园建筑	14.0	2009	

通过现场调研和与运维管理人员的访谈，可以总结出目前公建智能化系统的现状[36]：

（1）智能化系统方便建筑的运行管理，减轻人员工作量；也在一定程度上提高了建筑的安全性、舒适性。

（2）由于安防、消防系统关系到生命财产安全，且结构组成较为简易，并有强制性的法规标准要求，其审核、验收过程比较正规，因此智能建筑中安防和消防系统方面水平较高，不同建筑在安防和消防系统的架构方面都大同小异，且基本功能齐全、运行状况较为良好。

（3）在楼控方面，实现的功能和预期功能有较大差距，而各建筑之间楼控系统水平存在较大差异，主要问题体现在以下几点：

a）部分子系统功能缺失：以冷热源系统为例，调研的15栋公共建筑中，仅有4栋将冷热源系统集成到楼控系统中，其余建筑的冷热源系统因通信问题无法接入楼控系统。而对冷热源的控制也基本停留在"只监不控"的水平，即在控制室能够监测到冷机等的开关机状态、进出水温度等参数，但无法实现对其远程控制。此外，控制多数只实现了远程启停，加减机等控制策略由操作人员根据天气、经验等手动进行，没有实现自动加减机。不同的智能化子系统之间互不兼容、不能交换信息、智能化集成系统无法控制各个子系统是智能化系统功能缺失甚至被弃用的一个重要原因。随着信息化、智能化技术的发展，越来越多的建筑设备成为智能化设备，例如电梯、冷水机组、水泵、空调箱都自带控制器，为了解决不同智能设备之间信息交互的问题，世界各国的专业组织提出很多解决方案，如BACnet、Lonworks等。但是实际建筑中，由于经济利益的驱使，很多智能化设备的厂商并不免费开放自己设备的数据，需要收取数万元的费用才提供一个通信协议转换器，方能与该设备通信，造成了极大的重复投资和投资浪费。很多建筑受到预算的限制，没有购置通信协议转换器，造成建筑智能化系统无法控制该设备，使得智能化系统功能大打折扣。

b）传感器等设备需要定期维护保养，较少的建筑能够满足这一要求。通风空调系统中的传感器容易产生漂移或损坏是调研中不少技术人员指出的典型问题，这与产品质量和设计施工质量、使用环境均有关。传感器的异常可能对于节能运行是极其不利的，有时会造成比没有自动控制更费能的尴尬结果。由于智能化系统监控点数多、设备维护成本较高，加之一些进口品牌的设备在更换维修时需要等待厂商供货、征求业主意见等原因导致维护周期长，使智能化系统的维护不及时，这是造成智能化系统被弃用的一个主要原因。

c）设计、施工、调试、验收水平存在差异：一些建筑由于有较高的定位，在设计、施工、调试、验收方面的要求较为严格，因此其楼控系统较为完善，且运行较为良好；而也有一些建筑由于缺乏合理的设计、施工、调试、验收，导致楼控系统智能化水平低下，甚至出现子系统未接入、无法通信、无法投入使用等严重问题。

d）运维管理人员技术水平参差不齐：部分大楼智能化系统的运维管理人员具有较高的专业水准，有能力进行系统的更改甚至添加；而与之相反的是，一些大楼的智能化系统管理员工专业水平较低，很多运维人员不懂英文，而占市场90%的楼宇自控产品为国外厂商生产，产品、系统软件的深层说明为英文，使得运维人员无法维护和操作出现英文界面的楼控系统软件。

e）节能运行实现状况差：节能运行作为智能化系统的预期目标之一，需要系统中各个环节的相互配合。然而，上述问题的存在无疑使智能化系统的功能大打折扣，自然也无法为建筑带来节能效果。如图3-5所示，调研中发现，约60%的建筑的智能化系统仅能实现环境参数和设备运行状态的监测以及远程操作的功能，实现优化节能运行的建筑不到7%。

同时，还采用问卷方式调研了运行人员对智能化系统未能达到预期功能的原因分析，结果如图3-6所示。可以看出，大家认为造成目前智能建筑未达到预想功能的主要原因是

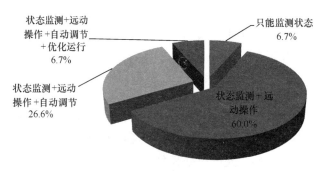

图 3-5　调研建筑的智能化系统能够实现的功能所占比例

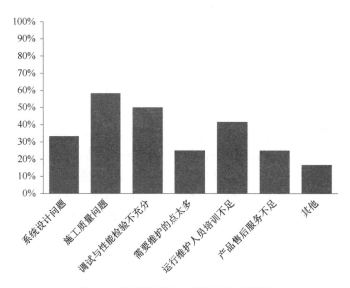

图 3-6　智能建筑未达预期功能的原因

施工质量问题、调试验收不充分以及运维人员培训不到位等。[40]

　　对于"哪些措施有助于实现智能建筑预期的功能"这一问题，大家的观点如图 3-7 所示。其中超过 80％的人选择了"贯穿工程立项、设计、施工、调试、验收、运行全过程的性能检验"，也有 50％左右的人认为对于设备的定期维护、制定完善相关法规等措施有利于改善智能建筑的现状。[40]

　　除了上述技术、施工、管理问题之外，建筑开发商对智能化系统所持有的观点不正确也是造成智能化系统运行效果不好的重要原因。相当多的建筑业主，把智能化系统作为给建筑贴金的面子工程，所以更在意有没有安装智能化系统，较少关心智能化系统的运行效果，更没有维护保养的投入，结果是智能化系统并没有实现应有的改善管理、优化节能的功能。[40]

　　建筑智能化系统的巨大投资没有带来应有的效益，是目前智能建筑产业存在的最严重的问题，极大地影响到了智能建筑产业的健康发展，甚至关乎存亡。建筑业主不重视智能化系统的运行效果、没有投入足够经费进行维护保养是一方面的原因，而设计时盲目拔高，按照不必要的高精度进行产品选型设计，也是造成不必要的高投资、造成巨大浪费的重要原因。[40]

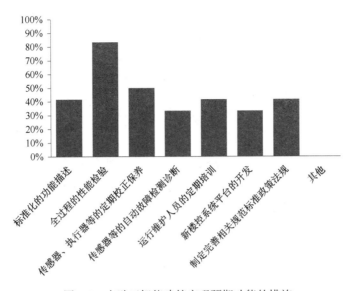

图 3-7 有助于智能建筑实现预期功能的措施

3.2 产品故障分析

在工程实施效果调研中发现,建筑设备监控系统中常用产品若发生故障,不仅会影响控制效果,而且会引起建筑运行能耗的增加,因此越来越引起人们的重视。

常用产品的故障,集中在传感器与执行器上。执行器的故障种类比较少,主要为不动作或动作有偏差,都比较容易发现与修正。而传感器由于数量多、故障种类多,对控制效果和运行能耗的影响大,而且很不容易发现和诊断,因此大量的研究都集中在传感器的故障检测与诊断。

3.2.1 常见传感器故障

传感器的故障可以分为以下三类:

1) 无读数或读数无变化

指接收不到传感器信号或接收到的传感器信号一直没有变化,如图 3-8 所示。

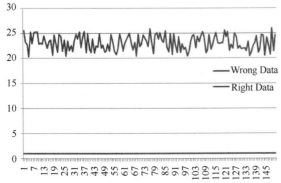

图 3-8 第一类传感器故障:无读数或读数无变化

造成这类的故障的原因可能是接线不良或传感器发生漂移至饱和。

如果发生了这类故障,控制器将无法知道被控对象的变化,将会输出不变的控制信号,导致被控对象无法满足要求,也可能导致能源浪费。

2) 高频噪声

特点是传感器的输出信号会有较高频率、较大幅度的波动,如图 3-9 所示。

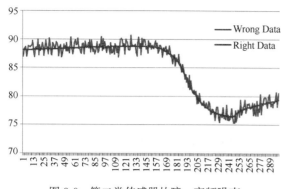

图 3-9　第二类传感器故障：高频噪声

产生这类故障的原因是由于传感器在产生、发送信号时，受到电子电路或周围其他电场的干扰，产生了高频的信号波动。

如果控制系统采用瞬时采样值用于控制运算，那么如果传感器信号存在高频噪声，可能会在某个瞬时，偏离真实值较大的传感器输出值被控制器采样并用于控制运算，就会输出偏离真正需要的控制信号，导致控制效果不好，并有可能引起能耗的增加。

3）长期缓慢漂移

指传感器的测量值会长时间的、缓慢地偏离真实值，如图 3-10 所示。

这类故障是由于传感器老化等原因引起的物理特性的变化，以及电子电路的基准点漂移引起的。

同样，发生了漂移的传感器测量值，会偏离真实值，基于这种偏离真实值的传感器信号进行的控制，会导致控制效果不能满足要求，也可能导致能耗的增加。

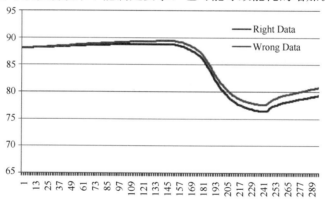

图 3-10　第三类传感器故障：长期缓慢漂移

3.2.2　常见传感器的平均无故障时间

平均故障间隔时间（MTBF，Mean Time Between Failure），指相邻两次故障发生时刻之间的时间的平均值，可以用式（3-1）表示，也称为平均无故障工作时间，是评价产品可靠性的重要指标[41]。通常是依据美国军用标准 MIL-HDBK-217F 经过一定简化计算得到的，根据各种典型电子元器件的平均寿命的经验数据，以及由电子元器件组成设备可靠性的计算方法。我国军标和产品可靠性标准中也有类似的定义和补充。传感器生产厂家基本采用这种方式，通过疲劳实验，确定传感器的平均正常工作时间。

式（3-2）是另外一种定义方法，是从统计的角度对传感器的平均无故障运行时间进行定义，在使用大量的传感器的场合，在一定的使用时间内，无故障运行的传感器的比例与工作时间的乘积来表达传感器的无故障运行时间。

由于对象的使用环境不同，因此计算值也会有较大差别，如表 3-4 所示。MTBF1 的计算数据是在实验室进行疲劳实验的数据，MTBF2 的计算数据是从实际楼宇自控系统工程中收集的数据，因此会更适合作为楼宇自控系统传感器故障周期的判断依据。

$$MBTF1 = \frac{\Sigma(出故障时刻 - 初运行时刻)}{故障次数} \tag{3-1}$$

$$MBTF2 = \left(1 - \frac{出故障传感器数}{总传感器数}\right) \times 工作时间 \tag{3-2}$$

常见传感器的平均无故障时间 表 3-4

传感器	温度	湿度	CO_2	风速
$MTBF1$（小时）	100000	50000	20000	50000
$MTBF1$（年）	11.4	5.7	2.3	5.7
$MTBF2$（年）	2.2	1.7	0.5	0.5

3.2.3 产品故障率

在单位时间内（一般以年为单位），产品的故障总数与运行的产品总量之比叫故障率（Failure rate），常用 λ 表示。例如网上运行了 100 台某设备，一年之内出了 2 次故障，则该设备的故障率为 0.02 次/年。当产品的寿命服从指数分布时，其故障率的倒数就是平均故障间隔时间（$MTBF$）[41]。即：

$$MTBF = 1/\lambda$$

例如某型号 YY 产品的 MTBF 时间高达 16 万小时。16 万小时约为 18 年，并不是说 YY 产品每台均能工作 18 年不出故障。由 $MTBF=1/\lambda$ 可知 $\lambda=1/MTBF=1/18$ 年（假如 YY 产品的寿命服从指数分布），即 YY 产品平均年故障率约为 5.5%，一年内，平均 1000 台设备有 55 台会出故障。

根据表 3-4 对常用传感器的 $MTBF$ 调研结果，计算出其故障率见表 3-5。

常用传感器的年故障率 表 3-5

	温度	湿度	CO_2	风速
$\lambda1$（%）	8.8	17.5	43.5	17.5
$\lambda2$（%）	45.5	58.8	200	200

3.2.4 小结

对比分析表 3-4 和表 3-5，可以看出：

1）常用传感器的出厂产品平均无故障间隔时间 $MTBF1$ 较长，在 20000 小时（约 3 年）以上。

2）传感器在实际工程中的平均无故障间隔时间 $MTBF2$ 会受到使用环境和维护保养等条件的影响，远远低于 MTBF1，只有其 1/5～1/10。温、湿度传感器的 MTBF2 为 2 年左右，而 CO_2、风速传感器的 MTBF2 只有半年。

3）常用传感器的故障率除温度传感器以外都在 15% 以上；而实际使用环境中的故障率均高达 45% 以上。对工程效果的影响很大。

4）从常用传感器在使用中的平均无故障间隔时间和故障率情况看，必须注意传感器的使用维护，且维护保养周期不宜超过半年。

国外和国内的相关工程中也发现了这一现象，目前美国 ASHRAE 标准和我国暖通空调设计标准中对于暖通空调系统在过渡季节加大新风进行免费供冷的节能运行方式都在提倡，而对于判断新风利用条件是采用干球温度还是采用焓值（需要温度和湿度测量后计算得到）等不做限定。从理论分析来看，新风焓值低于室内空气焓值时利用新风（排除回风）是有利于运行节能的，然而实际工程中由于湿度传感器的故障率较高，实际节能效果并不好；可以采用折算的干球温度等其他尽量减少对高故障率传感器依赖的方法，更加简单有效且利于运行节能[42]。

3.3　分析与启示

纵观建筑设备监控系统在我国 20 余年的发展历史，市场领域迅速发展、工程应用日益普及，同时也暴露出功能实现方面的各种问题。分析建筑设备监控系统的自身特点：系统庞大、结构复杂、功能齐全、涉及专业领域众多等，是造成当前问题的主要原因。

建筑设备监控系统是一个需要多专业交叉、协调、配合的复杂系统。传感器相当于系统的"眼睛"，例如检测风道、水管内温度的插入式温度传感器需要安装在暖通空调系统中温度稳定、反映被测状态的位置，需要暖通专业人员配合。执行器相当于系统的"手脚"，例如风机的启停控制，需要根据通风空调系统的运行情况进行启停，而风机的动力输入又来自于配电系统，所以需要暖通、弱电和强电等专业的人员共同配合。而中央管理站的软件则相当于系统的"大脑"，根据看到的房间实际情况和人员需求情况，来判断出应该调节哪些设备的大小或启停，再指挥手脚如阀门、加热器、水泵、风机等设备的运行。由于建筑设备监控系统的专业技术产生较晚，暖通系统的冷水机组、电气系统的配电柜等原先没有相应的接口，因此眼睛看不到，手脚也伸不进去。由于专业和行业的划分，其往往也不愿让其他系统监测和控制自己的设备。

另外建筑设备监控系统本身的配套产品种类繁多、门类复杂，技术标准不统一、接口协议不配套等问题，造成设计、施工、安装、调试等工作的难度增加，各产品之间容易发生冲突，难以达到理想的效果。当前国内市场上占统治地位的楼控产品集中在几家国外品牌，该类产品十余年来在通信协议、通信模式上进行技术革新发展，由独立私有协议向 LonWorks、BACnet、TCP/IP 等标准化协议发展。但是在实际项目中，由于经济利益的驱使，很多智能化设备的厂商并不免费开放自己设备的数据，需要收取数万元的费用才提供一个通信协议转换器，才能与该设备通信，造成了极大的重复投资和投资浪费。很多建筑受到预算的限制，没有购置通信协议转换器，造成楼控系统无法控制该设备，使得系统功能大打折扣。

目前在我国建筑工程管理方面，根据 GB50300－2013《建筑工程施工质量验收统一标准》[43] 在建筑工程的分部分项工程划分，建筑智能化工程作为九个"分部工程"之一，与装饰装修工程、建筑电气工程等属同一等级类别。而在原有的企业资质管理中，将建筑智能化工程纳入了建设工程勘察设计企业中"工程设计专项资质"和建筑业（施工）企业中"专业承包企业"的资质管理范围中（2001年8月建设部令第93号"建设工程勘察设计企业资质管理规定"，2001年4月建设部令第87号"建设业企业资质管理规定"）。现行并将纳入新的"建筑智能化工程设计与施工"一体化资质管理（2006年9月建办市［2006］68号，关于印发《〈建筑智能化工程设计与施工资质标准〉等四个设计与施工资质标准的实施办法》的通知）。

由于智能化技术相对较新，在建筑物生命周期的起始——"规划设计阶段"，建筑设计院中的建筑、结构、暖通、给排水和电气等相关专业工程及进行配合，往往缺乏对楼控系统专项的详细考虑。大多数建筑设计单位的建筑电气设计工程师基本为强电专业，其主要精力放在供配电工程和消防系统的设计上，对楼控系统的设计如设备产品性能参数选用和工程实施调试过程中可能遇到的问题了解得不是很透彻。而该部分项目通常外包给弱电系统工程商进行专项设计和施工，但是由于招投标等原因，其接到设计任务时，工程项目设计已进行到接近最后阶段，对项目了解的深度不够。同时，缺乏与业主的前期沟通，无法进行准确的设计定位；在设计过程中缺乏与建筑、结构、暖通和给排水等专业工程师的必要的及时沟通协调。因此，图纸设计在内容和深度上难免会出现各种问题。

而在深化设计和施工阶段，普遍存在"重硬件轻软件"的思想，软件人员的人工费用要大大高于硬件施工人员，同时软件编程需要对被控对象如暖通专业等有一定了解，而楼控产品的编程软件多为私有，进一步造成监控软件二次开发和调试的技术难度加大，也加剧了工程效果不好的状况。

因此，本书第二篇的系统工程技术中强调了系统的功能设计。将监控系统的功能按照运行管理要求，分为监测、安全保护、远动操作、自动启停、自动调节五个逐级提高的层次。通过分级，建设方能够选择项目需求的智能化水平，从而投入相应水平的经费，能够起到节约成本、避免盲目追求高档、避免投资浪费的作用。在建设项目立项阶段，由建筑投资单位、智能化系统设计单位、智能化系统运维单位、建筑使用单位等共同参与，对智能化系统的建设需求、建设目标进行讨论，协作规划，着眼于运行确立目标。针对不同的需求，确定不同层级的智能化目标，针对不同类型的建筑，确定适宜的楼控系统模式。通过这种顶层设计，确保智能化系统的建设沿着正确的方向实施。

为了便于不同专业之间的横向交流和施工各阶段之间的纵向传递，将五项功能采用标准化表格方式进行详细描述。这些表格可作为交接文档，在系统的设计、施工、调试、验收以及运行过程中提供依据。调研显示，从项目规划，到设计、施工、采购、安装、运维的全过程有专人全程参与的建筑，其智能化系统的运行状况良好。因此，需要对智能建筑建设全过程进行严格的质量把控，实施强有力的监理，以克服建设过程中各个环节脱节的问题。

在系统配置方面，落实功能设计要求，按照性能参数要求和施工安装条件选用适当的产品是最基本的条件；统一的通信协议和接口标准，使系统具有更佳的兼容性和开放性。从功能实现出发，要求智能产品提供必需的通信信息，可从源头上克服信息孤岛的问题。另外，软件编程与硬件配置同步设计，才可以最大化地发挥智能化的作用。

施工安装阶段是以往工程中狠抓的环节，而系统投入运行后的维护管理问题则往往无视。因此第二篇中专门增加了运行维护阶段的技术要求，对监控系统的电子设备进行定期的维护校正和保养。保障系统的正常使用，定期进行产品校正与维护保养，不断调整和优化软件参数，才能确保监控系统的良好运行和良性发展。

第二篇 系统工程技术

本篇的主要内容来自于编制行业标准 JGJ/T 334—2014《建筑设备监控系统工程技术规范》[6] 过程中的研究思路和主要成果。从功能设计、系统配置、施工验收、运行和维护等不同阶段，提出了全生命期的技术要点。

第4章 功 能 设 计

4.1 概述

功能设计是指对建筑设备监控系统想要实现的功能进行定义，并以清晰明确的表达方法进行描述，作为后续施工、调试、检测、验收以及运行管理的依据。

目前，大多数大型公共建筑类项目的建设中都设置有监控系统，根据项目建设目标和管理要求的不同，监控范围也有所不同，通常包括下列内容：

1）供暖通风与空气调节：含冷热源设备、输送设备（水泵和风机）、空气处理设备和通风设备等；

2）给水排水：含水泵、水箱（池）和热交换器等；

3）供配电：变配电设备、应急（备用）电源设备、直流电源设备和大容量不停电电源设备等；

4）照明：照明设备或供电线路；

5）电梯或自动扶梯等设备；

6）在现代建筑中，外围护结构上的电动窗帘、遮阳板和通气窗等设备的使用量越来越多。因为其开启或调节与暖通空调和照明等设备的运行相关，往往也纳入到系统的监控范畴。该类设备可以根据具体项目的使用需要确定是否纳入系统。

很多设备已经实现"机电一体化"，例如冷水机组、变频器等设备内已组装了专用的控制单元。将自带控制单元的设备纳入监控系统时，都需要提供标准电气接口或数字通信接口，接口的形式和内容应能保证监控功能的实现。标准电气接口提供 4mA～20mA、0 V～10V、无源干接点和脉冲等电气信号。数字通信接口采用开放通信协议传输相关数据信息，常用的有 RS485、RS232、RS422、RJ45TTL、TCP/IP、OPC、BACnet、CAN、KNX、ODBC、ModBus、LonTalk、ZigBee、Wi-Fi 等。当采用数字通信接口时，通过该接口就能获取被监控设备的多项运行参数和下发各种控制指令等信息，不需重复设置监测传感器，还可解决系统传感器难以安装在被监控设备内部的问题，而且数字传输可靠、抗干扰能力强，施工调试方便，推荐有条件时采用。有关接口配置的具体内容详见第 5 章。

监控系统对被监控设备实现的主要功能可以概括为五项：

1）监测功能：是指对环境参数和设备状态等物理量进行测量，并根据需要在人机界面上显示出来，其目的是随时向操作人员提供设备运行、室外环境和室内控制参数等的情况。这是一项基本功能，也是后续四项功能的基础。为分析监控效果和优化运行，监测的参数都应进行记录，记录数据包括参数本身和时间标签两部分，记录数据在数据库中的保存时间不应小于 1 年，并可导出到其他存储介质上。

2）安全保护功能：对于涉及设备本身故障和对设备运行可能造成安全隐患的项目，监控系统需发出警报并同时执行停止本设备及相关联设备的动作；根据使用需要，可以在现场或监控机房发出声、光等警示，在人机界面、操作人员手机和电子邮箱等处收到信息。对于运行参数超限等情况，监控系统也需发出警报，但不一定要求进行设备启停等操作。实现报警和安全保护也是必备的基本功能。报警参数和相应动作等信息也应进行记录。

3）远程控制功能：是指根据操作人员通过人机界面发出的指令来改变被监控设备的状态。实际工程中一般在被监控设备附近的电气控制箱（柜）上设置"手动/自动"转换开关及就地手动控制装置。为保障检修人员安全，在"手动/自动"转换开关为"手动"状态时，设备的远程控制指令无效。因此，被监控设备的"手动/自动"转换开关状态和"开/关"状态都是监控系统的监测内容；特别是前者更是实现远程控制功能的重要条件和安全保障。为保障设备运行管理的安全性和可追溯性，对于通过人机界面的人员身份信息（ID）和具体的操作指令，均需进行记录，并具有相关保存时长等要求。

4）自动启停功能：一种是设备启停和工况转换时相关设备的顺序启停控制或执行器状态的改变，另一种是根据使用时间表进行设备的定时运行控制。相对于"自动调节"功能而言，配置硬件的CPU要求较低、软件编程简单，容易实现。

5）自动调节功能：是指在选定的运行工况下，根据控制算法实时调整被监控系统的状态，使得被监控参数达到设定值要求。该功能需要根据控制算法预先编制好软件程序，对硬件配置和软件编程均有较高的技术要求。设定工况和调节目标后，就可以根据预定的算法自动进行设备调节，无需人员干预，管理方便并可大大节约人力成本；如能采用优化的控制算法则可有助于运行节能，这是建筑设备监控系统的核心功能。

这五类功能是按照从基础到高级逐步升级的顺序划分的，监测和安全保护功能是监控系统必备的功能，也是实现远程控制功能的基础和前提；而自动启停功能和自动调节功能要以实现远程控制功能为前提。监控系统的功能需要根据被监控设备种类和实际项目需求进行确定，即根据使用需要确定智能化系统的功能实现到哪一个层次：监测、安全保护、远程控制、自动启停、自动调节。实现更多的功能，往往意味着更多的初投资和维护保养费用，需要根据投资及维护保养预算，以及实现这些功能所带来的收益，通过技术经济比较来综合确定。

为了实现高效管理和节能运行，一般来说暖通空调设备的控制和调节通常需要进行统一的自动控制，监控内容包括空调冷热源设备和水系统、空调机组、新风机组、风机盘管等空调末端设备、通风设备、消防排烟设备等。供配电设备一般采用专用监控系统，电梯和自动扶梯属于特种机械设备，也通常自带专用控制单元，楼宇自控系统的监控内容往往通过与专用监控系统或自带控制单元之间的通信来实现，一般只包括监测功能和安全报警功能。给水排水设备、照明设备，通常纳入楼宇自控系统进行远程控制，有条件时也可以实现自动控制，因此监控内容通常包括监测功能、安全保护功能、远程控制功能，有条件时也包括自动启停和自动调节功能。

功能设计是保证建筑设备监控系统正确运行的基础，是发挥建筑设备监控系统应有功能的基本保障。功能设计主要目的包括两个方面：一是由建筑设备的暖通空调、给排水、供配电、照明、电梯等各个专业的设计工程师从各自专业的工艺需求出发，对楼宇自控系统应具有的功能进行设计、提出清晰明确的要求，为自动化专业的设计工程师进行楼宇自控系统的设计选型、系统配置提供依据；另一方面是可以贯穿监控系统的设计、施工、调试、检测、验收以及运行管理的全生命周期，在系统设计的基础上，给工程调试验收、给物业工程师运行管理提供了明确、清晰、量化的依据。

4.2 标准化功能描述方法

功能设计是监控系统工程的首要关键环节，也是后续工程实施和检测验收的依据。由于对功能需求的描述比较复杂，说明性文字表述比较随意且易产生歧义，因此标准化功能描述方法采用表格形式对系统的各项功能定义及性能指标进行明确表达，便于各专业的交接，并可以作为检测和验收环节的评判依据。该表中的各项功能要求，在系统配置、施工、调试、验收、运维等各阶段的技术文件中可以进行深化和细化，逐步落实并付诸实现。

标准化功能描述方法旨在能容易被业主、设备工程师等非控制专业人士理解，同时作为交接文档，又能清晰、定量地给控制专业工程师提供控制系统设计依据，另外该功能描述文档给工程的调试验收提供了明确、量化的具体的依据，以及给运行管理人员提供了运行依据。所以标准化的功能描述文档可以起到衔接工程中不同专业、不同阶段的作用，避免脱节问题的发生。

下面对监控系统的五类功能的具体内容和标准化描述进行阐述。

4.2.1 监测功能

监测功能表中的监测对象包括热湿环境参数、机电设备状态、手自动等运行方式、满足管理需要的分项能源、资源消耗量等；同时定量清晰地描述各监测点的测点位置、数据采样方式、数据信息、显示位置和允许延时。

监测功能标准化描述起到对后续设计、施工、验收等工程阶段的明确指导作用，如数据相关信息指导传感器和执行器选型；安装位置指导传感器和执行器的安装，同时避免因测点选取不当导致测量结果不反映真实情况；允许延时则是对通信速率的间接引导。

监测功能的设计，应考虑下述因素：

（1）监测设备在启停、运行及维修处理过程中的参数；

（2）监测反映相关环境状况的参数；

（3）监测用于设备和装置主要性能计算和经济分析所需要的参数；

（4）进行记录，且记录数据应包括参数和时间标签两部分；记录数据在数据库中的保存时间应满足管理和能耗分析的需求，一般不小于1年，并可导出到其他存储介质。

监测功能的设计，采用表4-1的标准化格式进行描述，该表格具体规定了每个监测点的下述技术细节：物理位置、采样方式、数据类型、取值范围、取值精度、显示位置、允许延时和记录要求等。监测对象一般包括环境参数、设备启停状态反馈、设备调节状态反馈、手动/自动转换开关状态和能耗量等。

监测功能描述表　　　　　　　　　　　　　　　　　　　　　　表 4-1

监测点	安装位置	采样方式		数据				显示方式		记录方式	
		周期性	数变就发	类型	取值范围	测量精度	状态说明	显示位置	允许延时	记录周期	记录时长

　　"监测点"栏填监测点的名称，例如房间 101 温度。

　　"安装位置"说明被监测信息点在建筑中或在机电系统中的安装位置。

　　"采样方式"分为：(1) 周期性采样方式，指每隔固定的时间更新一次信息点状态的方式。采用周期性采样方式时，填写采样间隔时间，格式为"数值＋单位"，如"30 秒"，"10 分钟"；(2) 数变就发方式，指被监测物理量每变化一次或每当变化量超过某个阈值时就更新一次信息点状态的方式。采用数变就发采样方式时，如数据类型是连续量，填写阈值的具体数值和单位，如数据类型为状态量或通断量，注明"每次变化"等。"数变就发"采样方式的目的是为了减少数据的通信量与存储量，当传感器的测量值不变或者变化很小没超过阈值，就不会发生数据的通信和存储，节省了通信量，节约了存储空间。数变就发的另外一个优点就是实时性好，特别是用于安全保护控制的监测参数，超过安全保护阈值后马上就发出测量数据，联锁触发一系列的保护动作，跟周期性采样相比，特别是采样周期较长的情况相比，能够实现快速响应，最大程度地减少对设备的损害。

　　"数据类型"包括：(1) 通断量：信息点只有两个状态，可以用 0/1，True/False 等表示。(2) 状态量：信息点只有若干个离散的状态，用相应多个离散的数据表示，如风机档位、水泵台数等。(3) 连续量：信息点是连续变化的物理量。连续量数据类型通常用于表示连续变化的物理量的数值，如空气温度。通断量数据类型通常用于表示只有开和关、正常和报警等非连续变化的物理量的数值。状态量数据类型通常用来表示具有非连续变化的多种状态的物理量的数值，例如风机盘管的风机档位具有停止、一档、二档、三档四种状态。取值范围指的是传感器的量程，需要根据被控参数的变化范围，选择合适的量程，量程太大，会使得测量精度变差，量程太小，就会不能准确反映超出量程的参数值。测量精度规定了对被测参数的精度要求，是传感器选型的依据。状态说明是对状态量的一个说明，数值 0 代表什么、数值 1 代表什么、数值 2 代表什么等等。

　　数据的"取值范围"和"状态说明"：如数据类型是连续量，可以用文字或区间描述参数的取值范围；如数据类型是状态量或通断量，用集合描述表示信息点的可能取值，并在状态说明中说明各个取值对应的状态。

　　"数据测量精度"：规定被监测信息点的测量精度，如果信息点是连续量，用被测物理量的绝对值或相对值描述。如果信息点是其他数据类型，本栏为空白。

　　"显示方式"规定了数据如何显示，包括：(1) "显示位置"说明被监测的信息点需要在哪些人机界面上显示，例如中央监控电脑的显示屏、本地控制器的显示屏等等，同一个信息点可以有多个显示位置；(2) "允许延时"说明从请求数据时刻到数据在相应界面上显示更新的时刻之间，允许的最大时间延迟量。格式为"数值＋单位"，如"1 秒"，"1 分钟"等。允许延时与显示位置一一对应。不同显示位置可以有不同的允许延时。

　　"记录方式"说明被监测数据同时被记录存储的要求，包括：(1) "记录周期"说明被监测的信息点每间隔多长时间就需要被记录一次，格式为"数值＋单位"，如"10分钟"，"1小时"等；（2）"记录时长"说明系统需要保存的被监测数据的最短历史记录长度，格式为"数值＋单位"，如"1年"，"6月"等。超过这个记录时长的数据，可以输出到外部媒体上存档，数据库中可以不再保留。

4.2.2　安全保护功能

监控系统的安全保护功能，是必备的基本功能，是指在设备本身发生故障时或者设备运行可能造成安全隐患时，监控系统发出警报并同时执行停止本设备及相关联设备的动作的功能。根据使用需要，可以在现场或监控机房发出声、光等警示，在人机界面、操作人员手机和电子邮箱等处收到信息。对于运行参数超限等情况，监控系统也需发出警报，但不一定要求进行设备启停等操作。

安全保护功能的设计应对有报警及安全保护需求的监测点的物理位置、采样方式、动作阈值、相应动作、动作顺序、允许延时和记录要求等内容进行规定，采用表4-2所示的标准化格式进行描述。

安全保护功能描述表　　　　　　　　　　表4-2

安全保护内容	采样			触发阈值	动作	动作顺序	允许延时	记录时长
	采样点安装位置	采样方式						
		周期性	数变就发					

安全保护功能描述表中的项目与监测功能描述表中名称相同的项目的含义相同。多出来的项目包括触发阈值、动作、动作顺序三项。"触发阈值"规定了触发安全保护动作的参数值。"动作"规定了安全保护应采取哪些动作。"动作顺序"规定了一系列的安全保护动作的执行顺序。

"安全保护内容"说明安全保护逻辑的名称。

"采样"说明触发安全保护逻辑的被监测点的位置和采样方式，见表4-1的说明。

"触发阈值"规定触发警报或安全保护动作的被监测信息点的数值或范围。

"动作"规定触发安全保护后的联锁动作。同一个信息点可以触发一个或多个动作。动作可以是在人机界面上显示报警信息，向管理员报警；可以通过驱动警笛、广播等设备向建筑用户发出报警信息；可以对机电设备发出指令，改变机电系统的运行状态或者阻止机电设备动作；也可以调用某些预定策略。（1）如果是在人机界面上显示报警信息，要注明显示界面。（2）如果是对机电设备发出指令，或驱动警笛等报警设备，动作可以通过文字描述或者对信息点赋值描述。（3）如果是调用某值预定策略，注明被调用算法。

"动作顺序"用从"1"开始的自然数表示，数字越小，动作越先执行。对应于不同报警的动作分别排序。

"允许延时"规定从被监测信息点数值超过触发阈值时刻到动作开始执行时刻之间的最大允许时间延迟量。格式为"数值＋单位"，如"1秒"，"1分钟"等。允许延时与动作一一对应，不同动作可以有不同的允许延时。

4.2.3　远程控制功能

远程控制功能是指通过楼宇自控网络发出控制指令,不在设备所处现场即可对设备运行状态进行操作的功能,是楼宇自控系统应用最广泛的功能,能够起到提高工作效率、改善管理水平的重要作用。

为了保证设备现场操作人员的安全,远程控制功能应根据被监控设备的电气控制箱(柜)中手动/自动转换开关(通常为强电专业所说的"手/自动转换",在电气控制箱/柜上设有开关旋钮)的不同状态执行相应的动作,监控系统应监测手动/自动转换开关的状态,只有转换开关应处于"自动"状态时,远程控制功能才起作用,当转换开关处于"手动"状态时,设备只执行现场操作人员的指令,远程控制功能无效。此外,还应记录发出远程控制指令的操作人员的用户身份和指令信息。

远程控制功能的设计应对通过人机界面启停被监控设备时的操作位置、允许延时和记录时长等内容进行规定,采用表 4-3 所示的标准格式进行描述。

远程控制功能描述表　　　　　　　　　　　　　　　　　　　　　表 4-3

被监控设备	操作位置	允许延时	记录时长

远程控制功能的标准化描述表格包括"被监控设备"、"操作位置"、"运行延时"、"记录时长"四项,各项的含义与监测功能描述表的同名项相同。其中"操作位置"是指发出远程控制指令的位置,例如中央监控电脑、本地控制器的人机界面等。

4.2.4　自动启停和自动调节功能

自动启停功能是指设备启停和工况转换时相关设备的顺序启停控制或相关执行器状态的改变,包括根据使用时间表进行设备的定时运行控制。自动调节功能是指根据控制算法预先编制好软件程序,自动调整设备出力,使被控参数维持在设定范围内。

将通常所说的"自动控制"分为自动启停和自动调节两类,相对于"自动调节"功能而言,自动启停功能对配置硬件要求较低、软件编程简单,容易实现,甚至用时间继电器等硬件设备本身即可实现自动启停功能;实际工程中,电气控制回路也可实现这类功能。而自动调节功能则是建筑设备监控系统的核心功能,对硬件配置(主要指控制器)和软件编程均有较高的技术要求。

自动启停功能通常包括以下内容:

(1)根据控制算法实现相关设备的顺序启停控制;

(2)按时间表控制相关设备的启停;

(3)具有手动/自动的模式转换,执行自动启停功能时,监控系统应处于"自动"模式。

设定工况和调节目标后,自动调节功能可以实现根据预定的算法自动进行设备状态调节,无需人员干预,管理方便并可大大节约人力成本;如能采用优化的控制算法则可有助于运行节能。自动调节功能通常包括以下内容:

(1)在选定的运行工况下,根据控制算法实时调整被监控设备的状态,使被监控参数达到设定范围；

（2）具有手动/自动的模式转换（通常为弱电专业所说的"手/自动转换"，在软件界面上进行操作），且执行自动调节功能时，监控系统应处于"自动"模式；

（3）设定和修改运行工况；

（4）设定和修改监控参数的设定值。

自动启停功能和自动调节功能的标准化描述包括控制用信息点表和控制算法描述表，分别采用表 4-4 和表 4-5 所示的标准格式进行描述。

自动控制用信息点描述 表 4-4

信息点	安装位置	数据			
		类型	取值范围	精度	状态说明
输入信息					
输出信息					
算法中间变量					

自动控制用信息点表用于描述自动控制算法执行过程中用到的各个数据，包括"输入信息"、"输出信息"、"算法中间变量"。"输入信息"是指运行该算法是需要用到的外部输入数据。"输出信息"是指该算法运行结束后输出的结果。"算法中间变量"是指算法执行过程中用到的非输入、也不输出的变量，只在算法计算过程中使用。

自动控制算法描述 表 4-5

控制算法名称		
触发方式		
条件	动作	目标

自动控制算法表用于描述自动控制算法的具体内容，包括"名称"、"触发方式"、"条件"、"动作"、"执行目标"。

"触发方式"是指在什么状况下执行该算法。主要分为：（1）定时触发，指每隔相等的时间段就执行一次本算法。描述格式为："每 xx 秒/分钟/小时"；例如："每 10 分钟"，"每 30 秒"等。（2）事件触发，指当某种事件发生时才执行本算法一次。描述格式为："当……时"；例如："当 上午 7：00 时"，"当 盘管防冻报警发生 时"，"当 夏季工况时"等。

"条件"说明其后对应的动作在什么情况下执行。描述格式为："在 xxx 条件下"。

"xxx"可以用若干变量的逻辑运算、等式或不等式表示；在没有任何子项的情况下，用"在 任何 条件下"来表示。例如："在 冷凝器进口水温不低于下限 且 在冷冻水流量不低于下限 条件下"。同一个算法中可以有一条或多条逻辑，但每条逻辑必然对应一个条件。同一个条件可以对应一个或多个动作；但每个动作只能与唯一的条件对应。

"动作"是指为了完成调节目标调节设备需要执行的动作。"动作"的标准化格式有 6 种：（1）调节 xxx ↑ （或↓），其中"xxx"为被调节的参数，可以是被监控机电设备的状态，也可以是环境或系统状态参数的设定值，如"水泵转速"，"房间温度设定值"等；"↑（或↓）"，表示被调节参数的变化方向，"↑"表示增加，"↓"表示减少。在描述中只需要表示"增加"或"减少"其中的一个方向。（2）根据 yyy 调节 xxx↑：其中"yyy"可以是逻辑图、流程图表、函数、模糊控制表等，也可以是环境或运行参数的变化，确定被监控参数 xxx 如何设定。（3）根据 yyy 计算 zzz↑：其中"yyy"与 2）相同，"zzz"为某些辅助控制策略中的中间变量。（4）令参数 xxx←yy：即将参数 yyy 的数值直接赋值给参数 xxx。（5）维持参数 xxx 不变：保持参数 xxx 设定值与上一个时刻的设定值相同。（6）参数 xxx 不调节：对参数 xxx 不进行调节，即对参数 xxx 的设定值可以是任何数值。

"目标"是指在某种条件下，被控参数应该朝着什么方向变化的调节目标。"目标"为对动作的补充说明，对于动作中的（1）和（2），应填写相应动作的目标，其他动作本栏可空白。描述格式为：使得 {"参数↑ → 设定值"}；其中："参数"表示调节动作影响的目标参数；"设定值"表示希望通过调节使目标参数达到的目标值；"↑"表示"目标"所对应的"动作"中，调节参数按照其后箭头所示的改变方向动作后，目标参数的变化方向；"→"表示调节目标是令参数达到设定值。此外，可以用">"、">="、"<"、"<="分别表示调节目标是令参数"大于"、"大于等于"、"小于"、"小于等于"设定值。

每一个调节动作可以对应一个或多个目标。当同一个调节动作对应多个目标时，多个目标都写在一个"{ }"里，表示它们都对应同一个动作。调节动作通常并不能使各个目标参数都同时达到目标设定值，所以在有多个目标时，在"{ }"右下角位置的"（）"内注明各项目标的逻辑关系。逻辑关系可以有以下几种：（1）至少有一个满足。（2）同时满足。（3）按照优先级顺序满足目标。当各目标之间只这种逻辑关系时，"{ }"中的顺序按照实现优先级由"高"到"低"排列。（4）其他逻辑关系。对于其他比较复杂的逻辑关系，可以通过较多文字或逻辑流程图等详细描述。

影响方向：在"动作"和"目标"的描述中都提到了影响方向，分别用箭头描述调节参数的变化方向及目标参数的变化方向，从而说明调节参数对目标参数改变方向的影响。调节参数和目标参数之间的影响关系可以有以下几种情况：

（1）调节参数与目标参数变化方向一致

描述格式可以是"调节 xxx↑，使得 {参数 A↑ → 设定值 A}"

或"调节 xxx↓，使得 {参数 A↓ → 设定值 A}"

（2）调节参数与目标参数变法方向相反

描述格式可以是"调节 xxx↑，使得 {参数 A↓ → 设定值 A}"

或"调节 xxx↓，使得 {参数 A ↑→设定值 A}"

（3）调节参数对目标参数没有影响或影响不定

描述格式为"调节 xxx↓，使得 {参数 A - -↑ 设定值 A}"

（4）调节参数为通断量或状态量，不必通过箭头表示变化方向。

下面几节从供暖通风与空气调节、给水排水、供配电、照明、电梯与自动扶梯、能耗监测、管理功能等七个方面分别说明各个子系统的功能设计应具有的内容。

4.3 供暖通风与空气调节

供暖通风与空气调节系统是建筑中设备最多、系统最复杂、能耗最大的系统，其监控与调节是楼宇自控系统的重点和难点，简称为暖通空调系统。暖通空调系统常见的设备类型包括冷热源与水系统、空调机组、新风机组、风机盘管、通风设备等，系统形式根据暖通工艺设计确定[44]，下面分别讨论这几类设备的监控功能设计。

4.3.1 空调冷热源和水系统

空调冷热源和水系统通常包括：冷水机组/热泵、锅炉、热交换器、水泵、冷却塔，除冷却塔布置在室外，其他设备大多集中布置在冷热源机房内。空调冷热源和水系统设备是空调系统的关键设备，成本高、能耗大、安全保护要求高，是需要建筑设备监控系统进行监控管理的核心设备。由于这些设备的启停和参数之间有一定的关联关系，为了保证这些设备的安全、高效、节能运行，通常需要统一监测下列参数：

（1）冷水机组/热泵的蒸发器进、出口温度和压力；

（2）冷水机组/热泵的冷凝器进、出口温度和压力；

（3）常压锅炉的进、出口温度；

（4）热交换器一二次侧进、出口温度和压力；

（5）分、集水器的温度和压力（或压差）；

（6）水泵进、出口压力；

（7）水过滤器前后压差；

（8）冷水机组/热泵、水泵、锅炉、冷却塔风机等设备的启停和故障状态；

（9）冷水机组/热泵的蒸发器和冷凝器侧的水流开关状态；

（10）水箱的高、低液位开关状态。

冷水机组/热泵、锅炉通常都自带控制装置，建筑设备监控系统可通过通信接口得到需要监测的数据。当无法采用通信的方式获得需要监测的数据时，则需要在需要监测的位置单独设置传感器进行监测。

为了实现设备的安全运行，需要实现下列安全保护功能：

（1）根据设备故障或断水流信号关闭冷水机组/热泵或锅炉；

（2）防止冷却水温低于冷水机组允许的下限温度；

（3）根据水泵和冷却塔风机的故障信号发出报警提示；

（4）根据膨胀水箱高、低液位的报警信号进行排水或补水；

（5）冰蓄冷系统换热器的防冻报警和自动保护。

远程控制功能通常包括下列内容：

（1）水泵和冷却塔风机等设备的启停；

（2）调整水阀的开度，并监测阀位的反馈。

由于冷水机组/热泵和锅炉自带控制单元，其启停需要检测水流、压力和内部元件加减载等保护过程，因此建筑设备监控系统的远程控制应通过与其自带控制单元通信、传递开关机指令的方式实现。自带控制单元的标准配置中会提供远程启/停的干触点信号和/或通信信号，建议有条件时采用通信控制的方式，除了可以传递启停信号之外，还可以同时得到设备运行参数和故障报警信息等。

自动启停功能通常包括下列内容：

（1）按顺序启停冷水机组、热泵、锅炉及相关水泵、阀门、冷却塔风机等设备；

（2）按时间表启停冷水机组/热泵、水泵、阀门和冷却塔风机等设备。

出于对冷热源设备运行的安全保护，相应的辅助设备需要按照一定的顺序进行启停。即冷水机组启动时冷却塔风机、电动水阀、冷却水泵、冷冻水泵要提前开机，而停机时则应按相反顺序进行。此外，根据建筑功能和使用时间，例如每天定时上下班的写字楼，冷热源设备也需要自动定时开启和关闭，有利于设备的运行节能。

自动调节功能通常包括下列内容：

（1）当空调水系统总供、回水管之间设置旁通调节阀时，自动调节旁通阀的开度，且保证冷水机组允许的最低冷水流量。旁通阀的开度调节通常根据压力设定值进行，压力设定值和调节范围与被监控设备类型和水系统形式有关，需要根据实际情况确定；

（2）当冷却塔供、回水总管之间设置旁通调节阀时，自动调节旁通阀的开度，且保证冷水机组允许的最低冷却水温度；

（3）设定和修改供冷/供热/过渡季工况。工况修改后应能自动进行设备和管路的切换；

（4）设定和修改供水温度/压力的设定值。温度设定值发送给冷热源进行运行调节，根据压力设定值调节水泵或者旁通阀运行。

为了实现冷热源与水系统的优化节能运行，有条件时应实现下列自动调节功能：

（1）自动调节水泵运行台数和转速，让设备尽可能运行在高效工作区；

（2）自动调节冷却塔风机运行台数和转速，需要根据冷却塔风机、冷却水泵、冷机总能耗最小的原则，确定最优的风机转速和水泵转速；

（3）自动调节冷水机组、热泵、锅炉的运行台数和供水温度。冷水机组、热泵、锅炉的运行台数和供水温度自动调节功能通过通信接口方式实现；

（4）按累计运行时间进行被监控设备的轮换。冷热源机房通常设置多台并联的设备，从维护各设备运行寿命相近的角度，要求各台被监控设备的累计运行时间相近。

4.3.2　空调机组

空调机组广泛分布于建筑的各个区间，为各空间提供空调冷热量。空调机组因数量多、运行时间长，是耗能较大的设备，是建筑设备监控系统进行监测与控制的重点设备。监控系统对空调机组的监测功能至少通常包括下列内容：

（1）室内、室外空气的温度；

（2）空调机组的送风温度；

（3）空气冷却器/加热器出口的冷/热水温度；

（4）空气过滤器进出口的压差开关状态；

（5）风机、水阀、风阀等设备的启停状态和运行参数；

（6）冬季有冻结可能性的地区，还应监测防冻开关状态。

以上是监测功能的最低要求，设计时应根据监控范围、监控内容和设备配置情况具体确定。例如，当空调机组中设置加湿器时，还需要监测室内、室外空气的湿度；设置了调节型风阀、水阀时，建议监测其阀位反馈；对于离心型风机，建议风机出口增设风速开关或进出口压差开关，以便发现因为皮带松开等原因导致的风机丢转或不转（此时风机电机正常工作，从电控柜的电气故障检测点无法发现此现象）。

以工程中常见的应用于大空间的、两管制、单盘管、无加湿、定速运行的单风机空调机组为例，其监测功能标准化描述表如表 4-6 所示。

空调机组的监测功能描述表举例　　　　　　　　　　　　　　　表 4-6

信息点	安装位置	采样方式		数据				显示方式	记录方式		
		周期性	数变就发	类型	取值范围	测量精度	状态说明	显示位置	允许延时	记录周期	记录时长
送风温度	送风道	—	0.5℃	连续量	0～50℃	0.3℃	—	监控机房界面	30s	900s	1年
回风温度	回风道	—	0.5℃	连续量	0～50℃	0.3℃	—	监控机房界面	30s	900s	1年
新风温度	新风道	300s	—	连续量	−20～40℃	0.3℃	—	监控机房界面	30s	900s	1年
新风阀开度反馈	新风阀执行器	—	5%	连续量	0～100%	3%	—	监控机房界面	10s	900s	1年
回风阀开度反馈	回风阀执行器	—	5%	连续量	0～100%	3%	—	监控机房界面	10s	900s	1年
防冻开关	表冷器	—	报警/正常	通断量	—	—	0 正常；1 报警	监控机房界面	5s	每次变化	1年
过滤器压差开关	过滤器两端	—	报警/正常	通断量	—	—	0 正常；1 堵塞	监控机房界面	10s	每次变化	1年
风机状态反馈	风机电气控制箱（柜）	—	启停变化	通断量	—	—	0 关；1 开	监控机房界面	10s	每次变化	1年
风机就地/远程开关状态	风机电气控制箱（柜）	—	启停变化	通断量	—	—	0 就地；1 远程	监控机房界面	10s	每次变化	1年

空调机组的安全保护功能通常包括：

（1）风机的故障报警；

（2）空气过滤器压差过高的堵塞报警；

（3）冬季有冻结可能性的地区，还应具有防冻报警和自动保护的功能。

对于冬季有冻结可能性的地区,应设置盘管防冻保护,当表冷器处的温度低于触发阈值时,防冻开关状态会改变;监测到该报警状态就执行自动保护,即连锁关闭风机和新风阀并开大热水阀,同时在监控机房的界面发出报警信号。上例中空调机组安全保护功能的标准化描述如表 4-7 所示。

空调机组的安全保护功能描述表举例　　　　　　　　　　　　　　表 4-7

安全保护内容	采样			触发阈值	动作	动作顺序	允许延时	记录时长
	采样点安装位置	采样方式						
		周期性	数变就发					
盘管防冻保护	气流下游的盘管表面处	—	0.5	≤4	停止风机	1	1s	1年
					关新风阀	2	1s	1年
					全开水阀	3	1s	1年
					监控机房界面报警	4	5s	1年

空调机组的远程控制功能通常包括:

(1) 风机的启停;

(2) 调整水阀的开度,并宜监测阀位的反馈;

(3) 调整风阀的开度,并宜监测阀位的反馈。

上例中空调机组的远程控制的标准化描述如表 4-8 所示。

空调机组的远程控制功能描述表举例　　　　　　　　　　　　　　表 4-8

被监控设备	操作位置	允许延时	记录时长
风机启停	现场控制界面	1s	1年
	监控机房界面	10s	1年
水阀开度	监控机房界面	10s	1年
新风阀开度	监控机房界面	10s	1年
回风阀开度	监控机房界面	10s	1年

空调机组的自动启停功能通常包括:

(1) 风机停止时,新/送风阀和水阀连锁关闭;

(2) 按时间表启停风机。

空调机组的自动调节功能通常包括:

(1) 自动调节水阀的开度;

(2) 自动调节风阀的开度;

(3) 设定和修改供冷/供热/过渡季工况;

(4) 设定和修改服务区域空气温度的设定值。

仍以上述空调机组为例,环境温度的自控可以由送风温度设定值和水阀调节两个环节组成,即采用串级调节算法(有利于调节的快速和稳定),这两个环节的自动调节算法的标准化描述分别如表 4-9 和表 4-11 所示,而表 4-10 和表 4-12 则是对其对应的相关信息点定义。

送风温度设定值自动调节算法描述表举例　　　　　　　　表 4-9

控制算法名称	空调机组送风温度设定值控制算法	
触发方式	每 20min	
条件	动作	目标
在"风机启停反馈状态为开机"条件下	调节"送风温度设定值"↑	使得"房间温度测量值"↑→房间温度设定值
在"风机启停反馈状态为关机"条件下	维持"送风温度设定值"不变	—

送风温度设定值自动调节算法信息点表举例　　　　　　　　表 4-10

信息点	物理位置	数据			
		类型	取值范围	精度	状态说明
输入信息					
房间温度测量值	回风道	连续量	0～40℃	0.5℃	
房间温度设定值	—	连续量	0～40℃	0.5℃	
风机启停状态反馈	风机电气控制箱（柜）	连续量	{0，1}	—	0：停止 1：开启
输出信息					
送风温度设定值	—	连续量	0～40℃	0.5℃	

空调机组水阀自动调节控制算法描述表举例　　　　　　　　表 4-11

控制算法名称	空调机组水阀自动调节控制算法	
触发方式	每 5min	
条件	动作	目标
在"风机启停反馈状态为关机或供冷/供热模式为过渡季模式"条件下	令"水阀开度"＝0%	—
在"风机启停反馈状态为开机且供冷/供热模式为制冷模式"条件下	调节"水阀开度"↑	使得"送风温度测量值"↓→送风温度设定值
在"风机启停反馈状态为开机且供冷/供热模式为供热模式"条件下	调节"水阀开度"↑	使得"送风温度测量值"↑→送风温度设定值

空调机组水阀自动调节控制算法信息点表举例　　　　　　　　表 4-12

信息点	物理位置	数据			
		类型	取值范围	精度	状态说明
输入信息					
送风温度测量值	送风道	连续量	0～40℃	0.5℃	
送风温度设定值	—	连续量	0～40℃	0.5℃	
供冷/供热模式	—	状态量	{0，1，2}	—	0：供冷模式 1：过渡季模式 2：供热模式

续表

信息点	物理位置	数据			
		类型	取值范围	精度	状态说明
风机启停状态反馈	风机电气控制箱（柜）	连续量	{0，1}	—	0：停止 1：开启
输出信息					
水阀开度	—	连续量	0～100％	5％	

这些控制算法描述，只是从建筑设备工艺、建筑系统原理的角度，提出了控制的目标和调节方向，至于采用 PID 算法、还是采用模糊算法或是采用神经元算法来实现控制调节目标，建筑设备工程师并不做要求，由自动控制专业工程师决定。而算法中的相关参数（例如 P、I、D 环节的比例系数）、调节步长等等，还需要在调试过程整定。

4.3.3　新风机组

新风机组是空调系统中的保证室内空气质量的关键设备，其能耗也较大，是需要设备监控系统进行监测和控制的重要设备。新风机组与空调机组的监控功能类似，主要区别在于送风温度设定值需要根据与风机盘管或其他末端空调设备（如辐射吊顶或地板等）承担室内负荷的比例来确定。因此，可参照空调机组的监控功能要求提出相应要求。

新风机组的监测功能通常包括下列内容：

（1）室外空气的温度；

（2）机组的送风温度；

（3）空气冷却器、空气加热器出口的冷、热水温度；

（4）空气过滤器进出口的静压差；

（5）风机、水阀、风阀等设备的启停状态和运行参数；

（6）冬季有冻结可能性的地区，还应监测防冻开关状态。

新风机组的安全保护功能通常包括下列内容：

（1）风机的故障报警；

（2）空气过滤器压差过高时的堵塞报警；

（3）冬季有冻结可能性的地区，还应具有防冻报警和自动保护功能。

新风机组的远程控制功能通常包括下列内容：

（1）风机的启停；

（2）调整水阀的开度，并监测阀位的反馈；

（3）调整风机的转速，并监测转速的反馈。

新风机组的自动启停功能通常包括下列内容：

（1）风机停止时，新风阀和水阀连锁关闭；

（2）按时间表启停风机。

新风机组的自动调节功能通常包括下列内容：

（1）自动调节水阀的开度；

（2）根据服务区域空气品质情况，自动控制风机的启停和调节风机转速；

（3）设定和修改供冷/供热/过渡季工况；

（4）设定和修改送风温度的设定值。

4.3.4 风机盘管

风机盘管广泛分布于建筑的各个区间，为各空间提供空调冷热量。风机盘管因数量多、运行时间长，也需要纳入建筑设备监控系统进行监测与控制。监控系统对风机盘管的监测功能通常包括下列内容：

（1）室内空气的温度和设定值；

（2）供冷、供热工况转换开关的状态；

（3）当采用干式风机盘管时，还应监测室内的露点温度或相对湿度。

通常情况下，房间内的风机盘管往往采用专用控制器就地控制方式。根据《公共建筑节能条例》，对用于公共区域的风机盘管，应进行室温设定值的限制，需要考虑采取技术措施达到该要求。因此，往往采用网络型风机盘管控制器（可以数据通信）来实现。

风机盘管保证室内温度可以采用风机启停/档位/转速和水阀开关/开度等不同的控制方式。采用两通水阀控制时整个水系统为变水量系统，仅采用风机启停控制时对提高房间的舒适度和实现节能是不完善的，因此从节能、水系统稳定性和舒适度等方面出发，推荐采用风机和水阀共同控制。

风机盘管的安全保护功能通常包括下列内容：

（1）风机的故障报警；

（2）当采用干式风机盘管时，还应具有结露报警和关闭相应水阀的保护功能。

为了实现风机盘管的节能运行与高效管理，需要建筑设备监控系能够实现对风机盘管风机启停的远程控制，通常可以通过对一条风机盘管专用供电支路通断电的方式实现，有条件的话可以通过与每台风机盘管控制器通信的方式实现风机盘管的远程控制。

风机盘管的自动启停功能通常包括：

（1）风机停止时，水阀连锁关闭；

（2）按时间表启停风机。

风机盘管的自动调节功能通常包括：

（1）根据室温自动调节风机和水阀；

（2）设定和修改供冷/供热工况；

（3）设定和修改服务区域温度的设定值，且对于公共区域的设定值应具有上、下限值；

（4）根据服务区域是否有人控制风机的启停。

4.3.5 通风设备

通风设备也是耗能较大的设备，需要建筑设备监控系统进行监测与控制，监测功能通常包括下列内容：

（1）通风机的启停和故障状态；

（2）空气过滤器进出口的静压差。

通风设备的安全保护功能通常包括下列内容：

（1）当有可燃、有毒等危险物泄漏时，应能发出报警，并宜在事故地点设有声、光等警示，且自动联锁开启事故通风机；

（2）风机应具有故障报警功能；

（3）当空气过滤器压差超限时，应发出堵塞报警。

有可燃、有毒等危险物泄漏的事故通风控制需遵守现行国家标准《爆炸和火灾危险场所电力装置设计规范》GB 50058 的相关规定。事故通风的相关要求是电气二次回路设计和产品选型中要严格遵守的，当设置监控系统时，也要通过监测相应电气接点和环境参数能及时给出报警信息提示和状态显示。

建筑设备监控系统应能实现对通风机启停的远程控制、按时间表自动启停的功能。

通风设备的自动调节功能常包括下列内容：

（1）在人员密度相对较大且变化较大的区域，根据 CO_2 浓度或人数/人流，修改最小新风比或最小新风量的设定值；

（2）在地下停车库，根据车库内 CO 浓度或车辆数，调节通风机的运行台数和转速；

（3）对于变配电室等发热量和通风量较大的机房，根据发热设备使用情况或室内温度，调节风机的启停、运行台数和转速。

可以利用新风免费制冷，是通风系统运行的节能特点，上述（1）功能还需要与空调系统的相关控制进行配合来实现。

4.3.6　其他供暖通风与空气调节设备

除了上述主要空调设备之外，建筑设备监控系统还需要对其他暖通空调设备进行监测与控制，设计时应根据设备配置情况加以确定，主要包括：

（1）当采用电加热器时，应具有无风和超温报警及无风断电保护功能；

（2）当房间采用辐射式供冷末端时，应监测室内露点温度或相对湿度，并应具有结露报警和联锁关闭相应水阀的保护功能；

（3）当冬夏季需要改变送风方向和风量时，送风口执行器的控制应能根据供冷、供热工况进行调节。

4.4　其他监控对象

4.4.1　给水排水

除暖通空调设备之外，给水排水设备也是需要建筑设备监控系统进行监测与控制的重要设备，系统形式根据给排水工艺设计确定[45]，下面分别对给水设备和排水设备需要监控的内容进行说明。

给水设备的监测功能通常包括下列内容：

（1）水泵的启停和故障状态；

（2）供水管道的压力；

（3）水箱（水塔）的高、低液位状态；

（4）水过滤器进出口的静压差。

给水设备的安全保护功能通常包括下列内容：

（1）水泵的故障报警功能；

（2）水箱液位超高和超低的报警和连锁相关设备动作。

给水设备的远程控制功能包括给水水泵启停的远程控制。

给水设备的自动启停功能包括：

（1）根据水泵故障报警，自动启动备用泵；

（2）按时间表启停水泵；

（3）当采用多路给水泵供水时，应能依据相对应的液位设定值控制各供水管的电动阀（或电磁阀）的开关，并应能实现各供水管之电动阀（或电磁阀）与给水泵间的联锁控制功能。

给水设备的自动调节功能包括：

（1）设定和修改供水压力；

（2）根据供水压力，自动调节水泵的台数和转速；

（3）当设置备用水泵时，根据要求能自动轮换水泵工作。

排水设备的监测功能通常包括下列内容：

（1）水泵的启停和故障状态；

（2）污水池（坑）的高、低和超高液位状态。

排水设备的安全保护功能通常包括下列内容：

（1）水泵的故障报警功能；

（2）污水池（坑）液位超高时发出报警，并连锁启动备用水泵。

建设设备监控系统需要实现对排水泵启停的远程控制。

排水设备的自动启停功能包括：

1）根据水泵故障报警自动启动备用泵；

2）根据高液位自动启动水泵，低液位自动停止水泵；

3）按时间表启停水泵。

根据建筑功能要求，可能配置生活热水、直饮水、雨水和中水等设备系统。建筑设备监控系统应能监测生活热水的温度，有条件时需要监控直饮水、雨水、中水等设备的运行工况及水量。

4.4.2 供配电

供配电设备的运行状态和参数通常纳入建筑设备监控系统的监测范畴，但不对其进行控制，即通常所说的"只监不控"。系统形式根据供配电工艺设计确定[4]，其控制通常由专用的自控系统实现，推荐通过数字通信方式与监控系统进行信息共享。

建筑设备监控系统对高压配电柜的监测功能包括：

（1）监测进线回路的电流、电压、频率、有功功率、无功功率、功率因数和耗电量；

（2）监测馈线回路的电流、电压和耗电量；

（3）监测进线断路器、馈线断路器、母联断路器的分、合闸状态；

（4）应具有进线断路器、馈线断路器和母联断路器的故障及跳闸报警功能。

建筑设备监控系统对低压配电柜的监测功能包括：

（1）监测进线回路的电流、电压、频率，有功功率、无功功率、功率因数和耗电量，并宜能监测进线回路的谐波含量；

（2）监测出线回路的电流、电压和耗电量；

（3）监测进线开关、重要配出开关、母联开关的分、合闸状态；

（4）应具有进线开关、重要配出开关和母联开关的故障及跳闸报警功能。

建筑设备监控系统对干式变压器的监测功能包括：

（1）监测干式变压器的运行状态和运行时间累计；

（2）应具备干式变压器超温报警和冷却风机故障报警功能。

建筑设备监控系统对应急电源及装置的监测功能包括：

（1）监测柴油发电机组工作状态及故障报警和日用油箱油位；

（2）监测不间断电源装置（UPS）及应急电源装置（EPS）的进出开关的分、合闸状态和蓄电池组电压；

（3）监测应急电源供电电流、电压及频率。

4.4.3　照明

照明系统设备数量多，也是建筑中耗电量较大的系统，通常可占建筑总能耗的三分之一左右，其节能运行和高效管理是建筑设备监控系统的重点任务。系统形式根据电气工艺设计确定[4]，其控制通常由专用的控制器和控制系统实现，在监控系统的网络架构设计中应予以考虑。

照明的监测功能通常包括以下内容：

（1）监测室内公共照明不同楼层和区域的照明回路开关状态；

（2）监测室外庭院照明、景观照明、立面照明等不同照明回路开关状态；

（3）能监测室内、外的区域照度。

建筑设备监控系统还需要实现对照明设备的远程控制，通过主要回路的开关控制来实现。监控系统对照明的自动启停功能应能按照预先设定的时间表控制相应回路的开关。

照明的自动调节功能通常包括以下内容

（1）设定场景模式；

（2）修改服务区域的照度设定值；

（3）启停各照明回路的开关或调节相应灯具的调光器。

4.4.4　电梯与自动扶梯

随着建筑节能工作的深入，在节能和绿色建筑中要求自动扶梯宜具备无人时停运或慢速运行的功能，因此建筑设备监控系统通常需要监测自动扶梯有人/无人状态和无人时对应的运行状态，以便于这一节能功能的实现和监督。

电梯与自动扶梯的监测功能通常包括以下内容：

（1）监测电梯和自动扶梯的启停、上下行和故障状态；

（2）监测电梯的层门开门状态和楼层信息；

（3）监测自动扶梯有人/无人状态和无人时的运行状态。

此外，建筑设备监控系统还需要具有电梯与自动扶梯的故障报警功能。

由于电梯属于特种设备，因此监控系统对电梯与自动扶梯的监测功能均通过其自带控制单元实现。如有其他功能要求也均应符合国家现行有关的规定，且火警时的联动应符合国家现行有关防火标准的规定。

4.5 能耗监测

能耗是对建筑设备运行经济性的重要考核目标，同时也是反映被监控设备本身性能的一项重要指标。能耗监测是实现建筑节能、高效运行的基础与必要条件，可以为运行状况监测和故障诊断分析提供基础数据。因此，能耗监测功能是建筑设备监控系统的重要功能，主要监测内容包括：

（1）能源消耗应包括电、自来水、蒸汽或热水、热/冷量、燃气、油或其他燃料等。具体建筑采用的一次能源形式不同，因此能耗监测涉及种类较多；

（2）对大型设备有关能源消耗和性能分析的参数进行监测。大型设备的能耗相应也较大，而且与其运行性能密切相关，有条件时监测每台设备的能耗可用于对设备运行效率、性能和经济性的分析；

（3）用于计费结算的电、水、热/冷、蒸汽、燃气等表具，应符合国家现行有关标准的规定。监控系统的设计目标是为设备性能监测和节能控制，涉及计费结算的表具设置应遵守计量法的规定，执行相关的标准规范。

供暖通风与空气调节设备耗能较大，是能耗监测的重点，其监测内容通常包括：

（1）监测冷热源机房的总燃料消耗量、耗电量、补水量、热/冷量、蒸汽量或热水量。冷热源机房是建筑能耗中能耗较大的部位，根据国家计量法和相关管理规定，应设置能耗的监测计量；

（2）当采用地下水地源热泵时，应能监测地下水的抽水量和回灌量；

（3）空调末端设备的耗电量。冷热源设备的能耗较大，而空调通风设备的虽然功率较小但设备数量多、运行时间长，其能耗总量也非常大，因此需要对空调末端设备的能耗进行监测。选取的监测点位数量与设备配置相关，也与性能评估和能耗诊断的需求相关。对于多大功率的空调设备需要进行能耗监测，香港地区的相关规定可供参考，对于单台用能功率不小于 100kW 的冷热源设备，应监测其消耗的电或油/气/热量和提供的冷、热量；对于单台用电功率不小于 30kW 的冷冻和冷却水循环泵，应监测其耗电量和水流量。

给水排水设备主要是监测能耗和水耗，其中生活热水设备的性能指标还包括提供热量和消耗能源。

低压配电分支回路的能耗监测内容包括：

（1）低压配电分支回路的照明和电源插座耗电量，包括：建筑公共区的照明和应急照明；建筑功能区的照明和电源插座；室外景观照明；

（2）低压配电分支回路用电设备的耗电量，包括：暖通空调设备；给排水设备；电梯和自动扶梯。

对多台同类功能的设备进行统一的能耗监测，需要结合低压配电设计进行考虑，尽量让不同功能的设备采用不同的电气回路供电，以方便能耗的分项测量。

建筑内的信息系统中心机房、洗衣房、厨房餐厅、游泳池、健身房等区域通常配置专用的设备，因此要求单独进行区域能耗的监测，有条件时单独对大型设备的能耗进行监测。

能耗监测数据均应记录，用于对设备性能和建筑能耗的分析。但能耗监测数据的采集时间间隔可以较长，一般情况下一小时记录一次即可满足要求。数据的长期储存和定期分析，例如按月份、季度和年度等频度，对于提高运行水平和降低能耗有很强的指导意义。

4.6　管理功能

改善管理、提高工效是建筑设备监控系统很重要的功能，建筑设备监控系统的管理功能通常通过人机界面，由操作人员输入操作指令来实现。一般情况下，在建筑物业管理部门设有集中监控的人机界面，由专职人员进行运行操作时，以便于了解室内外环境参数和设备系统的整体运行状况，并可操作修改其启停状态及参数设定值等，集中监控的人机界面的设置位置根据运行管理的需要和被监控设备的物理分布设置，需要考虑管理方便和尽量靠近大型被监控设备。根据建筑功能、运行管理和设备机房设置等不同要求，可设置有中央管理工作站、操作分站等监控机房。随着网络技术的应用，可能由专业运行维护人员进行远程操作管理，则可不在建筑物内设置集中监控人机界面。

用于集中监控的人机界面和数据库应实现的管理功能包括：

（1）选择某一时刻或某一时间段的数值以单点、曲线或报表方式显示；

（2）显示界面应为中文；

（3）设置手动/自动的模式转换，且能修改和显示当前模式；

（4）选择某一区域或类别设备，显示监测信息、修改远程控制指令、设定运行时间表和运行工况；

（5）显示各被监控设备性能规格、安装位置与连接关系，连续运行时间和维修记录；

（6）具备自诊断、自动恢复和故障报警等功能。由于管理功能是通过计算机系统内的软件实现的，而软件在运行中受到干扰会使程序失控，造成系统安全的隐患，推荐有条件时采用自动恢复技术使程序正常执行。干扰引起程序失控的主要原因是由于干扰改变了CPU中程序计数器的值，或者改变指令转移条件。程序自动恢复技术主要解决的问题是首先及时发现失控；然后是将程序恢复正常运行，实现方法可采用安全软件和硬件的自动恢复技术；

（7）将监测信息打印出来。

对建筑设备进行管理操作时，可能会有多个操作源控制同一被监控设备，应明确该设备的控制权限归属。当多个不同操作源发来动作指令时，需要根据事先规定的操作源优先级，优先执行级别高的操作源的指令。操作权限通常需要考虑下述要求：

（1）同一时刻被监控设备应只接受唯一操作源的控制；

（2）被监控设备应优先执行安全保护功能的指令；

（3）应记录当前控制被监控设备的操作源，并在人机界面上显示。

以空调机组为例，风机的控制权限管理按表 4-13 所示的标准化格式进行描述。

空调机组风机的控制权限管理表举例 表 4-13

被监控设备	操作源					控制权限修改	
	界面 1	界面 2	算法 1	算法 2	算法 3	位置	逻辑
风机	监控机房界面	空调机房界面	防冻保护	时间表启停	室温控制	监控机房界面	执行顺序： 1. 算法 1 2. 界面 1/界面 2，两者之间后到优先 3. 开机执行算法 3 优先于算法 2 4. 关机执行算法 2 优先于算法 3

建筑设备监控系统对操作源的权限管理，应考虑安全措施，防止非法入侵，通常需要满足下列要求：

（1）用户的操作权限设计应符合管理要求。用户的操作权限由系统集中统一的用户注册功能进行规定和管理，并根据注册用户的权限，开放不同的功能。权限级别至少包括管理级、操作级和浏览级等；

（2）当需通过互联网接入进行远程监控时，应设置网络安全措施。监控系统可以统一通过防火墙和防病毒系统与外界连接，以保证整个监控系统的数据安全及可靠工作，防止非法入侵、非法操作；

（3）应根据建筑功能和被监控设备重要性提出冗余设计要求。冗余设计包括采用双机备份及切换、数据库备份、备用电源及切换、通信链路的冗余及切换、故障自诊断和事故情况下的安全保障措施。

建筑设备监控系统还可能需要与其他相关建筑智能化系统之间进行关联监控，例如可根据安全技术防范系统中人员进出和区域内人数统计的信息，联动控制相应区域的照明和空调设备，无需单独设置人员占位传感器，降低造价，且有利于建筑的运行节能。

建筑设备监控系统与其他相关建筑智能化系统进行关联监控时，应遵守火灾自动报警系统优先原则。被监控设备应优先执行火灾自动报警系统发出的关联指令，是保障人员和公共财产安全的基本要求。与火灾自动报警系统的关联监控，工程中的做法有两种：一是监控系统与火灾自动报警系统设置接口，当接收到火灾信号时，监控系统运行火灾模式，进行相关通风机、防排烟风机和电动防火阀等设备的启停控制、消防电梯和非消防电梯的回降控制、火灾应急照明和疏散指示等的控制，在地铁环控工程和国外的智能建筑工程中采用。第二种是目前国内民用建筑工程中采用的，监控系统与火灾自动报警系统各自独立，火灾时非消防用设备均切断电源，由火灾自动报警系统进行相关设备的控制，需要被监控设备在电气控制回路和供电的设计上要具有切换功能。

建筑设备监控系统与建筑智能化集成系统和其他智能化系统关联时需要满足下列要求：

（1）能为智能化集成系统提供设备监测参数、远程控制操作人员信息和能耗累计数据。监控系统监测的数据较多，可以根据需要提供给相关智能化系统。

根据《公共建筑节能管理条例》，公共区域的温度和能耗等信息可能需要进行对外展示，如提供给信息导引及发布系统。而各设备的运行时间表、性能参数、运行时间和能耗累计等数据，可提供给建筑能效监管系统和物业运营及管理系统等，为其设备管理和经济核算提供依据。

（2）可接受智能化集成系统发出的运行模式和操作指令进行设备控制，并应记录指令信息。

（3）监控系统可为公共建筑能耗远程监测系统提供能耗累计数据。随着我国建筑节能的深入开展，住房和城乡建设部正在推进城市级、省级和中央级的建筑能耗远程监测平台的建设工作，在既有的大型公共建筑和政府办公建筑中，开展分项计量系统的建设。而监控系统的设备能耗监测，监测对象更加明确，可以为其分项能耗的统计提供基础。对于新建建筑，在建筑设备监控系统中设置能耗监测功能，不仅可以实现被监控设备性能核算的功能，也可以减少能耗监测传感器的重复设置，实现能耗监测平台的基础数据采集。但监控系统的使用对象是建筑物（群）的使用单位，而公共建筑能耗远程监测系统的使用对象则是住房和城乡建设部等行政管理单位，监控系统可为其提供基础数据，而平台的统计分析功能仍有其特殊需求，应遵守相关国家现行标准。

第5章 系 统 配 置

建筑设备监控系统配置就是根据第4章功能设计的要求选择适当的监控产品并进行合理配置，使系统能够满足建筑物的功能、使用环境、运行管理和能效等级等需求，实现被监控设备运行的安全、可靠、节能和环保。同时，系统也要具备一定的开放性和灵活性，以便于日后的运行操作、检查维修以及系统的调整和拓展。

5.1 概述

5.1.1 设计内容

第1章所述建筑设备监控系统的组成只涉及了具体的装置或设备，而从广义范畴考虑，为了实现功能，还需要有被控对象本身和对控制起主导作用的主体——人，才能构成一个完整的监控系统，组成示意见图5-1所示。

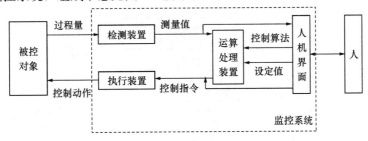

图 5-1 完整的建筑设备监控系统组成示意图

与人交互的人机界面应根据其操作习惯等进行适当的界面设计，需要在软件设计开发方面下功夫。控制算法是实现自动控制不可或缺的部分，可以根据检测的数值按照某种逻辑计算得到输出结果，也可以接受来自于人机界面的人员指令进行操作。因此，系统配置中不仅要选择适当的传感器、执行器、控制器、人机界面和数据库等设备，也要考虑不同的通信协议以及对相关软件的要求。

由于不同监控产品采用的通信协议不同，其连接的线缆、每条线路最多可以连接的设备节点数量也不同；不同型号产品的输入/输出通道数量不同。因此，在监控系统的设计中，往往要在确定产品厂商和产品系列规格的基础上，才能做详细的施工图设计（也称为深化设计）。

需要了解被控对象的工艺特点和使用人员的操作要求，这是监控系统设计的重点也是难点所在，在第4章功能设计中主要解决此问题。在确定产品系列及规格后才能确定网络结构、线缆和需要选择的网络设备等等，是监控系统配置设计中的关键问题，本章主要介绍基于功能设计要求进行系统配置的基本原则。

在实际建筑工程的设计中，建筑设备监控系统的设计流程图见图 5-2 所示[46]。

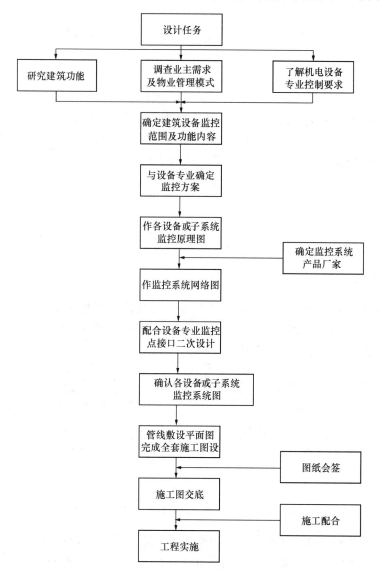

图 5-2　建筑设备监控系统设计流程图

建筑设备监控系统的配置设计包括以下主要内容：

1. 确定传感器、执行器和控制器的种类、型号、数量和分布；
2. 确定控制算法的分布；
3. 确定人机界面和数据库的性能参数、数量和分布；
4. 确定系统的网络结构和网络设备的分布；
5. 确定接口的种类、数量、方式和内容；
6. 完成辅助设施设计，包括供电、线缆类型与敷设方式、防雷与接地；
7. 完成系统配置文件（相关说明和图纸）。

在实际项目的设计过程中，配置设计的内容是逐步深入完成的。在建设前期，根据需求分析和相关专业配合，完成初步设计；在工程实施阶段，确定被控对象和监控系统产品后，完成全部施工图设计。

5.1.2　设计文件的深度

配置设计的结果是设计文件，随着设计过程的进展，其表达的深度也是不同的。

根据中华人民共和国住房和城乡建设部《建筑工程设计文件编制深度规定》[47]，"民用建筑工程一般应分为方案设计、初步设计和施工图设计三个阶段；对于技术要求相对简单的民用建筑工程，经有关主管部门同意，且合同中没有做初步设计的约定，可在方案设计审批后直接进入施工图设计。各阶段设计文件编制深度应按以下原则进行：

1. 方案设计文件，应满足编制初步设计文件的需要（注：本规定仅适用于报批方案设计文件编制深度。对于投标方案设计文件的编制深度，应执行住房城乡建设部颁发的相关规定。）；

2. 初步设计文件，应满足编制施工图设计文件的需要；

3. 施工图设计文件，应满足设备材料采购、非标准设备制作和施工的需要。对于将项目分别发包给几个设计单位或实施设计分包的情况，设计文件相互关联处的深度应满足各承包或分包单位设计的需要。

目前在我国建筑工程中，建筑设备监控系统属于建筑智能化系统中的一个子系统，其设计、施工和验收是作为单位建筑工程的智能建筑分部工程中的一个子分部工程来专门管理的。设计资质有建筑智能化专项设计资质和设计、施工一体化资质两种。因此根据具体项目情况，方案、初步设计和施工图设计等不同阶段的主体单位可能有所不同，但是设计文件的内容都应涵盖第5.1.1节的范围，而且设计文件的深度也要达到统一的要求，才能保证工程的顺利实施。

2009年实行的《建筑工程设计文件编制深度规定》[47]主要针对当前建筑设计院为主体进行的工作，对于建筑设备监控系统的设计深度规定比较简要：

"在方案设计阶段是提供简要的设计说明。"

"在初步设计阶段，设计文件应包括：1. 系统组成及控制功能；2. 确定机房位置、设备规格；3. 传输线缆选择及敷设要求。"

"在施工图设计阶段，设计文件应包括：1. 监控系统方框图，绘至DDC站止。2. 随图说明相关建筑设备监控（测）要求、点数，DDC站位置。3. 配合承包方了解建筑设备情况及要求，对承包方提供的深化设计图纸审查其内容。4. 热工检测及自动调节系统：1）普通工程宜选定型产品，仅列出工艺要求；2）需专项设计的自控系统需绘制：热工检测及自动调节原理系统图、自动调节方框图、仪表盘及台面布置图、端子排接线图、仪表盘配电系统图、仪表管路系统图、锅炉房仪表平面图、主要设备材料表、设计说明。"

其中提到的"深化设计图纸"才是最终按图施工的依据，按目前我国的行业现状，通常由具有专项设计资质或设计施工一体化资质的企业完成。要达到指导现场施工的目的，深化设计图应该包括图纸目录、设计说明及图例、系统图、监控原理图、监控点表、平面图、安装大样图、监控机房竖井设备平面布置图、控制箱内设备布置图和配线连接图、控制算法配置表、设备材料表和接口文件等，这些就构成了监控系统的配置文件。《建筑设备监控系统工程技术规范》JGJ/T 343—2014[6]对配置文件的详细内容做了相关说明：

1　设计说明

包括工程概况、工程范围、设计依据、遵循的标准、系统功能及配置概况、防雷及接地保护、系统施工要求、设备材料安装要求、与相关专业的技术接口要求及专业配合条件、施工需注意的主要事项等内容。

2　系统图

包括系统总体构成图、控制器的区域分布位置、控制器与监控对象之间的关系、被监控设备的编号及数量、系统主要设备型号及数量、设备编号及编号规则、设备供电方式、自带控制单元的接口和设备的连接方式、线缆的规格等；还包括配电系统图，含监控机房、现场控制器箱和现场设备等的配电设计内容；防雷接地系统图，含系统防雷设备的设置位置及安装要求、系统接地的设计内容。

3　监控原理图

包括被监控设备的类型、监控点的设置、监控点的类型以及控制器的配置要求等。

4　监控点表

包括监控对象、监控对象所处位置、监控数量、监控内容、控制器编号和控制器箱编号等。

需要注意的是，工程中往往仅以一张监控点表代替其他必要的配置文件，这样的做法并不可取。从监控点表涵盖的内容看，并没有说明监控设备的类型和重要参数，例如阀门是连续的还是通断的，传感器的测量范围是多少，这些都未反映在监控点表上。因此，功能设计中的表格可以补充该部分的内容。

5　平面图

包括该层平面上建筑设备监控系统相关设备的安装位置、设备编号及连接方式；线槽和管路的规格数量、走向、敷设方式；线缆的回路编号、规格数量、敷设方式和走向，各种编号的编号规则说明。室外管线的平面图还包括埋设深度、与其他管线平行和交叉的坐标、标高等。

由于平面图主要服务于施工工人在安装设备、敷设线缆等操作过程，施工工人并不负责具体线缆与设备端口的连接（此部分工作由专业接线人员负责完成），为了避免平面图上的信息过于繁冗而造成施工工人阅读理解的困难，建议只在平面图上标示出设备及其编号、DDC及其编号、电缆及其编号即可，即标示出线缆路由及线缆的起点、终点。至于电缆线型号、电缆敷设方式等具体信息，则由专门的附表加以说明。

6　安装大样图

安装大样图包括详细的设备安装布置图，标注传感器、执行器等安装位置尺寸和安装要求等。当平面图不能明确表示出设备的安装位置和安装方式时，应补充设备安装大样图。常用的风阀执行器、电动水阀执行器、风道式温度传感器和水道式温度传感器等设备的安装大样图有标准图可以引用。

7　监控机房、竖井设备平面布置图

标明监控机房、竖井内的控制器箱（柜）、机柜和操作台等设备的布置，标注箱、柜的编号及尺寸，布置的空间尺寸。

8　控制器箱内设备布置和配线连接图

控制器箱（柜）内设备布置图包括控制箱编号及尺寸规格、箱体内设备布置大样图、设备型号及编号、线缆走向等；箱内各元器件型号、规格、整定值；对有控制要求的回路应提供控制原理图或控制要求。配线连接（或二次接线）图包括控制箱的名称和编号、进出线回路编号、线缆型号或规格、接线端子编号、接线排端子与箱内控制器端口的连接对应、供电等级等（对于单相负荷应标明相别）。一般情况下，非标箱由成套厂家出，定型产品由生产厂家出。

控制器箱内设备布置和配线连接图是监控系统施工、安装、调试和维护的重要资料，运行和维护中经常会需要查阅本图，通常要求牢固粘贴在控制器箱内壁，以备查阅。

9 控制算法配置表

包括控制算法名称和装载控制算法的控制器硬件及编号等。

需要注意的是，以往设计中通常缺少对软件方面的要求，不含该部分内容。该表不需要列出具体的控制算法（在第4章功能设计中有专门的算法描述表），而是标明针对某设备的控制算法对应放置在哪个编号的控制器或硬件里，以便设计时核查承载控制算法的控制器与相关的传感器、执行器应有正确的连接关系，在后期调试时方便算法下载，运行维护阶段可以进行对应设备参数的优化调整。

10 设备材料表

包括主要设备材料的名称、型号或规格、数量及品牌。

11 接口文件

接口通常由接口设备及与之配套的接口软件构成，实现设备或系统之间的信息交互。接口文件内容包括供电及接地方式、连接方式和传输介质、通信协议说明、通过接口传输的具体内容、涉及接口工作双方的责任界面和接口测试内容等。

接口是影响智能建筑工程实施质量的关键一环，从以往工程经验来看，接口是工程中出现问题较多的环节，需要特别关注。涉及接口的双方单位互相配合形成文件来明确接口的相关技术及测试内容，确保接口的实施质量。为避免出现责任推诿，接口的进场、接口技术文件（包括修订）、接口测试结果等都需要参与方签字确认，以确保接口的质量，从而使得监控系统更为可靠。例如，接口技术文件应由建设单位、设计单位、接口提供单位和施工单位四方签字，接口测试结果应由接口提供单位、施工单位、建设单位和项目监理机构四方签字。《智能建筑工程质量验收规范》GB 50339—2013[48]还严格规定了若接口验收不合格，则其相关的两个系统均判定为不合格。

5.2 传感器和执行器

传感器和执行器通常被安装在被监控对象附近，统成为现场仪表，也分别称为检测仪表和执行仪表。

5.2.1 传感器的选用要求

传感器的主要功能是将被检测的参数稳定准确可靠地转换成现场控制器可接受的电信号，其组成见图 5-3[49]。

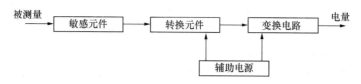

图 5-3 传感器的组成

其中，敏感元件直接感受被测量，并输出与被测量有确定关系的物理量信号；转换元件将敏感元件输出的物理量信号转换为电信号；变换电路负责对转换元件输出的电信号进行放大调制；转换元件和变换电路一般还需要辅助电源供电。

根据输出信号的种类不同，传感器可以分为：

1）状态传感器：根据被测量是否高于或低于阈值输出一个二进制数（开或关）。该类传感器也可以是利用敏感元件的物理运动使切换开关处于开或关的机械式装置，典型的机械式装置包括温度继电器、压力开关、运动感应器等。该类传感器的输出可直接与控制器的数字输入（DI）相连。

2）模拟传感器：将被测量转换为连续的电信号，此电信号可直接与控制器的模拟输入（AI）相连。为方便与控制器的连接，输出的电信号应转换为标准电气信号，如电压信号 0～10V 或电流信号 4～20mA。温度传感器也有采用电阻信号输出的。

3）智能传感器：直接输出测量结果的数值，采用通信方式接入监控系统中。由于智能转换部分有中央处理单元 CPU，可认为是微型计算机的功能，该部分详见第 5.3 节控制器。

根据传感器与控制器之间的连接导线根数，传感器可以分为：

1）两线制，即只用两根导线连接，这两根线既是电源线，又是信号线。该类传感器施工安装经济方便，逐渐成为工程应用的主流。但有一定局限，一方面是整个传感器自身的耗电流应＜3.5mA；另外由于要带进引线电阻的附加误差，不适用于高精度的热电阻，且在使用时引线及导线都不宜过长；

2）三线制，一根正电源线，两根信号线，其中一根共 GND。由于有线路电阻补偿，可以消除引线电阻的影响，测量精度高于两线制。在温度传感器中的应用最广；

3）四线制，两根正负电源线，两根信号线。这种引线方式可完全消除引线的电阻影响，但成本较高，主要用于高精度的温度检测。另外，由于电源线可以采用 220VAC，可用于耗电量大的传感器。

选用传感器的基本原则是根据第 4 章功能设计的要求来确定传感器的各项性能参数。

1）量程

传感器的量程即测量范围应满足各项功能要求中的"测量范围"或"取值范围"的最高要求，需要注意的是"取值范围"包括相应安全保护功能中的"触发阈值"。同时，综合考虑对精度的影响，测量范围也不能过大。

一般情况下，选择温（湿）度、压力（差）、流量等传感器的量程应为测量范围的 1.2～1.3 倍，对于测点参数波动较为剧烈的场合，可以放宽到 1.5 倍。

2）精度

传感器的精度应满足各项功能要求中的"测量精度"、"记录精度"和"累计精度"的最高要求。第4章功能设计中的精度要求是对测量参数的总体要求，对于提供标准电气接口的传感器，测量参数的精度包括三个环节：敏感元件的传感与变送、标准电气信号的传输和模拟输入数字输出通道 A/D 的转换。其中标准电气信号的传输精度与信号类型、传输线缆的规格和长度等因素有关；模拟输入/数字输出通道的转换精度与 A/D 转换器的位数和技术性能有关。对于提供数字通信接口的智能传感器，测量结果以通信方式直接传递数据，因此无需考虑电气信号传输衰减的影响，只需考虑敏感元件的传感和输入输出的转换两个环节的精度。

一般情况下，选择敏感元件的传感精度比要求的测量精度高一个精度等级，则可保证测量参数的总体精度要求。

3）采样周期：

传感器的采样周期应能满足监测功能的允许延时时间、记录时间周期、自控功能的采样和计算周期要求中的最高要求。以第4.2节空调机组的送风温度为例，监测功能要求显示允许延时30s，记录周期900s，自控功能的计算周期要求10s，则选用温度传感器以10s为周期进行采样，并保存于数据库中，供各功能模块调用。

4）输出数据的类型：

当用于安全保护和设备状态监视为目的时，优先选择以开关量形式输出的状态传感器，如温度开关、压力开关、压差开关、风流开关、水流开关、水位开关等。因为"0"和"1"两种状态的检测简单可靠、造价较低，传输上抗干扰能力也较强。

5）根据现场安装环境选配适当的保护套管和相应的防护等级。

需要注意的是，外加保护套管后，传感器的采样延迟和精度等会有变化，应加以校核。且在施工安装中需根据要求在套管内充灌润滑剂、导热剂等介质。

6）根据功能设计和产品要求确定传感器的安装位置。

这是实际工程中影响测量结果的非常重要的因素，常见传感器的基本原理和安装位置要求等详见 5.2.2，具体产品的特殊要求以产品说明书为准。

5.2.2　常用传感器[11]

1. 温度传感器

表 5-1 列举了常用温度传感器的种类、测温范围及特点。

常用温度传感器的种类、测温范围及特点　　　　　　　　　　表 5-1

种类	基本原理	测温范围（℃）	主要特点
热电阻	热阻变换 金属电阻值随温度变化	铜：－50～＋150 铂：－200～＋850 镍：－100～＋300	精度高，热惰性较大。能用作远距离、多点测量和记录、报警、自控，适于供暖空调系统测量温度的平均值（非瞬态值），有利于提高自控系统的稳定性
热敏电阻	热阻变换 半导体电阻值随温度变化	－50～＋450	精度高，反应灵敏，体积小、热惯性小、耐腐蚀、结构简单、寿命长；线性度和互换性差

续表

种类	基本原理	测温范围（℃）	主要特点
热电偶	热电变换 两个金属材料的热电势差随温度变化	铂铑 10—铂：0～＋1300（1600） 铂铑 30—铂铑 6：300～＋1600（1800） 镍铬—镍硅：0～＋1300 铜—康铜：－200～＋400	精度高，热惰性小，能用作远距离、多点测量和记录、报警、自控，测温范围宽，造价低廉；需冷端补偿
红外温度计	物体的红外辐射强度与温度有一定关系	0～200 100～2000	非接触测量，误差较大

常用温度传感器在结构上有多种类型，如图 5-4 所示。

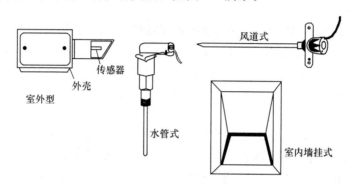

图 5-4　常用温度传感器的结构

安装与使用要点如下：

（1）测量管道中流体的温度时，测温元件的工作段应处于管道中流速最大处即管道中心位置，且应迎着介质流向插入或与流向垂直。风/水管内温度传感器应保证插入深度，不得在探测头与管外侧形成冷桥。

一般情况下，传感器定型产品的插入深度有不同规格（如 4in，8in 等），对于大口径的风管需要格外引起重视。

（2）壁挂式空气温度传感器应安装在空气流通、能反映被测房间空气状态的位置，一般在气流稳定的回流区，且要避免阳光直射和送风气流干扰。

与风机盘管和变风量末端等设备配套使用的壁挂式空气温度传感器，要布置在能反映其对应设备服务区域温度的温度。实际工程中，该类传感器通常设置在温控器内，为安装方便经常统一设置在房间门口等位置，需要根据实际需要调整位置。

（3）露点温度传感器应安装在挡水板后有代表性的位置，应避免辐射热、振动、水滴及二次回风的影响。

（4）室外（新风）温度传感器应布置在能真实反映室外空气状态的位置，不应布置在阳光直射的部位和靠近新风口、排风口的部位，推荐安装在气象测量用的防辐射和风速影响的百叶箱内。

（5）对于大空间场所，推荐均匀布置多个室内温度（湿度）传感器。

一般情况下，20m² 范围内布置一个温度（湿度）测点，大空间场所需要根据房间各维度尺寸和送、回风口的位置设置适当的测点位置。

（6）当不具备布置条件时，可采用非接触式传感器，由于此类传感器测量精度低，所以只应在安装位置受限或者改造工程等情况采用。例如公共场所入口处采用红外传感器测量人员体温，或在正在运行使用的管道设备采用贴敷式传感器以避免打孔。

（7）应尽量避免热传导和辐射引起的测温误差，可采用以下措施：包绝热层，加装防辐射罩，在套管之间加装传热良好填充物，注意安装孔的密封。

（8）测温元件的安装位置应便于仪表工作人员的维护、校验和拆装。

2. 湿度传感器

测量空气相对湿度的常用仪表及主要特点见表 5-2。

常用空气湿度检测仪表的分类及性能　　　　　　　　　　　　　表 5-2

类型	原理结构	量程与精度	特点及应用
电容式湿度计	极板电容量正比于极板间介质的介电常数，空气介质的介电常数与空气的相对湿度成正比	环境温度<180℃ 相对湿度 0～100% 测量精度±2～5% RH	测量范围宽、精度高、体积小、惯性小、线性及重复性好、响应快、寿命长、抗污染稳定性强，舒适性空调系统中使用量最大；但在高湿度时湿滞现象严重
氯化锂电阻式湿度计	氯化锂吸湿量与空气的相对湿度有关，吸湿后氯化锂电阻减小，用热敏电阻既作为温度补偿又用来测量温度，成为温湿度传感器	环境温度 0～50℃ 相对湿度 15%～95% 测量精度±1% RH	结构简单、体积小、响应快、灵敏度高、互换性差、易老化、受环境温度影响大、怕污染 常用于高精度的湿度自控系统
氯化锂露点式湿度计	氯化锂露点传感器测露点温度，热电阻测空气温度，据露点温度和空气温度得相对湿度	环境温度 0～50℃ 相对湿度 15%～90% 测量精度±2%～5% RH	结构简单、体积小、响应快、灵敏度高、互换性差、易老化、受环境温度影响大，需温度补偿

注：湿度传感器的测量范围和精度均与温度关系密切。

湿度传感器应安装在空气流通、能反映被测房间或风管内空气状态的位置，安装位置附近不应有热源及水滴。与对应的温度传感器安装位置要求相同。

3. 压力/压差传感器

常用压力或差压传感器（包含传感器、变送器、仪表）的主要类型和特点见表 5-3。

常用压力（压差）传感器的分类及性能　　　　　　　　　　　　表 5-3

类别		基本原理	精度	测量范围	特点及应用
名称	分类				
弹性式	弹簧管式、膜片式、膜盒式、波纹管式、板簧式	弹性元件在压力作用下产生弹性变形	0.1%～2.5%	－0.1～0MPa ±80～±40kPa 0～60kPa 0～1000MPa	结构简单、使用方便、价廉、测量范围宽，用来测量压力及真空度，可就地指示、远传、控制、记录或报警
电气式	电位器式、应变片式、电感式、霍尔片式、振频式、压阻式、压电式、电容式	将压力转换成电阻、电容、电感和电势等电量	0.2%～2.5%	$7×10^{-5}$～500MPa	反应快、测量范围广、便于远传 其中电位器式由于存在摩擦，仪表的可靠性差 应变片具有较好的动态特性，适用于快速变化的压力测量

我国测压仪表是按系列生产的，其量程即标尺上限刻度值为 $(1, 1.6, 2.5, 4, 6.0) \cdot 10^n MPa$，其中 n 为整数（可为正负值）。精度等级由高到低有 0.0005，0.02，0.1，0.2，0.35，0.5，1.0，1.5，2.5，4.0，5.0 等。一般 0.35 等级以上的表为校验用的标准表，现场大多采用 1.0 等级以下的压力表。

安装与使用要点如下：

（1）测压点要选在直管段上，不能形成旋涡的地方。测量液体时，取压点应在管道下部；测量气体时，取压点应在管道上部。

（2）导压管应与介质流动方向垂直，管口与器壁应平齐。引压管内径一般为 6～10mm，长度应尽可能短，最长不得超过 50m。

引压管水平安装时，应保证有 1：10～1：20 的倾斜度。当测量液体压力时，在引压系统最高处应装设集气器；当测量气体压力时，在最低处应装设水分离器，当被测介质有可能产生沉淀物析出时，在仪表前应加装沉降器。

（3）在同一建筑层的同一水系统上安装的压力（压差）传感器的取压点应处于同一标高；如无法满足要求，应该考虑静压修正。

（4）测量流体网络最不利点的压力时，宜在管网主要分支处进行多点布置测试。

（5）风道压力传感器，应布置在空气均匀混合的直风道内，不宜布置在空气处理设备内部。

（6）压力（差压）表应安装在能满足规定的使用环境条件和易于观察检修的地方，应力求避免震动和高温的影响，并针对被测介质的不同性质采取相应的防温、防腐、防冻、防堵等措施。

4. 流量计

流量分为瞬时流量和总流量，可以用体积单位表示为体积流量，如 m^3/h，也可用质量单位表示为质量流量，如 kg/h。测量流体瞬时流量的仪表一般叫流量计，测量流体总流量的仪表常称为计量表。两者并不是截然划分的，在流量计上配以累计机构，也可以读出总流量。由于目前使用的流量计有上百种，测量原理、方法和结构特性各不相同，选择时考虑因素较多，常用的流量计参见表 5-4。

常用流量计的分类和特点   表 5-4

类别		基本原理	适用介质	测量范围	主要特点	应用条件
名称	分类					
差压式	标准节流装置：孔板 喷嘴 文丘里管	节流原理 测量流体流经节流装置时产生的压力差	空气，蒸汽，水（液体）	使用管径(mm)： $D \geqslant 50$ $D \geqslant 50$ $100 \leqslant D \leqslant 800$ 测量精度 ±2%	成熟、常用，加工制作和安装简单，价格低廉压力损失较大（从上到下依次减小）	流态处于紊流区 节流装置中心应与管道中心重合，端面垂直，流向不得装反
转子式	远传式转子流量计	节流原理 恒定压差下，测量流通截面积的变化	空气，蒸汽，水（液体）	最小可检测流量为 10l/h 测量精度 ±2%	适合小流量测量	应垂直安装，不许倾斜 被测介质的流向应由下向上，不能装反

类别 名称	分类	基本原理	适用介质	测量范围	主要特点	应用条件
动压式	毕托管	利用测量流体的全压和静压之差即动压来测量流速和流量	空气，蒸汽，水（液体）		测点流速	测量低速时输出灵敏度很低，要求全压孔直径上的 Re>200 感测头应正对气流方向
	动压平均管				测截面平均流速	
速度式	涡轮流量计	利用流体冲击涡轮的叶片使其发生旋转，由涡轮的转数测得流量值	空气，蒸汽，水（液体）	测量精度：普通型为 ±0.5～±1%，精密型达±0.1～±0.2%	精度高，复现性好，压力损失小，量程比较宽，惯性较小，便于远传及控制	流态处于紊流区必须水平安装，仪表前应装过滤器
	涡街流量计	利用流体自然振动原理，测量流体通过柱体后产生的漩涡数	空气，蒸汽，水（液体）	测量精度±1% 液体 0.3～7m/s，气体 4～50m/s，蒸汽 5～70m/s	无机械可动部件，可靠性强，准确度高，重复性好，压力损失小，检定周期长	流态处于紊流区必须水平安装，仪表前应装过滤器
超声波流量计	时差法	利用超声波脉冲在通过液体顺逆两方向上传播速度之差，来求圆管内液体的流量	水（液体）	测量精度±1%	非接触式测量，无压力损失，低流速测量精度较高，适应管径范围广，便于远传及控制，价格与管径无关	管壁结垢等对测量信号和精度有影响 对于固定仪表，一般选择插入式安装，注意密封、防水和防垢等处理
	多普勒式	通过测量管道内反射超声波的频移量得到流速（或流量）			专门适用于含大量固体颗粒及气泡的流体介质	
电磁流量计		利用导电体在磁场中运动会产生感应电压的原理，通过外加磁场测量感应电压来得到流体的流速	导电液体	测量精度：±0.2～±2%	非接触式测量，无机械活动部件，压力损失小，性能可靠；管径越大，价格越高	应垂直于流动方向安装，不许倾斜 安装处应无电磁干扰，否则需做防磁保护 不能用于软化水和纯水的测量

选用与安装与要点如下：

（1）被测介质应充满全部管道界面连续地流动，管道内的流动状态应该是稳定的。

（2）流量计应耐受管道介质的最大压力，推荐选用水流阻力较低的产品，有利于水泵的节能。

（3）流量计安装位置前后应有保证产品所要求的直管段长度或者其他要求。不同类型的流量计对安装空间的要求不同，需要注意；安装空间无法满足时，可考虑采用弯管流量计。

（4）应选用具有瞬态值输出的流量计；当同时有流量和冷（热）量测量要求时，采用冷（热）量表可同时提供流量和温度等参数，而冷（热）量通常需要记录累计值，需要注意自控算法中大多采用瞬时值。

（5）应根据需要检测的质量/体积流量范围选取流量计，必要时对介质进行密度修正，如选取仪表的管径与工艺管道不符，应进行变径处理并留出相应的直管段。

5. 液位计

常用的各种液位计种类及特点如表5-5所示。

液位计的种类及特点

表5-5

测量方式	流量计类型	测量原理	测量方式	主要特点
浮力式	浮标(子)式	液体浮力使浮标随液面升降	定点 连续	结构简单、价廉
	浮筒式	浮筒在液体中受浮力产生位移，随液位而变化	连续	结构简单、价廉
电气式	电容式	液位变化反映为电介质变化，使电容量变化	定点 连续	体积小、测量滞后小、线路复杂、价高
	电接点式	电极与金属容器间通过导电液体形成的回路通断	阶梯式	结构简单、性能可靠、使用方便，适于腐蚀性介质的液位报警和控制
超声波式液位		超声波在气体和液体中的衰减成都、穿透能力和辐射声阻抗等各不相同	定点 连续	非接触测量、准确性高、惯性小，成本高、使用和维护不便
光电式液位开关		光在不同介质中折射率不同，由红外线发光二极管和光接收器组成	定点	非接触测量、准确性高、惯性小

设计选用注意事项：

（1）一般情况下，水箱液位根据需要选择几个定点输出的液位开关即可；由于供暖空调领域使用的水箱高度较大（2～4m），对连续输出的液位计探头要求较长，价格很高，只有蓄冰槽等特殊场合才选用连续输出型的液位计。

（2）当用于脏污液体以及在环境温度下易结晶、结冻的液体时，不宜采用浮标（子）式液位计。

6. 气体成分传感器

随着对室内空气品质的关注程度不断提高，空调系统的新风量需要根据情况采用量化标准进行调节，室内空气品质传感器的应用越来越多。其主要原理是利用混合气体中某些气体具有选择性地吸收红外辐射能这一特性，来连续自动分析气体中各组分的百分含量，使用方便，反应迅速，对非检测组分的抗干扰能力强，测量范围可从几个 ppm 至100％，可检测成分有 CO_2（最常用），CO，苯，甲醛，氢，碳氢化合物，氮氧化合物等。

可以选用检测单一成分的传感器，也可以选择可检测几种成分的传感器。输出信号有标准的连续量（AI），也有根据检测到的空气成分进行报警的开关量（DI）。常用的有：

CO_2传感器、CO 传感器和空气质量传感器（可同时检测多种成分，检测结果为折合的总 VOC 含量，具体情况需参阅产品说明）。

安装注意事项：

气体成分传感器应布置在气体容易积聚、能反映被测区域气体浓度的位置。例如测量服务区域空气质量的 CO_2传感器、测量锅炉房燃烧是否充分的 O_2传感器、测量手术室麻醉气体的 N_2O传感器等，由于这些气体密度大于空气，容易积聚在房间下部，应在下部适合高度预留传感器的安装位置；测量车库空气质量的 CO 传感器、测量氨制冷机是否有泄漏的 NH_3传感器等，由于这些气体密度小于空气，容易积聚在房间上部，应在上部适合高度预留传感器的安装位置。

7. 人员进出检测器

随着自动化水平的提高，房间内的空调末端装置——风机盘管或变风量末端可以通过检测房间内是否有人进出来自动启停。红外探测器或双鉴探测器主要用于智能楼宇的安（全）防（护）系统，主要原理是通过探测人体发出的红外线或红外线和微波（减少误报）来判断有人进入或离开。采用该方式，也可用来降低建筑（空调和照明）的能耗，但同时也需要整个大楼的综合管理水平较高，安防与空调自控系统能够通信，同时尽量减少不必要的人员出入以免设备启停频繁。

5.2.3 执行器的选用要求

执行器是能接受电信号并按照一定规律产生某种运动的器件或装置。按照执行机构的驱动源，可分为电动、气动和液动等，通常在民用建筑中均采用电动执行机构。

根据输入信号的种类不同，执行器可以分为：

通断型执行器：根据输入的二进制数 0 或 1 来执行开或关的动作。该类执行器的输入可直接与控制器的数字输出（DO）相连。

连续型执行器：根据输入的连续电信号来执行 $0\sim100\%$ 的连续调节动作，该类执行器的输入可直接与控制器的模拟输出（AO）相连。

选用执行器的基本原则：

1. 根据第 4 章功能设计的要求来确定执行器的各项性能参数：

1）根据安全保护、远程控制、自动启停和自动调节功能描述表中"动作"确定执行器的种类。

2）根据监测和自控功能描述表中对参数测量、监控和记录的要求，确定执行器是否需要有反馈信号，以及反馈信号的种类。一般情况下，推荐选用有反馈信号的执行器，可以通过对比动作指令和反馈结果做出执行器的故障诊断。

3）根据自控功能中被监控参数的控制精度要求，确定执行器的调节精度。第 4 章功能设计中的调节精度要求是对自动调节动作的总体要求。对于提供标准电气接口的执行器，精度包括三个环节：数字输入模拟输出通道 D/A 的转换、标准电气信号的传输和执行元件的动作。其中标准电气信号的传输精度与信号类型、传输线缆的规格和长度等因素有关；数字输入/模拟输出通道的转换精度与 D/A 转换器的位数和技术性能有关。对于提供数字通信接口的智能执行器，则无需考虑电气信号传输衰减的影响，只需考虑输入输出的转换和执行元件的动作两个环节的精度。

4）综合各项功能中对"允许延时"的要求，确定执行器的动作时间。影响延迟时间的因素包括执行器动作时间、网络传输时间及监控系统的响应时间。选取动作时间足够快的执行器，可以保证设备动作在功能要求的允许延时内完成。通常阀门从全关到全开的动作时间为 $100\sim150s$，而阀门开始动作时，管道内的压力和流量就随之发生变化，但监控对象大多为温度等参数，对于民用建筑的暖通空调系统，属于大滞后系统，温度稳定的时间常数通常在十几分钟以上的量级，因此阀门等执行器的动作时间基本都可以满足要求。

2. 根据功能设计要求，并考虑产品的动作空间和检修空间要求，来确定执行器的安装位置。例如，阀门的执行机构分为直行程和角行程，需要的动作空间位置和尺寸有所不同。

3. 执行器的输出力或力矩应能保证执行机构在全部动作区间可靠地工作。

4. 对于采用电机驱动的执行机构，需要设置机械或电器限位装置防止电机损坏。

5.2.4 常用执行器[11]

1. 电动控制阀

电动控制阀接受调节信号，切断或调节输送管道内流动介质的流量，以达到自动调节被控参数的目的。电动控制阀由阀体和电动执行机构（阀头）两大部分组成。

设计时对调节阀特性及口径的选择正确与否将直接影响系统的稳定性和调节质量。调节阀因结构、安装方式及阀芯形式的不同可分为多种类型。以阀芯形式分类，有平板形、柱塞形、窗口形和套筒型等。不同的阀芯结构，其调节阀的流量特性也不一样。调节阀主要由上下阀盖、阀体、阀芯、阀座、填料及压板等部件组成，结构形式和主要特点见表5-6。

常用调节阀的结构形式和主要特点　　　　　　　　　表5-6

类型	分类	结构形式	主要特点
两通阀	单座		结构简单、价廉，关闭时泄漏量很小，阀座前后存在的压差对阀芯产生的不平衡力较大，适用于低压差的场合
	双座		有两个阀芯阀座，结构复杂，阀芯所受的不平衡力非常小，适用于阀前后压差较大的场合。受加工精度限制，关闭时泄漏量较大，高温或低温场合泄漏较严重，与单座阀的口径相同时，流通能力更大
三通阀	分流		A＋B＝C C－A＝B，或 C－B＝A
	合流		两个阀芯同时上、下移动时，一路流量增加，同时另一路流量减少

由于三通阀结构复杂、产品口径的规格有限，而且其总流量保持不变，即用于定流量水系统，在当今强调节能的背景下，实际使用越来越少。

选择阀体时需要确定其流量特性和口径，根据设计流量和压差等参数，计算被监控对象的流量系数来选用。由于系统中管路和配件阻力的存在，阀权度（调节阀全开时压力损失与调节发所在管路的总压力损失之比）不同，会导致阀门的工作流量特性与理想流量特性不同，还需校核阀门的可调比。不同产品的流量系数不同，口径选择过大或过小都会影响调节质量。现在大多数阀门厂商可以采用电算程序进行选型，提供口径、型号和流通能力曲线和安装使用说明等详细技术资料，需要设计人员提供以下参数：调节介质，介质参数（温度、压力），设计流量和设计压差，最大流量和最小压差，最小流量和最大压差，最大关闭压差，是否复位（如是，复位为开/关）。

推荐有条件时选用有电源故障复位功能的阀门执行器，可以在意外失电情况发生时将阀位维持原状态或复位为开或关，需要根据阀门所处管道的工艺要求来确定。

当仅用于设备通断或水路切换时，应选用电动通断阀。在关断状态下，通断阀比调节阀的泄漏量小，更有利于设备运行安全和节能。

用于连续调节时，通常采用模拟量输出 AO 控制方式的调节阀来实现；根据实际情况，也可以采用双 DO 控制方式的调节阀或者无触点电子开关通过高频脉冲信号控制启停时间比的方式实现。

为避免阀门关不严或打不开，应按照管道工艺设计要求确定阀门的最大允许压差，选择阀门执行器的输出力（矩）时要保证在该压差下能够正常工作。需要注意的是，输出力（矩）较大时需要校核电源，用于大口径大压差管路的阀门往往需要配用 220VAC 或 380VAC 的电源。

设置调节阀时，应考虑其安装要求：一般情况下，应尽可能安装在水平管路上，电动执行器向上，且介质必须按照阀体上所示方向流经阀体；阀杆必须垂直，电动执行器允许倾斜安装，具体要求参见产品安装说明书。执行机构应高于阀体，以防止水进入执行器。用于冷、热水盘管（或换热器）的水管调节阀应设于设备回水管路上，而蒸汽阀应放在进口管路上。用于控制水系统压差的旁通阀应设于总供、回水管路中压力（或压差）相对稳定的位置处。

对于风机盘管等末端，通常配用口径在 40mm 以下的两位式控制水阀，可以选用电磁阀，主要优点是体积小，价格便宜，但使用寿命有限且启闭时有噪声。电磁阀的型号可根据工艺要求进行选择，需要阅读的样本技术资料包括：适用介质种类、电磁阀工作温度范围、工作压力、最大/最小开阀压差、电磁阀容量特性等。其通径可与工艺管路直径相同。需要注意根据工艺要求选择常开或常闭型。使用安装时，电磁头轴线应处于垂直方向，应按照阀体上标示的流体流动方向连接进出口管。

2. 电动风阀

电动风阀是空调系统中必不可少的设备，可以手动操作，也可实行自动调节。电动风阀也是由电动执行机构和风阀组成的。风阀的结构简图和主要特点见表 5-7。

由于实际设计中很少单独进行风阀尺寸的选择（均按风道尺寸安装），因此风阀的阀权度均偏小，调节性能不够理想。从调节性能、减少噪声和阻力损失等方面分析，推荐调节用风阀选用对开多叶式风阀。

各种风阀的结构和主要特点 表 5-7

类 型		结 构 简 图	机理与特点
单叶	蝶式		根据叶片遮挡面积调节风量，有圆形和方形分别适用于不同风管断面 结构简单，密封性能好，特别适用于低压差大流量的场合
	菱形		通过改变菱形叶片的张角来调节风量 具有工作可靠、调节方便和噪声小等优点，但结构上较复杂；应用在变风量系统中作为末端装置
多叶	平行		通过叶片转角大小来调节风量的，各叶片的动作方向相同
	对开		通过叶片转角大小来调节风量的，相邻两叶片按相反方向动作
	菱形		利用改变菱形叶片的张角来改变风量，工作中菱形叶片的轴线始终处在水平位置上
	复式		安装在风管内空气加热器旁，用来控制加热风与旁通风的比例 阀的加热部分与旁通部分叶片的动作方向相反

必须根据截面积和风速等参数校核电动风阀执行器的力矩，尽量采用执行力矩大的执行器。对于较大断面的风管可能还需采用多个阀体，执行机构与其一一对应（避免执行力矩相互干扰），以便保证足够的风阀强度和执行力矩。

3. 电加热器

在采用电加热的空调温度自动调节系统中，执行元件是电气控制设备，主要控制设备见表 5-8。由设计人员根据温度波动范围提出分级/连续控制要求，以及调节的最小电容量。

常用电加热器控制设备的形式和主要特点 表 5-8

调节需求	使用方法	主　要　特　点
位式调节	晶闸管（可控硅SCR）交流开关	特性近于开关特性，组成交流开关基本电路容易，具有无触点、动作迅速、寿命长和几乎不用维护等优点，没有通常电磁式开关的拉弧、噪声和机械疲劳等缺点，已获得广泛应用
	继电器/接触器固体开关	其输入端相当于继电器（接触器）的线圈，输出端则相当于触点与负载串联后接到交流电源上，使用十分方便，而且封为一体，体积小，工作频率高，对工作环境的适应性也强
连续调节	晶闸管交流调压器和调功器	根据功率要求，选用单相或三相交流调节器或调功器与自控系统配套，接收 0～10mA DC 或 4～20mA DC（1～5V DC）控制信号，改变晶闸管的导通状态，以控制电加热的功率

设计时应注意，空调系统的电加热器应与送风机联锁，并应设无风断电、超温断电保护装置；电加热器的金属风管应接地。

4. 电动机的启停控制

建筑设备中的风机和水泵通常使用 Y 型鼠笼式电动机，采用的启动方式见表 5-9。

常用电动机的启动方式和主要特点 表 5-9

启　动　方　式		主　要　特　点
全压启动	（直接启动）	最简单最可靠最经济的启动方式，但是启动电流大，对配电系统引起的电压下降也大
降压启动	星一三角	启动电流小，启动转矩也小，比较经济，但可靠性略差 启动过程有一种级差，适用电机功率不能过大
	自耦变压器	启动电流小，启动转矩较大，一般启动过程有两～三个级差，价格较贵
软启动		启动过程可以达到无级调节，可靠性较高。可以带动多个电动机，实现顺序启动，价格相对较低。（也同时可以实现软停）

该类设备的监控需要与电机的配电设计进行协调，通常由监控系统提供一对无源常开接点信号接入风机/水泵的电控箱二次控制回路，详见第 5.3 节控制器箱部分。

5. 变频器

变频器不仅可以保证电动机的软启、软停，而且运行过程可无级调速。从控制性、操作性、维护性、安装的容易性和效率高低等方面综合情况来看，目前风机和水泵采用变频调速方法已成为首选的调节方法，尤其是随着变频装置价格的不断降低，这一趋势会越来越明显。

变频器与监控系统的连接主要有两种方式：

（1）通过标准的通信接口例如 RS485，配以适配器后可直接连接到监控系统的监控计算机，由设备厂商提供公开的协议后，可以直接读取参数、控制其运行；可读取和控制的参数非常全面，需要监控系统编程人员了解变频器的运行调节；

（2）通过模拟量和数字量通道 AI、AO、DI、DO 与监控系统连接，可以读取运行状态、故障状态并控制其启停及调节；设备厂商可提供的接口详见样本等技术资料中，根据实际情况进行选用。监控系统对变频器监测和控制内容主要为：状态监测、故障监测、频率反馈监测、频率控制、启停控制。

设计选用的注意事项如下：

（1）变频器的规格型号应按照负载的负荷特性和电机的额定电流选取。

首先根据负载特性确定变频器的序列：运行过程中转矩恒定的设备称为重载，例如锅炉房内的炉排、斗提和输煤皮带；运行过程中转矩改变的设备称为轻载，暖通空调系统中常用的循环风机/水泵均为此类。

然后按照额定电流选择变频器的型号：必须按照单元的最大负载情况下的电机电流选择变频器，使变频器的额定输出电流高于等于电机所需电流。

（2）并联运行的风机/水泵应同时设置变频器，而且频率同步调节。

（3）应注意环境的电磁兼容性：

变频器对电网会产生谐波干扰（低频），可选配电抗器以减小干扰，使电压波形的畸变率、谐波电压和谐波电流达到国标《电能质量公用电网谐波》GB/T 14549—93 的要求。

变频器对无线电或电子设备会产生电磁干扰（高频），可选配滤波器以减小干扰，使其无线电发射、传导性发射满足电磁兼容的国际标准（例如 EN55011 标准的 A、B 级）。

5.3　控制器

5.3.1　现场控制器基本概念

控制器属于监控系统的现场控制设备，通过读取检测仪表的输入信号，按照预定的控制策略，产生输出信号，控制相关设备，从而达到控制目的。随着计算机、数字通信及大规模集成电路技术的飞速发展，控制器成本逐年下降，性能却提高很快。根据发展阶段及所采用技术的不同，可大致分为可编程控制器（Programmable Logic Controller，PLC）、直接数字控制器（Direct Digital Controller，DDC）、基于 PC 总线的工业控制计算机（工业 PC）等，其中工业 PC 主要用于中央管理工作站或操作分站。PLC 和 DDC 的相关特点比较见表 5-10。

<table>
<tr><td colspan="2">**PLC 和 DDC 特点比较**</td><td>表 5-10</td></tr>
<tr><td>名称</td><td colspan="2" align="center">特　　点</td></tr>
<tr><td>PLC</td><td colspan="2">主要针对工业顺序控制，有很强的开关量处理能力，浮点运算能力不突出，抗干扰能力强，软件编程多采用梯形图，硬件结构专用，随生产厂家而不同，易于构建集散式控制系统（DCS）、现场总线控制系统（FCS）</td></tr>
<tr><td>DDC</td><td colspan="2">有较强的模拟量及浮点运算能力，软件编程采用组态软件，抗干扰能力较强，硬件方面采用标准化总线结构，兼容性强，易于构建集散式控制系统（DCS）、现场总线控制系统（FCS）</td></tr>
</table>

虽然 PLC 和 DDC 在发展基础和硬件结构上有一定差异，但随着计算机和大规模集成电路等相关技术的发展，两者在功能上的差异性正在逐步缩小，呈现相互融合的态势。就控制器本身而言，在运算速度和数据处理能力等性能方面，两者皆能够满足建筑设备监控系统的要求，合理的优化配置设计和合适的控制算法是监控系统成败的关键所在。

因为 DDC 产品主要为民用建筑开发，且内置了一些有针对性的标准控制逻辑，因此使用较多。而 PLC 产品通常有工业和民用的不同类别，在民用系列中，与 DDC 的差别不大。以下分析的硬件构成和软件功能均为现场控制器所具备的，不针对 PLC 或 DDC 的某类产品。

5.3.2 硬件构成

控制器的结构形式，主要有整体式和模块式两大类，其产品外观见图 5-5。其中，左侧为整体式；右侧为模块式，可拼装组合或者分散布置在现场设备附近。两种类型都是安装于导轨上，导轨可固定在墙壁或者控制器箱壁上。控制器主要由主控模块、通信模块和输入/输出（I/O）模块组成，另外还有显示面板、电源等配件。控制器的结构及其与传感器、执行器和控制网的连接示意见图 5-6。

图 5-5　控制器产品外观

通常情况下，通信模块不是一个独立的物理模块，其网络接口与主控模块设置在一起。包括两个网络接口：一是与控制层的网络接口，在保证可靠性和安全性的基础上，也越来越强调采用开放的标准通信协议；二是主控模块与 I/O 模块进行数据交换的网络接口，多数采用制造厂商的私有通信协议，现也在逐步向开放标准协议方面转化。

1. 控制器[50,51]

控制器的核心部件是控制运算的主芯片 CPU，常见的有 Intel486DX4、Intel Pentium 133/233/266、PowerPC 及 MC68030 等，且升级换代很快。近年来以 ARM 核为基础的低功耗芯片越来越多地应用。在产品招标中曾经有只看主频的错误倾向，而一个控制器是否性能优良，主要是看它在控制软件的配合下，能否长期安全可靠地在规定的时间内完成规定的任务。一个效率低下的软件，即使在很高的主频下，也不可能得到很好的性能；相反，优化高效的运行软件在一般主频下也可达到良好的使用功能。

CPU 还有以下的外围芯片：

（1）固态盘（Solid State Disk，SSD）或 Flash 存储器：用于保存主控制器的操作系统、用户控制算法文件等信息。在主控制器上电启动后将这些文件调入内存运行。

（2）内存（Main Memory）：用于加载运行程序，掉电后内存的内容不会被保存。

（3）掉电保持静态存储器（SRAM）：对于重要设备的监控需要选用。该存储器用于

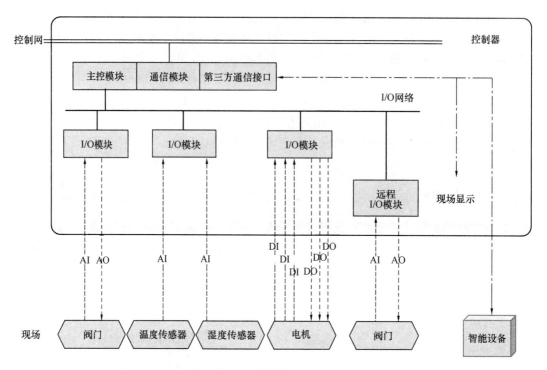

图 5-6　控制器结构和连接示意

存储运行过程中需要实时保存，并且在系统掉电后还需要保存一段时间的数据，比方说阀门在掉电前的开度。这些数据在系统重新上电后可能用做初始值输出，保证现场阀位不出现跳动。一般设置有使能开关，用于接通或关断 SRAM 的后备电池。

　　另外，控制器还需要配有电源电路，其电源输入一般是 24VDC，需要将其变换成 5VDC 或 3.3VDC，供控制器上的芯片使用。

2. 模拟量输入（AI）[50,51]

　　模拟量输入模块用来将相应设备信号接入控制器。AI 设备用于将输入的模拟量值数字化，常用的 AI 设备有三类：变送器信号输入设备、热电阻（Resistor Temperature Detector，RTD）输入设备和热电偶（Thermal Couple，TC）输入设备。其中标准变送器的电信号为电流 4～20mA 或电压 0～5V/0～10V，也称为高电平（或大信号）AI 设备；而 RTD 和 TC 输入由于其信号电平较低，统称为低电平（或小信号）AI 设备。

　　不同类型的 AI 信号分别经过不同的滤波处理器除去干扰信号并调整成标准电平后，再经过模数转换器（Analog to Digital Converter，ADC）将模拟信号转换成数字信号。

　　对 AI 设备最关注的技术指标是精度，其影响因素有环境和时间等。从信号处理环节，对精度影响最大的是输入阻抗。从模数转换环节，分辨率是精度的一个坚实基础，主要受模数转换器的位数影响。主要技术指标简要介绍如下：

　　（1）精度、温度漂移和时间漂移：

　　表示测量结果与真值的一致程度，衡量精度的指标有相对误差、绝对误差和引用误差等多种表现形式，最常用的表示方法是引用误差。其定义为满量程内的最大绝对误差除以满量程得到的百分数。常见的引用误差等级有 0.1％、0.2％ 和 0.5％，分别简称为 0.1

级、0.2 级和 0.5 级仪表。以引用误差 0.1% 为例，国外厂家通常表示为"0.1%，F. S."，国内厂家一般表示为"0.1%，满量程"。由于精度还受环境温度的影响，该指标一般是室温（25℃）下的指标，表示为"0.1%，F. S. @25℃"。

环境温度对 AI 设备的精度影响可以用温度漂移指标来衡量，简称温漂。其定义是：环境温度每上升 1℃，AI 设备的引用误差可能的最大变化量，单位是 ppm/℃，即百万分之一每摄氏度。例如，在环境温度 25℃ 条件下标称引用误差为 0.1% 的仪表，如果其温漂指标为 ±100 ppm/℃，则当环境温度变化到 35℃ 时，其引用误差将可能达到：

$$0.1\% + (35 - 25) \times 100 \times 10^{-6} = 0.2\%$$

另外，测量电路在使用一段时间过后参数会发生偏移，称之为时间漂移。时间漂移会直接导致引用误差变大，通常用稳定度来表示 AI 设备精度的变化程度。短时间稳定度用于描述 AI 设备在噪声影响下的测量结果跳动，长时间稳定度用于描述 AI 设备的时间漂移。长时间稳定度是指对于同一被测量值，相隔较长时间（比如说 1 年）用同一测量装置进行测量，其引用误差漂移量与时间之比，单位为百万分之一每年（ppm/年）。时间漂移可通过在软件程序中定期修正来减少误差。

在实际测量 AI 的精度时，一般在满量程内均匀选取 3 点（10%、50%、90%）或 5 点（10%、30%、50%、70%、90%），用精度至少高一个等级的测量仪表和信号源测量 AI 的精度，所有测点的绝对误差都小于引用误差与满量程的乘积，AI 精度就算合格。

（2）输入阻抗

由于 AI 设备被测量的电压信号源都存在微小的等效内阻，该内阻与 AI 的输入阻抗是串联关系。当测量输入端的电压信号时，实际电压为开路时信号电压减去接通时信号源内阻上的压降，比真实值小，因此输入阻抗的大小会对测量精度带来影响。根据国际电工协会标准 IEC 61131—2 的要求，AI 设备的输入阻抗在 10kΩ 以上，这意味着当信号源的内阻在 10Ω 以内时，最多引起千分之一的相对误差。

（3）分辨率

是测量装置能感知和区分的最小变化量。分辨率以 A/D 转换器的位数和量程表示，即分辨率=信号量程/2^n，其中 n 为 A/D 转换器的位数。例如用量程为 0~5V 的 12 位 A/D，其分辨率为：5V/4096 = 1.22mV。通常认为量化误差为其分辨率的一半，即为 0.61mV。因此，由 A/D 转换环节导致的量化误差为 $1/2^{n+1}$。对于 0.1% 级的检测仪表，采用 12 位 A/D 转换导致的量化误差为 1/8192，比检测环节低了差不多一个数量级，可以忽略不计。即使是采用 10 位 A/D 转换，量化误差也仅有 1/2048，也要低于仪表的测量误差。根据误差传递理论，两个环节的误差相差 3 倍以上则误差低的环节所导致的误差可以近似忽略。普通民用建筑中采用的检测仪表精度等级一般不高于 0.2%，因此采用 10 位或 12 位的 A/D 转换都可以满足要求。

（4）电气隔离

为了保证 AI 设备和人员的使用安全，需要对 AI 输入信号进行电气隔离处理，即切断现场与监控系统之间的直接的电气连接。可以达到以下目的：被控设备电气烧毁时不殃及监控设备；被控设备对监控系统之间存在高压时不损坏监控设备；限制监控设备局部故障或损坏的扩散化；切断现场设备接地点对监控系统接地点间因地电位差形成的地环电流，及其导致的输入端电压影响测量精度；当被控设备串入高压或本身就有高压时，对监控系统的维护人员提供人身保护。通常设置光电隔离装置，在 AI 信号一进入模块就实施隔离，隔离输出模拟信号后才进入 A/D 转换器转换成数字信号。

（5）抗干扰能力

即抑制非测量的电信号混入系统的能力，通常用抑制比来衡量，假如有 1000 个干扰信号，混入系统 1 个，则抑制比为 1000：1，用分贝表示就是 $20\lg(1000：1)=60\text{dB}$；如果有 10 个信号混进去，则抑制比为 1000：10，用分贝表示就是 $20\lg(1000：10)=40\text{dB}$。通常设置信号放大器、电路滤波器或采用软件滤波算法，来提高抗干扰能力。

（6）采样频率

指每秒钟对输入信号的采集次数，单位为“次采样/秒”即 Hz。在采集信号时，根据乃奎斯特—香农采样定理，采样频率大于等于两倍信号本身所包含的最高频率，则理论上可以根据离散采样值恢复出原始信号波形。也就是说，当采样频率已经确定的情况下，数字系统所能不失真恢复的最高信号频率为采样频率的一半。通常情况下，用于工业过程控制 AI 设备的采样频率高于 10Hz 就可以了。

如果存在一干扰信号，其频率高于采样频率的 1/2，将会产生混叠信号，该信号不能通过软件数字滤波的方式除去，通常在采样之前使信号通过一个低通滤波器来滤除此类干扰。这个低通滤波器的截止频率，称为“带宽”，单位为 Hz。高于带宽频率的模拟量信号，是不能被 AI 设备采集到的。这个 AI 模拟设备的带宽与数字通信中的带宽概念不一样，后者指数字系统中的数据通信速率，单位是比特/秒（bps）。但两者也有关联：假设信号的功率为 S，噪声功率为 N，信道通频带宽为 W（Hz），则该信道的数字通信容量 C（bps）为

$$C = W \log_2 \left(1 + \frac{S}{N}\right)$$

这就是使用传输介质是仅有几兆（Hz）带宽的双绞线，而上面要传送几兆、十几兆甚至几十兆（bps）带宽数据的理论基础。

（7）阶跃响应

用来评价 AI 设备的测量结果跟踪输入信号变化的性能。快速过程的控制，对 AI 设备的动态响应有一定的要求。一般选用阶跃输入信号（比如输入电平值从零突然切换为半量程值）来考察 AI 设备的动态性能。其评价指标为阶跃响应时间 Ts（Step Response Time，或称设定时间、调节时间 Setting Time），定义是：由于其输入发生阶跃变化，输出由阶跃值的零点开始到输出值稳定进入阶跃值的 $\pm 10\%$ 范围所需的时间。也可用如下的其他指标来衡量

延迟时间（Delay Time）Td：响应曲线第一次达到稳态值的一半所需的时间。

上升时间（Rise Time）Tr：响应曲线从稳态值的 10% 上升到 90%，所需的时间。上升时间越短，响应速度越快。

峰值时间（Peak Time）Tp：响应曲线达到过调量的第一个峰值所需要的时间。

超调量（Maximum Overshoot）σp：指响应对稳定值的最大偏离量，也可用偏离稳定值的百分比表示。

总的来说，Td、Tr、Tp 评价了 AI 设备的响应速度，超调量评价了 AI 的阻尼程度，而 Ts 同时反映了 AI 设备的响应速度和阻尼程度。

在过程控制的工程应用中，一般要求 4～20mA 等高电平信号的阶跃响应时间在 1s 以内，热电偶和热电阻等低电平信号的阶跃响应时间在 3s 以内。

3. 模拟量输出 (AO)[50,51]

控制器通过模拟量输出模块将指令发送给执行器。AO 设备用于将数字量转换为模拟量输出，控制执行器动作。其技术指标简要介绍如下：

(1) 精度

定义与 AI 的精度定义相同，采用引用误差表示。AO 的精度一般要求 0.2% 即可，因为执行器的精度一般不超过 0.2%，而且作为控制回路，输出环节的误差可以通过反馈调节得到校正，只要 AO 的输出范围能确保阀门从全关到全开，恒定偏差是不影响调节精度的（但输出跳动可能导致控制品质变坏）。时间漂移和温度漂移的定义均与 AI 相同。

(2) 分辨率

分辨率用 D/A 转换器的位数表示，通常采用的 10 或 12 位，均可满足精度要求。

(3) 带负载能力

带负载能力是电流型 AO 电路的重要指标，指的是在确保最大能输出 20mA 的条件下，AO 设备的最大电阻负载。对于以 24V 直流为驱动电源的 AO，其理论最大负载为 24/0.02＝1200Ω。

(4) 电气隔离

与 AI 设备不同，对于 AO 电路，因为现场执行机构的主体电路与 AO 设备是电气隔离的，其控制信号（4～20mA 电流）一般都是由电感线圈接收的，因此不需要采取光电隔离措施。

(5) 响应时间

即 D/A 转换从数字指令下发到 AO 输出值达到预计的精度范围的时间。

4. 开关量输入 (DI)[50,51]

DI 设备的功能是将从现场触点输入的信号经过滤波、消除抖动和光耦等前端处理电路，得到一个阈值电平，可判定其为 0 或 1。DI 设备的现场触点主要有机械开关（干接点）、电子开关和电平触点三种，其中电平触点主要有 24VDC、48VDC、220VAC 和 220VDC 几种。

主要技术指标如下

(1) 查询电源和查询电流

当触点为干接点时，需要为驱动前端处理电路配置驱动电源，称为查询电源。从安全角度考虑，应该做到电气隔离，查询电源不能采用监控系统的电源，即给主控制器的 24VDC 电源。通常查询电源也采用 24VDC。开关闭合是通过光耦的电流称为查询电流。查询电流越大，抗干扰能力越强，但模块的功耗也越大，而且不利于设备的散热。一般的 DI 查询电流为 3～10mA。

(2) 电路结构

现场触点的引线，可以有两种方式：1) 每个触点引 2 根线到 DI 模块，在 DI 模块内部将本模块的所有触点其中一端短接；2) 每个触点的一端引 1 根线到 DI 模块，多个触点的另一端先在现场短接，再共用 1 根线引到 DI 模块，这样比较节省电缆。不管采用上述哪种接线方式，多个现场触点都会存在公共端。根据公共端的位置，DI 电路可以分为两种结构：

1）触点共地型：电流从光耦流出，进入开关，多个开关的另一端短接在一起接电源地，对 DI 设备的光耦来说是输出电流给触点，所以也称为源电流（Sourcing）型 DI。

2）触点共源型：多个开关的一端短接到查询电源正极，开关闭合后，电流从开关流入 DI 设备的光耦，经光耦流到地，对于 DI 的光耦来说吸收触点来的电流，所以也称为沉电流（Sinking）型 DI。

选用共地型 DI 还是共源型 DI，主要考虑两个因素：

1）在调试期间，对于共源型 DI，如果触点的另一端接错线到查询电源地，会造成短路烧保险。而共地型 DI 因为电源线经过光耦合限流电阻，则没有这个问题。

2）当需要将 DO 模块的输出直接接入 DI 模块时，由于 DO 也存在共源和共地两种结构，所以当 DO 是共源结构时，也要求 DI 是共源结构；当 DO 是共地结构（也称为沉电流型 DO）时，DI 也要求是共地结构。

DI 的阈值电平有三种状态：逻辑 1：表示接点闭合的状态；逻辑 0（State 0）：表示接点断开的状态；模糊区（Transition Area）：无法确定其逻辑值的过渡区。国际标准 IEC 61131—2 关于 DI 阈值电平的规定见表 5-11。

DI 阈值电平要求（表中 ND 表示未定义，斜线表示两个值可选）　表 5-11

查询电压（Un）	限值要求	干接点 DI 接入						电子开关 DI 接入					
		逻辑 0		模糊区		逻辑 1		逻辑 0		模糊区		逻辑 1	
		电压	电流	电压	电流	电压	电流	电压	电流	电压	电流	电压	电流
		V	mA	V	mA	V	mA	V	mA	V	mA	V	mA
24VDC 上限		15/5	15	15	15	30	15	11/5	30	11	30	30	30
下限		−3	ND	5	0.5	15	2	−3	ND	5	2	11	6

注：查询电压为 48V、220V 等情况的数据略。

（3）去抖动和去抖时间

抖动（Bouncing）是指开关闭合或断开的瞬间，可能导致 DI 设备的状态快速跳变。如果不加处理，让这些跳变的 DI 状态参与控制运算，对被控设备有安全隐患，所以需要在 DI 采集过程中对抖动进行滤除处理，可以采用硬件去抖和软件滤波去抖两种方法，而且软件去抖更为灵活和准确。其基本思路是：先规定抖动周期，称为去抖时间，一般设定为 4~15ms。然后，对 DI 变位进行判定。当 DI 变位发生后，启动计时，如果 DI 在去抖时间过后仍然稳定在变位上，则认为发生了 DI 跳变，并且跳变时刻记录为启动计时的时刻。如果在去抖时间后的第一次采样 DI 状态未变，则认为开关未闭合。

5. 开关量输出设备（DO）[50,51]

DO 设备用于输出闭合或断开指令，常用输出器件有以下几类：

（1）机械继电器（SPST，SPDT，DPST，DPDT）：常开，常闭。

（2）固态继电器（Solid State Relay，SSR）是 Photo-Darlinton，PhotoMOS，Thyristor，TRIAC 等类型开关的统称。其中：晶闸管（Thyristor，原来称为可控硅），适用于控制直流负载。双向可控硅（TRIAC，Tri-electrode AC switch），适用于控制交流负载。

输出电路结构与 DI 类似，也可分为源电流和沉电流两种结构。

对于继电器触点型开关，在规定条件下动作寿命一般标称 10 万次，该寿命随电流和负载类型变化较大，尤其在感性负载时，容易出现因电弧导致的触点粘连。对于电子开关，并不存在动作次数寿命问题。因此，频繁动作的场所应选用电子开关类 DO。

开关容量指的是开关在一定的负载电压条件下所能流过的最大电流值。

电子开关在断开指令状态下存在漏电流，使用时需要查看是否满足负载特性的要求。有漏电流限制的场合，优先选用机械继电器。

5.3.3 软件功能[50,51]

控制器是实现控制功能的核心部件，在硬件配置的基础上配合相应软件才可独立工作。运行于现场控制器中的软件应该具备的基本功能可以概括为：I/O 数据的采集、控制算法运算及 I/O 数据的输出。

1. I/O 通道的信号采集与预处理

对现场信号的采集与预处理功能是由硬件及软件共同实现的。以 AI 为例，一个来自传感器的模拟量物理信号，先要经过变送器转换为标准的 4～20mA 信号，接入到 I/O 模块的模拟量输入通道上。电信号经过放大、隔离和滤波后接到 A/D 转换器，输出的信号为二进制数字量，如采用 12 位的 A/D 转换器，输出数值范围即为 0～4095，通常产品中配用 16 位的 A/D 转换器，输出数值范围为 0～65535。之后，再由软件对该数据进行预处理，并经量程、量纲的转换计算，得到信号的工程量值。

对于早期的非智能 I/O（多为板卡形式），该部分处理软件由控制器实现；现在大量采用智能 I/O，则该部分软件由 I/O 板卡自身的 CPU 完成。

信号采集中的重要指标是采样周期的选取，采样周期是指两次采样之间的时间间隔。根据香侬采样原理，采样频率 ω_s 必须大于等于被测信号所含的最高频率 ω_{max} 的两倍，因此从信号的复现性考虑，采样频率 ω_s 不能过低，即采样周期不宜过长。从控制角度考虑，也是采样周期 T_s 越短越好。但是这要受到整个 I/O 采集环节各个部分的速度、容量和调度周期的限制，需要综合 I/O 模件上 A/D、D/A 器件的转换速度，I/O 模块自身的扫描速度，I/O 模块与控制器之间通信总线的速率及控制器 I/O 驱动任务的调度周期，才能计算出准确的最小 T_s。随着半导体技术的进步，CPU、A/D、D/A 等器件的容量和速度的提高，I/O 采样周期在绝大多数情况下不再是信号采样的瓶颈。一般情况下，对采样周期的确定只需考虑现场信号的实际需要即可。从对象特性来看，反应快的对象采样周期应选得小些，而反应慢的对象采样周期可选得大一些。另外，采样周期还会对控制算法中的一些参数产生影响，如 PID 控制算法中的积分时间常数 T_i 和微分时间常数 T_d。表 5-12 列出了对于不同对象采样周期选择范围的经验数据。实际工程中可按经验值初选采样周期，然后再通过调试确定合适的采样周期。

采样周期 T_s 的经验数据 表 5-12

被控变量	流量	压力	温度	气体成分
采样周期，s	1～5	3～10	15～20	15～20
常用值，s	1	5	20	

采样后还需要软件进行数字滤波，就是用一定的计算方法通过数学运算对输入信号（包括数据）进行处理的一种滤波方法，减少噪声干扰在有用信号中的比重。

数字信号的预处理软件一般包括以下内容：

（1）数据读入并按各自采样周期送入 CPU 内存；

（2）数据有效性检查：对模拟量进行超电量程、变化率超差、近零死区等的判断与处理，输出有效数据，对于无效数据或可疑数据给出提示信息；对开关量信号进行消抖处理，只有持续稳定数值时才作为正常信号输出。

（3）数据的工程量纲变换：大多数测量值可以在量程范围内进行线性变换，也有些特定的非线性变换：如开方、指数、对数、多项式等，而热电阻、热电偶等测温元件，输出电量与温度之间为非线性关系，而且随环境温度而变化，通常要有标定后的电信号与分度值的对应表。

2. 控制算法

根据测得的温度、压力、流量和阀位等模拟量输入信号，断路器的通/断、设备的启/停等开关量输入信号等，依据被控对象的特性编制运算程序，计算得到阀门开度、设备启/停台数等结果，满足被控参数（如室内温度等）的要求。

为方便使用，在控制器中一般保存有各种基本的控制算法，如比例、比例＋积分 PI、比例＋积分＋微分 PID、加、减、乘、除、三角函数、逻辑运算、计数器、模糊控制及自学习等控制算法程序，另外也有厂商根据行业经验积累下来的专有控制算法。通常，编程人员通过控制算法组态工具，将存储在控制器中的各种基本控制算法，按照被控对象要求的控制方案顺序连接起来，并填进相应的参数后下载给控制器，就可以实现自动控制了。

3. 数据输出到 I/O 通道

该部分功能主要包括：（1）将控制算法的运算结果输出到 I/O 数据区；（2）由 I/O 驱动程序执行外部输出，即将输出变量的值转换成外部信号（如 4～20mA 模拟量输出信号）输出到外部控制仪表，执行控制操作。与 I/O 通道的信号采集与预处理类似，对于早期的非智能 I/O（多为板卡形式），该部分处理软件由控制器实现；现在大量采用智能I/O，则该部分软件由 I/O 板卡自身的 CPU 完成。

5.3.4 控制器的评价指标[50,51]

为了实现上述自动控制功能，在控制器上存在大量共享的实时数据，并进行各种实时任务的合理调度。因此，控制器的基础功能是要保证共享数据的快速访问和数据的一致性。由于控制器的硬件容量有限，通常不需要采用数据库技术，其数据管理的要点在于内存空间的分配和管理。

控制器软件运行在实时操作系统上，可以实现的功能包括以下内容：

1. 管理

完成控制器运行环境和数据的初始化和状态总控。包括：控制器引导和初始化，如设置网络参数、分配资源及启动相关任务等；下载配置数据，如 I/O 通道配置、控制方案及各种通信符号表，以及动态数据的初始值设置等；关键数据的备份，主要用于控制器异常（如掉电）重启动，关键数据是指与控制逻辑相关的，尤其是参与控制逻辑运算且带有中间状态或累计值的变量数据和中间结果，以及操作员可能在线调整的参数。

2. 调度

完成任务的定时调度。通常以一基准执行周期接收时钟中断，根据调度表控制内部计数器，安排执行任务的下拍启动时间。主要控制多任务相对确定的执行顺序和稳定的执行负荷。

3. 执行处理

是控制器的功能执行主体，主要完成控制运算和数据传输功能。按照调度节拍，每次执行一个"接收新数据——计算——发送新数据"的循环，对上位机来的一般命令的响应也在这里执行。

4. 输入输出

由一组驱动程序组成，完成与 I/O 设备的交互。

5. 通信服务

完成与上位机操作站的信息通信和数据交互，包括数据上传、参数设定等。

6. 执行监督

完成各种故障诊断和控制器异常处理。

7. 校时

完成各个现场控制器之间的精确时间同步，一般可达到的时间误差不超过 10ms。

控制器的最终性能是由其硬件指标和控制软件以及通信网络指标决定的，在选用和评价时主要关注下列性能：

（1）容量

容量包含两个方面：I/O 容量和软件容量。

I/O 容量用于描述每一台主控制器可以挂接的最大 I/O 模块数量，以及细致到 DI、AI、DO、AO 的各自数量（现在产品中有通用的输入输出简称为 UI/UO 或 XI/O，可按其类型统计）。这里的点数是主控制器的物理 I/O 点数，也就是说，以一个物理上的变送器或执行器作为一个点，而没有将通过运算或处理形成的中间量点计算在内，如果将中间量点计算在内，则主控制器中的总点数将增加很多，一般可达到物理点数的 1.5～2 倍。主控制器中的总点数被称为逻辑点数，一些专门出售控制软件产品的公司，出于商业上的目的，不仅在软件中限制了物理 I/O 点数，而且还限制了每个站的逻辑点数。

软件容量指的是每个控制器可装载的控制算法数，可以根据单台控制器可接入的控制对象数即典型的控制回路（如 PID 调节回路）数或以开关量控制量分别考虑。软件容量是受限于三类外围芯片的容量：一是固态盘（SSD）的容量，主要用于保存用户编制的控制算法文件；二是内存容量，用于运行程序的存储器；三是掉电保持 SRAM 的容量，用于保存系统运行过程中产生的实时数据。这三个容量中只要任何一个被突破，主控制器一般就会死机，或者在程序编译时系统就会提醒用户容量超限制，就表明控制算法不能再增加了。

网络变量容量：由于控制器软件中有总逻辑点数限制，对中间变量和通过通信引用的网络变量的数量也有了限制。对于同一个信号在不同控制器的控制算法中都要用到的，可以采用网络变量来传输是一种节省线缆和施工费用的做法，例如大楼的新风温度可以统一给每台空调机组、新风机组或冷却塔等需要的控制器使用。但网络变量的实时性和可靠性难以保障，在使用上也要慎重。

（2）速度

一般用"控制周期"来间接描述。控制周期的定义为：控制器循环调度执行一次完整的算法、通信和输入输出任务的时间。一般情况下，即使是控制器的软件容量能容纳下用户控制算法组态，当控制周期小到一定的程度时，也无法在一个控制周期内执行完用户程序。之所以说是间接描述，是因为离开具体的控制算法程序的长度，来比较两种控制器的控制周期是没有意义的。如果要比较两种主控制器的速度，可以用相同复杂程度的控制算法，然后比较两个主控制器的最小需要的控制周期，就可以相对地知道两台主控制器的快慢。

控制周期直接影响到控制的质量，针对不同的工艺对象应有不同的控制周期。控制周期可以由用户设定，通常民用产品中可以设置为 1s 级别，而暖通空调系统的温度变化很缓慢，其控制程序的执行周期可以延长到 30s 或以上级别。在调试阶段，可以根据工艺运行情况动态修改控制周期，使得系统达到综合的最佳控制效率。

（3）负荷率

负荷率的定义与控制周期密切相关：

$$负荷率 = \frac{控制周期 - 空闲时间}{控制周期} \times 100\%$$

负荷率要衡量的是主控制器平时究竟有多大比例的空闲时间，负荷率越小，表明空闲时间占控制周期的比例越大。控制负荷率的主要目的是为了能使系统在雪崩（Avalanche）状态下仍能胜任工作。当现场设备停电后又上电，但监控系统没有停电（UPS 供电）的情况，就是一种典型的雪崩状况，这时候有大量的开关动作，大量的事件信息需要记录，数据量急剧上升，导致主控制器负荷率明显上升。一般的经验值是，平稳工况条件下主控制器的负荷率小于 40%，系统设计就是合理的。同样需要指出的是，离开具体用户程序的大小和具体的工况讨论负荷率也是没有意义的。在用负荷率来评估主控制器的综合性能时，需要选择一个有代表性的控制算法程序所在的控制站来测量。

（4）可维护性

控制器运行的算法程序是在计算机上组态编译成功后再下载到控制器中的。编程中一般定义的是初始参数，在现场调试时，需要根据实际工况对自控参数进行整定。因此，要求控制器软件具有在线参数调整功能。

另外，在实际项目中不可能做到程序一次下载后再也不修改。修改后的程序全部联合编译成功后可以再次下载，而下载程序有两种方式：全部下载，像新系统初始使用一样，要全部控制器重新启动；增量下载，将修改和追加的部分程序以增量方式追加在原数据库中。增量下载模式可以在不需要停止控制器运行的情况下进行程序的修改，对系统的运行几乎没有影响。在民用建筑中，由于被控设备的运行大多不是 24 小时连续的，因此对修改程序的下载方式要求不严格。控制器上都带有网络接口，上层网络采用 TCP/IP 协议的，也可以通过互联网远程下载进行程序的修改和优化，对于监控系统的维护更为方便，但需要综合考虑被控设备的安全性等因素，结合项目实际需求考虑。

5.3.5　设计选用要点[6,52,53]

1. 系统划分

监控系统设计的基本原则就是"分散控制、集中管理"，应根据功能需求进行合理的划分，尽可能避免不同控制器之间的耦合，将相对独立的控制功能及其算法所需要的传感器、执行器分配到一个控制器中。分散控制可以有效降低故障率，但同时会增加经济成本，因此应综合技术经济指标选用合理的系统划分方案。

以往的系统设计中通常按照控制对象将监控系统分为暖通空调子系统、给水排水子系统、配电子系统、照明子系统、电梯子系统等。从工艺过程方面看，有一定的合理性。然而对于一个建筑的单元房间，从用户需求角度要求提供适宜的温湿度和照度等，因此对室内的空调设备、照明灯具甚至电动窗帘等有集中控制要求，而且现场的传感器和执行器距离也较近，由一台控制器进行监控在控制算法和施工连线方面都更为合理。因此，在系统划分方面需要综合考虑功能设计的要求。通常，按照大型机电设备（属于不同工艺子系统）和建筑单元空间两个方面进行系统划分和控制器的选取。本书中也不再采用子系统的称谓。

在具体配置时，可以在一台控制器硬件上实现全部控制算法，也可以将控制算法拆分成功能互不重复的多段算法，分别装载在若干个硬件设备上。但是，同一段控制算法应该只装载在一个硬件设备上。当自动控制算法装载在多个硬件设备上时，多台控制器之间应协调工作，需要能相互通信且必须确保通信稳定。例如，通常情况下，冷站群控的监控对象涉及冷水机组、冷冻水泵、冷却水泵、冷却塔和供回水温度、压力、流量等等，通常可达 200 个以上的控制点，需要多台 DDC 才能实现控制要求，这些 DDC 之间必须保证相互稳定通信才能实现整个冷站群控的目标，网络变量过多会导致通信速度、响应速度和安全可靠性下降，因此有些场合就使用可带控制点数更多、通信更稳定的 PLC 来替代 DDC，同时 DDC 厂商也有大点位的产品面市。需要注意的是，目前工程中常见的配置方案是一台 DDC 控制多台设备（如空调机组、新风机组），内含多个控制算法，外带可扩展的 I/O 模块来增大容量，这种方案的经济成本比较节约，可是一旦发生通信网络故障等，将影响多个被监控设备的运行，有违分散控制的初衷，也应避免将多项功能上不相关的控制算法"过于"集中的安装在同一个控制器硬件上。

划分控制器的配置方案后，不仅要校核每台控制器的物理容量，更要根据控制算法的要求校核逻辑容量和负荷率。其中控制算法来自于第 4 章功能设计中各工艺过程的要求，而控制程序的编制质量不仅取决于对算法的深入理解，还要取决于对控制器产品软硬件配置的熟悉程度和工程经验。这也导致了监控系统的产品厂商和系统集成商在专业化和行业化的发展方向上各有偏重。

2. 控制器类型

控制器按照输入/输出通道是否与被监控设备的传感器/执行器绑定、控制算法是否内置，可分为专用控制器和通用控制器。

专用控制器的输入/输出通道与被监控设备的传感器/执行器绑定、控制算法内置，常见的有变风量箱控制器和风机盘管控制器等。由于被监控设备的功能需求比较固定且单一工程中用量较大，采用专用控制器可大大减少工程实施中编程、现场配置和调试的工作量。该类产品通常配有外壳，可根据防护等级的要求选用并直接安装在现场。另外，由于芯片性能提升很快，有些产品在内置控制算法的基础上，还提供了可自由编程的条件，可以适应不同项目的要求。为适应装修改造和节能运行的要求，推荐采用程序可修改的专用控制器，特别是对于一些进口产品，由于国外的生活、工作模式、节能理念与我国不同其至差异较大，需要根据国情对其程序进行修改。

通用控制器的输入/输出通道可配置、控制算法需要自行编程，目前广泛应用于空调机组、风机、水泵、水箱等的监控系统。各大楼控厂商均有该类产品，按照输入输出端口的类型和数量分为不同规格系列，可以根据上述第 1 部分的原则进行选用。因为有外露的标准电气信号接线端口，如直接安装会存在安全隐患并容易受外界环境干扰，通常安装在控制器箱内。

3. 控制器箱的设计要求

通常，控制器箱布置在靠近被监控设备的区域，也可按需求布置在现场指定区域。目前多数工程中，控制箱集中布置在设备机房（如空调机房、水泵房等）或者弱电间，既临近被监控设备，又有统一的电缆和通信线缆辐射条件。控制器箱应能防水、防尘和防电磁干扰等，给内部的控制器提供适宜的工作环境。

控制器箱内应留出安装设备和便于接线的空间，并设置接线端子排。控制器箱内的配线按照信号点类型、信号线缆、供电线缆进行分类。端子排的作用是将箱体内、外的设备线路相连接，起到信号传输的作用，不仅使得接线美观、牢靠，同时方便施工和维护，更是对控制箱内控制器模块的安全有利。目前我国的工程施工现状是：放线、接线的工作往往是由施工队完成，施工人员素质较低、对控制器模块不了解、接线错误率较高，给设备安全留下隐患。如果电源线和信号线接错，上电后烧毁控制器模块的事故时有出现。采用端子排可以起到缓冲和隔离的作用，施工人员依据图纸完成外部设备至端子排的接线，而端子排到模块之间的接线由配套厂家进行二次接线。施工完毕后检测接线是否正确，当具备调试条件时，再由成套厂商将模块安装在控制箱内相应的位置进行调试。

控制器箱内的电源应满足控制器及执行器的供电要求。通常情况下，控制箱只有一路220VAC 的电源进入，需要在箱内分成若干支路，并转化为 24VAC/DC 分别供给控制器、传感器和执行器等。需要注意的是，大功率执行器的供电需要单独设计，不由控制箱提供。

控制器箱门上应设置控制箱内配线连接图，标明箱内设备布置、型号及编号，接线端子编号，接线排端子与箱内控制器端口的连接对应。在工程调研中发现，大多数建筑设备监控系统运行效果不佳的原因之一是，在缺少控制箱内配线连接图和其他系统维护资料的情况下，运维人员无法对系统做有效的维修和维护，随着年久失修和产品的老化，系统逐渐瘫痪失效。

建筑设备监控系统中需要监控的设备包括：冷热源主机、冷冻水泵、冷却塔、冷却水泵、供配电/照明回路、新风机组、空调机组送、排风机、阀门、电梯与自动扶梯等，其启停和调节的控制运算结果需要输出到被控设备的电气控制箱（柜）（通常也称为配电箱）来实现。需要注意，启停控制的接点一般为 220VAC 或 24VAC 继电器信号，优先考虑采用 24V 继电器信号，有利于做到强弱界面分离，避免电击隐患。同时，被监控设备的电气控制箱（柜）还应按功能设计要求配置相应的手动/自动转换开关、监控接点和接线端子。

以被监控设备为组合式空调机组的风机为例，监控内容包括：运行状态、故障状态、风机手动/自动转换开关状态和启停控制。则对被监控风机电气控制箱（柜）的配置要求为：

风机运行状态反馈信号由交流接触器的无源辅助触点引出（无源常开接点）；

风机故障状态反馈信号由热保护继电器的无源辅助触点引出（无源常开接点），当热保护继电器吸合时风机应自动停止；

手动/自动状态由转换开关引出（无源常开接点）；

自控提供一对无源常开接点信号引入风机的二次控制回路，当风机的手动/自动转换开关处于自动状态时，自动控制风机的启停。

由于控制器箱与电气控制箱（柜）在电源和信号线路上有较多的交互关联，也可两箱合并设置，这种"强弱电一体化"的产品在工程应用中有日益增加的趋势。图 5-7 所示为强弱电一体化电气控制箱（柜）的外观和内部结构照片。该柜的上部为弱电部分，布置控制器模块等，下部为强电部分，布置变频器、二次控制回路的空气开关等设备。需要注意设法减少强弱电之间的干扰，设计上要符合相关现行国家标准如《低压开关设备和控制设备总则》GB/T 14048.1 等的基本要求。另外，还需要对产品进行出厂检测和 CCC 认证，对供电电源、设备安装与防护等作相应考量。

图 5-7　强弱电一体化电气控制箱（柜）

5.4　人机界面和数据库

5.4.1　人机界面

人机界面（Human Machine Interface，HMI）是人和计算机之间传递和交换信息的媒介。在建筑设备监控系统中最常见的是中央监控界面和本地控制器界面（例如开关控制面板），又称为用户界面（User Interface，UI）。人机界面的主要功能包括两大类：向人员显示系统的各项参数；由人员配置网络、数据库、控制器及系统监测与运行操作。其中，显示类别包括状态、细节、趋势、分组显示、汇总等，如表 5-13 所示。

图 5-8 是一个典型商业建筑（酒店＋办公的综合体）冷站冷冻水系统的中央监控界面。其中显示了冷站内的冷水机组、冷冻水泵、分集水器、定压补水箱等设备，冷冻水泵的频率，主要设备累计运行时间，流量、温度、压力、液位、开度等传感器及测量参数，阀门、开关等执行器，并显示出各设备或执行器的手动/自动、就地/远程等控制模式。同时，可以用键盘、鼠标等点击设备的状态，进行设备启停的远程控制。

人机界面的显示功能 表 5-13

显示类别	描　述
状态	显示建筑监控系统内各设备的详细状态信息，如控制器的状态信息
细节	提供特定监控点的详细信息，包括当前值、历史值等
趋势	以图形方式（如曲线、柱状图等）展示一个或多个变量数值随时间的变化
分组显示	在同一显示界面同时显示多个相关监控点的不同种类的信息
汇总	以报表的形式显示事件（如故障报警、设备启停等）的信息，通过点击可以在一个列表中显示每一项更多的详细信息

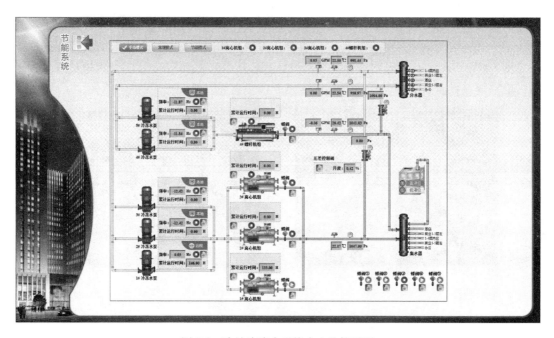

图 5-8　冷站冷冻水系统中央监控界面

　　图 5-9 是典型的风机盘管温控器（本地控制器）界面。左图是面板按钮型的温控器，右图是面板触摸式的温控器，中图是触摸屏式的温控器。既可显示当前室内温度和风机运行档位，又可接受用户关于温度设定和风机挡位的修改，根据用户指令再自动调整设备的运行。

图 5-9　房间风机盘管温控器界面

人机界面通常采用的硬件设备包括：显示器，如 LCD 液晶、LCD 投影；输入设备，如键盘、鼠标等；或者触摸屏可同时用于显示和输入。

人机界面的显示和操作内容通过组态软件实现。组态软件是数据采集与控制过程的专用软件，能支持各种主流控制设备和常见的通信协议，可提供分布式数据管理和网络功能。组态软件本质上类似一种"应用程序二次开发平台"，用户根据应用对象和控制任务的要求，通过类似"搭积木"的方式来完成自己所需的软件功能，而不需要编写计算机程序代码。

5.4.2 数据库

数据库（Database）是按一定的结构和组织方式存储起来的相关数据的集合。数据库中的数据按一定的数据模型组织、描述和存储，具有冗余度小、独立性高、扩张性强等特点。数据库系统（DataBase System，DBS）一般由数据库、数据库管理系统（及其开发工具）、应用系统、数据库管理员和用户构成，其中数据库管理系统（DataBase Management System）具有数据定义、数据操纵、数据库运行管理、数据库建立和维护等功能，是数据库系统的重要组成部分。一个典型的数据库系统结构图如图 5-10 所示。

具有影响力的数据库模型有三种，分别是层次模型、网状模型和关系模型。其中，关系模型是目前应用最为广泛的一种数据模型。关系模型是一张二维表格，以表格方式描述实体之间的关系。表格的每一列称为"属性"，或称为"字段"、"域"；每一行称为一条记录。关系模型可以直接反映属性之间的一对一、一对多、多对多的三种关系。通过关系，可以灵活表示和操纵数据；用户也可以方便地利用查询功能检索数据库中的数据。当前应用较多的关系型数据库有 Access、SQL Server、Oracle、Sybase、Visual FoxPro、Informix、IBM DB2 等。

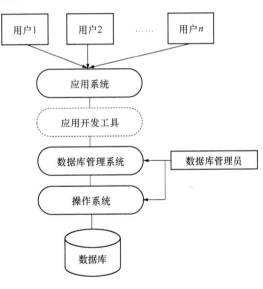

图 5-10　数据库系统结构

数据库处理的数据分为动态数据和静态数据两类。动态数据包括实时数据、历史数据和时间信息等；静态数据主要是配置信息，并不是一成不变，而是在大多数时间内不变，并且引起变化的源头不是现场过程，而是人工操作。

建筑设备监控系统的数据库分为实时数据库和历史数据库。每个数据有对应时刻的时标，历史数据库采用粒度较粗的时标，可尽量存储较长时间段的运行记录。目前对运行维护和节能优化的要求日益提高，通常应存储一年以上的历史记录。

数据库中存储的数据可供查询或输出，表 5-14 是从某实际工程数据库中导出的空调机组的运行数据（受限于篇幅，仅截取部分数据），该空调机组采用的是"串级控制"的运行策略，即：根据室温（或回风温度）与其设定值之差控制风机频率、新回风阀开度（保证最小新风量的要求）；根据送风温度与其设定值之差确定水阀开度。

空调机组运行数据 表 5-14

21#空调机组报表

时间	设定回风温度（℃）	设定送风温度（℃）	室外新风温度（℃）	回风温度（℃）	送风温度（℃）	水阀开度（%）	风机运行频率（Hz）	回风阀开度（%）	新风阀开度（%）	电表原始值（kW）
2011-8-20 11：00：00	27.00	17.00	25.21	24.72	17.02	44.39	34.03	90.72	10.74	284.54
2011-8-20 11：05：00	27.00	17.00	25.21	24.72	17.02	44.39	33.76	90.72	10.74	284.57
2011-8-20 11：10：00	27.00	17.00	24.98	24.72	17.02	44.39	33.48	90.72	10.74	284.60
2011-8-20 11：15：00	27.00	17.00	25.21	24.72	16.80	42.47	33.20	90.72	10.74	284.63
2011-8-20 11：20：00	27.00	17.00	25.21	24.72	17.02	40.88	32.92	90.72	10.74	284.64
2011-8-20 11：25：00	27.00	17.00	25.21	24.72	17.02	40.88	32.65	90.72	10.74	284.67
2011-8-20 11：30：00	27.00	17.00	25.21	24.72	17.02	40.88	32.37	90.72	10.74	284.70
2011-8-20 11：35：00	27.00	17.00	25.21	24.72	17.02	40.88	32.09	90.72	10.74	284.72
2011-8-20 11：40：00	27.00	17.00	25.21	24.72	17.02	40.88	31.81	90.72	10.74	284.75
2011-8-20 11：45：00	27.00	17.00	24.98	24.72	17.02	40.88	31.53	90.72	10.74	284.76

5.4.3 人机界面和数据库的配置要求[6]

1. 人机界面

根据功能设计中对监控功能及管理功能的要求，统一配置人机界面的显示内容、个数和安装位置。对于监测位置和操作源位置相同的各项功能需求，可以合并采用同一个人机界面予以实现。界面上数据的展示形式（点、曲线或报表等）、精度和更新周期等，都可根据功能描述表确定。

对于有远程控制要求的设备，系统监控界面上要设计出开、关等操作"软"按钮，并与控制操作程序组态。

2. 数据库

根据功能设计中对监测记录功能的要求，配置数据库的存储内容和存储容量；根据系统对管理功能的要求，配置数据库的数量和安装位置。

需要注意的是，数据库的存储能力应保证每项存储数据连续记录时长都不低于记录功能中"保存时长"的要求。一般来说，尽量多存储数据对于数据的使用和服务于系统节能优化有利，数据的保存时间最短不应少于1年；对于具有多年数据之间对比需求的，保存时间应按照需要确定。

数据库存储容量大小可采用下式计算：

所需存储空间＝数据容量＋索引容量；

数据容量＝单条数据的尺寸×保存频率×保存小时数×测点数；

索引容量＝单条索引的尺寸×保存频率×保存小时数×测点数/0.4；

式中的 0.4 是考虑 B＋树索引的利用效率为 40%。

例如，一条数据记录可能包括数据点名（整型，4 字节）、时间秒数（整型，4 字节）、时间毫秒数（短整型，2 字节）、数值（双精度数，8 字节），总共 18 字节；而一条索引只需要包括数据点名和时间信息，总共 10 字节即可。如果实际工程中有 1000 个测点，要求每 1min 保存一条数据记录、保存时长为 1 年，则保存数据需要的存储空间为：$18×60×8760×1000＋10×60×8760×1000/0.4＝22.60G$ 字节。在历史数据库中，往往数据尺寸要经过紧密化处理，上述一条记录可紧缩成 14 字节；索引格式也要进行特殊处理，如 100 条记录才需要一本索引，则上述历史数据需要的存储空间为：$14×60×8760×1000＋10×60×8760×1000/0.4/000＝7.49G$ 字节，另外，不同的数据库软件会采用不同的数据压缩算法，压缩率从 15∶1～40∶1 不等，这样上边历史记录需要的数据存储空间只有不到 1G 字节了。

许多系统中含有两个或多个数据库，应该确保各个数据库的时钟是同步的。在记录数据时，除了记录数据本身的内容（如温度、湿度、流量、功率等）外，还要记录数据对应的时间标签。如果无法保证时钟的同步性，那么不同数据库所记录的数据就无法在同一时刻进行比对。此外，还应根据管理要求同步控制器和人机界面的时间，即保证控制器时间、显示界面时间、和数据存储时间严格一致。系统时间的一致性十分重要：例如一旦发生报警事件，为了查出引发报警的原因，必须要查清报警时刻故障发生地周围发生的其他事件，如若时间不同步则无法找到该时刻同期发生的事件，则无法查证触发报警事件的原因。

数据库配置时还应具备以下的功能：1）访问权限管理功能。这与数据库的管理要求是一致的；2）热备份功能。热备份是在数据库运行的情况下，采用 archivelog mode 方式备份数据库的方法，即热备份是系统处于正常运转状态下的备份。应根据冗余安全的需要确定是否需要热备份功能。

数据库软件应提供报表、趋势图、历史曲线等编辑软件。为了满足用户管理的要求，报表、趋势图、历史曲线应可以按照用户的要求进行样式编辑。

3. 监控计算机

当具有集中监控管理要求时，一般在中央管理工作站选用监控计算机（俗称上位机）来完成显示、操作、数据存储和管理以及打印输出等功能。在该台计算机上配备大容量存储器并安装数据库软件，用于数据的存放和检索；并且可给其他计算机（含手机或平板电脑等）提供数据和文件共享等网络服务，称为服务器。该监控计算机应满足所有服务器和客户机信息交互所需的响应速度；硬盘容量应满足软件运行和数据库存储的要求；显示器的大小和分辨率应满足功能要求的信息图像和文字量的要求，并应在距离显示器 1.5m 处能清晰显示。

一般情况下，监控计算机选用符合上述功能要求的工业或民用计算机即可。对于应用场合要求较高的场所，则选用商用服务器。其硬盘空间，要求是网络中每个用户需求的空间容量乘以网络设计用户数之积，一般是普通计算机 PC 硬盘容量的 10～100 倍，因此服务器除了采用大容量本机硬盘外，有些还采用容量更大、稳定性更高、备份机制更强的磁盘阵列。即通过对多个硬盘进行条带化处理，有效数据和校验数据被均匀分布在多个硬盘中并加入校验数据，当有硬盘损坏时，通过校验数据恢复损坏硬盘中的数据。在恢复过程中，不影响系统的服务。同时，为提高服务器的处理与运算能力，通常采用较大的内存。

为方便显示和存储结果的输出，也可配用打印机，直接连接在监控计算机上或者采用网络打印机。

随着计算机和网络技术的飞速发展，云服务也开始应用在民用建筑中，若直接租用云存储来保存数据。对监控计算机的硬盘要求又可以降低了。

5.5　网络结构和接口

5.5.1　常用网络接口和网络设备[51]

根据图 1-1 的网络架构，建筑设备监控系统中传递的信号有两大类：现场层为电气信号，可被标准化为 TTL 电平信号、0~10V 电压信号、4~20mA 电流信号等；控制层以上为有物理含义的数字信号，信号的传输和解析需要遵守相关的协议。

在信号的传输过程中，除了使用连接介质外，还需要一些中介设备。常用的连接设备主要划分为以下几种类型：

1. 网络传输介质连接器

1）T 型连接器和 BNC 接插件：用于连接和分支同轴电缆，对网络的可靠性有着至关重要的影响，不同的同轴电缆的连接器不同。

2）RJ-45 连接器：用于连接屏蔽和非屏蔽双绞线，连接器共 8 芯，一般以太网只用其中 4 芯。

3）RS232 接口（DB25/DB9）：目前计算机与线路接口的常用方式。

4）V.35 同步接口：用于连接远程的高速同步接口。

2. 网络物理层互联设备

1）中继器 REPEATER

中继器常用于两个网络节点之间物理信号的双向转发工作。主要完成物理层的连接，负责两个节点的物理层按位传递信息，完成信号的复制、调整和放大，解决传输损耗造成的信号衰减失真，以此来延长网络的长度。

一般情况下，中继器的两端连接的是相同的媒介，但有的中继器也可以完成不同媒介的转接工作。从理论上讲中继器的使用是无限的，网络也因此可以无限延长。实际上网络标准中都对信号的延迟范围作了具体的规定，中继器只能在此范围内进行有效的工作，否则会引起网络故障。以以太网络标准为例：一个以太网上只允许出现 5 个网段，最多使用 4 个中继器，而且其中只有 3 个网段可以挂接计算机终端。

2）集线器 Hub

集线器可以说是一种特殊的中继器，两者区别在于集线器能够提供多端口服务，也称为多口中继器，作为网络传输介质间的中央节点，集线器克服了介质单一通道的缺陷没，主要优点是：当网络系统中某条线路或某节点出现故障时，不会影响网上其他节点的正常工作。

3. 数据链路层互联设备

网络交换技术是计算机网络发展到高速传输阶段而出现的一种新的网络应用形式。其市场发展迅速、产品繁多，功能上越来越强，不只是应用在局域网上，而且在广域网和电信网上也大量使用。

以太网交换机是最为常见的一种交换设备，它在运行过程中不断收集和建立自己的MAC地址表，并且定时刷新。主要作用是使网络各站点之间可独享带宽，消除了无谓的冲突检测和出错重发，提高了传输效率，而且由于是点对点传送用户数据，其他节点是不可见的。每台交换机的端口都支持一定数目的MAC地址，需用时需要注意交换机端口的连接端点数。

4. 网络层互联设备

1）第三层交换机

上面第3中的交换机工作在OSI参考模型的第二层即数据链路层上，主要功能包括物理编址、网络拓扑机构、错误校验、帧序列及流量控制等。第三层交换机是在保留第二层交换机所有功能的前提下，增加了对VLAN和链路汇聚的支持。第三层交换机采用一次路由、多次交换的策略，提高了路由速度，实现无阻塞线速交换和路由。

第三层交换机分为接口层、交换层和路由层等三个部分。接口层包含了所有重要的局域网接口，如10Mbps/100Mbps以太网、千兆位以太网、FDDI和ATM等；交换层集成了多种局域网接口，并辅之以策略管理，同时还提供链路汇聚、VLAN和标记机制；路由层提供主要的局域网路由协议，包括IP、IPX和AppleTalk等，并通过策略管理，提供传统路由或直通的第三层转发技术。

2）路由器

路由器主要功能是实现路由选择或网络互联，利用网络层定义的"逻辑"上的网络地址（即IP地址）来区别不同的网络，实现网络的互联和隔离，保持各个网络的独立性。路由器不转发广播消息，而把广播消息限制在各自的网络内部。发送到其他网络的数据应先被送到路由器，再由路由器转发出去。

路由器只接收源站或其他路由器的信息，不关心各子网使用的硬件设备，但要求运行与网络层协议相一致的软件。路由器可方便地连接不同类型的网络，只要网络层运行的是相同协议，就可通过路由器互联起来。路由器注重对多种介质类型和多种传输速度的支持，其技术性能中数据缓冲和转换能力比线速吞吐能力和低时延更为重要。

5. 应用层互联设备

在一个计算机网络中，当连接不同类型且协议差别又较大的网络时，则要选用网关设备。网关的功能体现在OSI模型的最高层，它将协议进行转换，使数据重新分组，以便在两个不同类型的网络系统之间进行通信。由于协议转换较复杂，一般来说，网关只进行一对一转换，或是少数几种特定应用协议之间的转换。网关很难实现通用的协议转换。用于网关转换的应用协议有电子邮件、文件传输和远程工作站登录等。

5.5.2 网络配置要求[6]

网络的作用是解决监控系统中分布在不同地点的传感器、执行器、控制器、人机界面和数据库的连接问题从而实现信息共享的目的。目前，建筑中主要应用的网络有现场总线、工业网络、用户电话交换系统、信息网络系统、移动通信信号室内覆盖系统等。因此，配置网络和接口就是根据传感器、执行器、控制器、人机界面和数据库的分布，以及功能需求中对各设备之间的数据信息关联关系进行设计，以保证各项数据传输要求的安全、可靠、及时实现。

监控系统的网络设计原则如下：

1）推荐整个系统网络采用同一种通信协议；当采用两种及以上通信协议时，需要配置网关或通信协议转换设备。

2）网络结构、网络传输距离、网络能够连接设备的数量、网段划分、电气连接方式，应满足所采用的通信技术的要求。常用现场总线的相关技术参数要求见表5-15，实际项目中应与所选用产品确认校核参数要求。

3）按照网络结构要求配置5.5.1中的网络设备并确定端口容量。

常用现场总线技术参数

表 5-15

协议名称	OSI 模型层数	常用通信介质	常用通信速率（kbit/s）	每段节点	参考传输距离（m）
BACnet	1.2.3.7	屏蔽双绞线	76.8	32	1200
KNX-EIB	1.2.3.4.7	屏蔽双绞线	9.6	64	350～1000
LonTalk	1.2.3.4.5.6.7	双绞线，光缆电力线，无线	78	64	130～2700
Meter-Bus	1.2.3.7	双绞线，无线	2.4	64	200～2000
ModBus	1.2.7	屏蔽双绞线	9.6	32	450～1500
Profibus-FMS	1.2.7	屏蔽双绞线光缆	19.2	32	100～1200
WorldFIP	1.2.7	屏蔽双绞线	32.25	32	500～1900

注：实际的通信速率与节点数、传输距离和现场环境都有一定关系，表中只给出了通常使用值或范围作为设计参考。

因为无线网络无需传输线缆，安装灵活方便，尤其适用于改造工程或大开间空间场所。当选用无线网络时，要关注信号的发射与接收能满足使用要求。为确保信号发射与接收稳定可靠，需要考虑无线网络终端设备的安装位置和供电方式，以及发射功率、传输范围、安装位置和使用环境状况等因素。通常无线传输的距离有限，而且很难穿过承重墙。

5.5.3　接口配置要求[6]

接口是指不同设备间传输信息的物理连接以及数据交换。建筑设备监控系统中的接口方式分为两种：标准电气接口和数字通信接口。标准电气接口是指开关量或模拟量接口，主要采用截面面积不小于 $0.75~mm^2$ 信号电缆连接，分为 DO（数字量输出）、DI（数字量输入）、AO（模拟量输出）、AI（模拟量输入）。数字通信接口是指通过通信协议传输数据的接口。主要采用串行通信接口和以太网接口。

配置接口时要明确相关内容：供电方式；传输介质和连接方式；通信协议说明；通过

接口传输的具体内容；涉及接口工作双方的责任界面；接口测试内容等。其中，传输介质包括线缆型号及线缆端接方式。连接方式包括以太网连接，串行通信连接，二次无源接点和转换设备连接等。通信协议说明应包含对数据格式、同步方式、传送速度、传送步骤、检验纠错方式、身份验证方式、控制字符定义和功能等内容的说明，并应包含样例。例如：串口通信协议应包含对连接方式、波特率、数据位、校验位、停止位等参数的说明；以太网通信协议应包含对传输层协议、工作方式、端口号等参数的说明。尤其注意与自带控制单元的设备之间的接口内容必须要在该设备能提供的信号内容范围内来确定。涉及接口工作方的责任界面：包括提供接口的位置、设备的提供、线缆端接、提交文档、调试、测试、维护等工作的界面划分。接口测试文件的内容包括：测试链路搭建、测试用仪器仪表、测试方法、测试结果评判等。

当传感器、执行器和控制器提供标准电气接口时，传感器和执行器采用信号线缆和一对一配线方式连接控制器的输入输出端口。当传感器、执行器和控制器提供数字通信接口时，应采用相同的通信协议或通信协议转换设备规定的方式来连接。

当被监控设备自带控制单元时，推荐采用数字通信接口方式与监控系统互联，不需要重复设置传感器和执行器。被监控系统包括供配电、照明、电梯与自动扶梯、冷水机组和中水处理等设备等，通常其自带的控制单元含传感装置、执行装置和控制装置，要求设备供应商提供标准接口和通信协议说明并开放通信协议，提供的信息应包含相关监控功能所需要的全部信息。

当监控系统与其他建筑智能化系统关联时，需要配置与其他建筑智能化系统进行数据通信的接口。

实际工程中，最常见的监控对象是新风/空调机组和冷水机组。由于监控系统的传感器和执行器通常安装在被监控设备及相关管道上，因此，需要与其施工紧密配合。由于被监控设备中都有电机，需要供电才能工作，因此需要与暖通和电气专业协调。另外，冷水机组通常自带控制盘和启动柜，所以还需要与产品供应商协调。把实际工程中最易发生问题的接口环节，以新风/空调机组和冷水机组为例，将接口的责任界面、传输介质、连接方式和功能要求等内容列于附录一。

第4.3.1节推荐采用通信方式与冷水机组自带控制单元连接。冷水机组作为大型楼宇最常用的冷源设备被广泛使用，在监控系统（BAS）中，冷水机组运行参数的监测是一项十分重要的内容。BAS可以根据运行数据实时分析冷水机组工作效率，合理安排机组的运行台数和工作时间等，因此从节能控制角度来说，将冷水机组纳入监控系统十分必要。工程中遇到的实际困难多数来自于冷机厂商在接口协议提供方面的配合问题，只要项目建设方和设计方能够重视该问题，并在项目初步设计和设备招标阶段就提出相关要求，在后期的技术配合方面并没有太大难度。

冷机厂商提供接口后，冷水机组的运行参数通过该接口传送至监控系统，在上位机组态界面中显示采集的各项参数，并可由监控系统对部分参数进行设置，指令下发给冷机自带控制单元执行。在监控系统中可以监测的内容包括机组控制模式、远程开关机、机组运行状态、故障报警、出水温度设定点、限值电流、电流百分比、压缩机运行时间、吸排气温度、吸排气压力、冷冻水进出水温度、冷却水进出水温度、蒸发器冷媒温度压力、冷凝器冷媒温度压力、实际电流电压等20多项参数；可以下发的指令包括远程开/关机和出水温度设定值等。若要完成信息交互，必须在提供接口和通信协议的基础上，提供相应信息点的地址和代码信息。根据多年的工程经验，本书选取了常见品牌的冷水机组，将其提供的接口信息列于附录二，以供参考。

5.6　系统辅助设施[6,52]

监控系统辅助设施的设计内容包括供电、线缆类型、敷设方式、防雷与接地。

1. 供电设计

数据库和集中监控的人机界面的供电要求高，应该配置不间断电源装置 UPS，选用的容量不应小于用电负荷容量的 1.3 倍，供电时间不宜少于 30min。

控制器和传感器通常由控制器箱内的电源供电，有条件时推荐配置不间断电源装置。当采用无线通信的传感器和控制器时，需要注意其供电方式要满足使用要求。因为无需传输线缆，为保证无线传感器安装灵活的优势，通常可选电池、太阳能和压电元件等供电方式以避免电源线缆的存在，需根据传感器的功耗和现场条件确定。

一般情况下，执行器采用现场供电的方式。当执行器采用 220V 及以上交流电驱动时，应配置具有手动/自动转换开关的电气控制箱（柜），并应在电气控制箱（柜）内预留供控制器使用的辅助触点和端子排，控制点应为无源干接点。

供电电源的质量会影响控制器使用的安全可靠性，为提高信号传输的质量，需要注意控制器供电电源质量不应受到电磁谐波干扰。

2. 线缆类型与敷设方式

线缆路由应根据系统设备及电源位置来确定。

信号线缆应根据控制信号传输距离、抗电磁干扰性能和冗余备用等因素进行选择，可采用 RVS、RVSP、RVV、RVVP 和 KVV 等线缆，并应满足所采用通信技术的要求。一般情况下，模拟量输入输出信号、低电平的开关量输入输出信号和数据通信信号采用屏蔽线缆以减少干扰，而且线缆截面不应小于 $0.75mm^2$ 以保证一定的安装强度；高电平（大电流）的开关量输入输出信号可采用普通的对绞线缆。

供电线缆的选择应符合现行行业标准《民用建筑电气设计规范》JGJ 16 的规定，向传感器供电的电缆截面不宜小于 $0.75mm^2$。通常传感器耗电量都很小，为保证线缆强度便于穿管等安装，不要选用过小的电缆截面。

信号线缆和电源线缆之间应保持一定的距离，如电源线缆有屏蔽层，最小间距为 150mm；如电源线缆无屏蔽层，220V 电源的最小间距为 450mm，380V 电源的最小间距为 600mm。

在导管或槽盒内敷设线缆的总截面积不宜超过其截面积的 40%。

3. 防雷与接地

监控系统的防雷与接地设计应符合现行国家标准《建筑物电子信息系统防雷技术规范》GB 50343 的规定。此外，还要注意：

1）控制器箱金属外壳、金属导管、金属槽盒和线缆屏蔽层，均应可靠接地；

2）当信号线缆和供电线缆由室外引入室内时，如测量室外新风温湿度的传感器应配置信号和电源的电涌保护器。

4. 机房环境

为保证机房内的网络设备和数据库设备工作正常，对环境温度、湿度和含尘量等有一定的要求，机房环境的技术要求见表5-16。

建筑设备监控机房的技术要求　　　　　　　　　　　　　　表 5-16

序号	项　　目	要　　求
1	室内净高（梁下或风管下）（m）	≥2.5
2	楼、地面等效均布活荷载（kN/m²）	≥4.5
3	地面材料	防静电地面
4	顶棚、墙面	浅色无光涂料表面不起灰
5	门及宽度（m）	外开双扇防火门 1.2～1.5
6	窗	良好防尘
7	温度（℃）	18～28
8	相对湿度（%）	40～70
9	照度（lx）	500
10	应急照明	设置

具有集中管理功能的人机界面推荐设置在智能化系统总控室。有一定监管要求的大楼，通常设置智能化系统总控室，有多个大屏幕分别显示不同系统的运行监控状况。

第6章 施 工 验 收

6.1 施工

工程施工的三个要素是造价、质量和工期，因此需要进行成本控制、质量控制和进度控制，采用工程量清单、施工技术规程和施工进度计划来约束[54]。

6.1.1 施工准备

施工前应做好各项准备工作，包括技术准备、材料设备准备、机具仪器人力准备、施工环境检查准备等。具体步骤如图 6-1 所示，其中步骤①～④属于技术准备的范畴。材料设备准备、机具仪器人力准备、施工环境检查准备的详细要求可参照现行国家标准《智能建筑工程施工规范》GB 50606—2012[55]的规定。

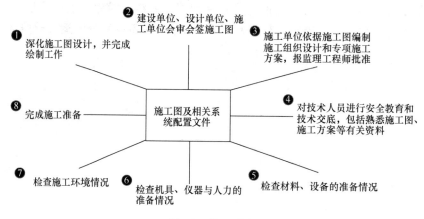

图 6-1 施工准备

针对监控系统工程施工中容易出现的问题，需要注意以下几个事项：

1）建筑设备监控系统施工方与其他机电各方施工单位的工作范围、工作内容以及工作界面的划分、协调和配合要求应由发包人确认并授权。

2）需核对被监控机电设备接入条件，包含设备专业控制原理要求是否满足，管道、阀门和阀门驱动器之间是否匹配且满足控制要求，电气专业控制箱和配电箱是否满足监控要求，电梯是否具备监测条件。自成控制单元的设备的数字通信接口和通信协议是否满足监控要求。

从图 6-1 中不难看出，施工准备是围绕施工图展开的。施工图及相关的监控系统配置文件是施工准备工作中最重要的基础资料，也是后续施工、安装、调试、维护等的不可或缺的资料，必须予以足够的重视。

6.1.2 施工过程[6]

监控系统施工安装包括的分项工程有：梯架、托盘、槽盒和导管安装，线缆敷设，传感器安装，执行器安装，控制器箱安装，中央管理工作站和操作分站设备安装，软件安装。

1. 接线

建筑设备监控系统的线缆类型较多，例如控制器的接点类型不同，DI、AI、DO、AO 的连线也不同。此外，还有通信线、24V 电源线、220V 电源线等，对这些线路分类是有必要的，可防止不同类型线路接错损坏控制器和模块。

接线前应根据线缆所连接的设备电气特性，检查线缆敷设及设备安装的正确性。

接线时按照施工图及产品的要求进行端子连接，并应保证信号极性的正确性。

接线要整齐应固定牢靠，尽量避免交叉。在设备线缆端部应采用清晰牢固的字迹标明编号，推荐采用与设备标识相一致的派生编号对各接线端点进行标识，以便于调试及维护过程中进行识别。

控制器箱内线缆应分类绑扎成束，对于交流 220V 及以上的线路可能会涉及人身和设备的安全，应做出明显的标记和颜色区分。

2. 设备安装

控制器箱体在安装前，应根据施工图预先完成箱体内部接线。监控系统的设备在安装前都要做好检查，主要包括：

1）设备的型号、规格、主要尺寸、数量、性能参数等应符合设计要求；

2）设备外形应完整，不得有变形、脱漆、破损、裂痕及撞击等缺陷；

3）设备柜内的配线不得有缺损、短线现象，配线标记应完善，内外接线应紧密，不得有松动现象和裸露导电部分；

4）设备内部印制电路板不得变形、受潮，接插件应接触可靠，焊点应光滑、发亮，无腐蚀和外接线现象；

5）设备的接地应连接牢靠且接触良好。

传感器和执行器的安装应注意以下几点：

1）管道外贴式温度和流量传感器安装前，应先将管道外壁打磨光滑，测温探头与管壁贴紧后再加保温层和外敷层；

2）在非室温管道上安装的设备，应做好防结露措施；

3）安装位置不应破坏建筑物外观及室内装饰布局的完整性；

4）四管制风机盘管的冷热水管电动阀共用线应为零线。

不同类别的传感器和执行器在安装时还需要严格按照安装产品说明书的各项要求进行。

监控计算机的安装应符合下列规定：

1）规格型号应符合设计要求；

2）应安装与监控系统运行相关的软件，且操作系统、防病毒软件应设置为自动更新方式；

3）软件安装后，监控计算机应能正常启动、运行和退出；

4）在网络安全检验后，监控计算机可在网络安全系统的保护下与互联网相联，并应对操作系统、防病毒软件升级及更新相应的补丁程序。

3. 标识和记录

设备安装后都应做好标识，以便于操作和维护。设备标识应符合下列规定：

1）应对包括控制器箱、执行器、传感器在内的所有设备进行标识；

2）设备标识应包括设备的名称和编号；

3）标识物材质及形式应符合建筑物的统一要求，标识物应清晰、牢固；

4）对于有交流 220V 及以上线缆接入的设备应另设标识。

设备安装过程要做好记录，以便于自检自评。

6.1.3　自检自评[56]

建筑工程的实际施工质量是在施工单位的具体操作中形成的，检查验收工作实际上只是通过资料汇集和抽查进行的复核而已。施工中真正大量的检查是施工单位以自检的形式进行，并以评定的方式给出质量状态的结果。因此施工单位的自检自评是检验批验收的基础，其自检评定结果是实际验收的依据。这里自检有三个层次：

（1）操作者在生产（施工）过程中通过不断的自检调整施工操作的工艺参数；

（2）班组质检员对生产过程中质量状态的检查；

（3）施工单位专职检验人员的检查和评定。

这里，前两个检查层次是在生产第一线，以班组的非专职检验人员为主体进行的，主要以对施工质量控制的形式进行的。其虽然不一定有检查的书面材料或记录，但却是真正形成实际质量的关键。因此，加强班组自检是保证施工质量的重要措施。

后一个检查层次是由非生产基层的专职检验人员主导进行的。其比较客观和公正，检查的内容以施工操作已形成的质量状态为主，并且限于检验量不能过大，多半也只能是以抽样检查的形式进行。检查的结果一般要给出评定结论。只有评定为"合格"的产品或施工结果，才能交由非施工单位的监理（建设）方面加以确认而完成最基础的检验批的验收。

自检评定"不合格"的产品或施工结果，应返回生产班组返工、返修。待自检评定合格后才能提交验收。但如果自检不严密，则也有可能在检验批的检查中通不过验收而返工、返修。这样，质量缺陷如果产生，可能在生产（施工）单位自检过程中即已发现并交付返修；也可能在检验批检查时发现而返工。施工质量的缺陷基本上可以消灭在萌芽状态，避免带入施工后期而造成更大范围的损失。

自检是对所有项目进行全数检查，检测方法和评定结论的依据都根据本章第 6.3 节"检测"的规定。监控系统施工安装完成后，应对完成的分项工程逐项进行自检，并应在自检全部合格后，再进行分项工程验收，验收过程详见本章第 6.4 节"验收"的介绍。

6.2　调试和试运行[6]

6.2.1　调试准备

监控系统施工安装后的系统调试，是进行软件程序下载、参数初设和适当调整，直至符合设计规定要求的过程。同时，系统调试也是对工程施工质量进行全面检查的过程。根据国家相关施工管理的规定，系统调试应以施工企业为主，监理单位监督，设计单位和建设单位参与配合。设计单位的参与，除应提供工程设计的参数外，还应对调试过程中出现的问题提出明确的修改意见；监理和建设单位共同参与，既可起到工程的监督和协调作用，有助于工程的管理和质量的验收，又能提高对监控系统的全面了解，利于将来运行的管理。系统调试是一项技术性很强的工作，应配有相应的专业技术人员和测试仪器，否则是不可能很好完成此项工作及达到预定效果的。对于部分施工企业，本身不具备系统调试的能力，则可以委托给具有相应调试能力的单位。

监控系统调试前应具备下列条件：

1）施工安装完成，并自检合格；

2）自带控制单元的被监控设备能正常运行；

3）完成与被监控设备相连管道的清洁、吹扫、耐压和严密性检验等工作，管道上各分支管路的流量分配达到设计工况要求；被监控设备投入正常运行前，应对被监控设备的内、外部环境进行清洁卫生工作，且被监控设备的运行状态和性能参数应能达到设计要求，例如冷冻站的供水温度、压力和流量等参数可达到设计要求。与被监控设备相连的管道系统一般包括风、水、气、汽等，由主管道、分支管道以及安装在管道系统上的附件（节流阀和手动调节阀等）组成。管道系统投入使用前，应通过手动调节保证各分支管路的流量（如空调系统的风量）分配达到设计工况要求，并提供检测报告。

4）数字通信接口通过接口测试；

5）针对项目编制的应用软件编制完成，针对项目编制的应用软件包括实现本规范第4章规定的监控功能、控制算法和管理功能软件。

调试工作的质量会直接影响到系统功能的实现，系统调试前应编制调试大纲，做好相关的技术准备。系统调试前，调试负责人应组织参与调试的工程师熟悉本项目的设计方案、设计图纸、产品说明书和被监控设备工艺流程等技术资料，经现场调研踏勘后，编制调试大纲。调试大纲的编制依据是本规范第4章功能描述文件和第5章的系统配置文件。编制调试大纲，可以指导调试人员按规定的程序、正确方法与进度实施调试。同时，也有利于监理人员对调试过程的监督。

监控系统调试前应根据设计文件编制调试大纲，调试大纲应包括下列内容：

1）项目概况

2）调试质量目标

为了监控功能达到设计要求，包括主要或关键参数如控制精度和响应时间等指标。

3）调试范围和内容；

4）主要调试工具和仪器仪表说明

调试用仪器仪表的性能参数应满足设计要求，其校准期限应在有效期内。

5）调试进度计划

6）人员组织计划

应明确调试负责人和调试成员的工作分工。

7）关键项目的调试方案

关键项目一般指下列几类调试内容：（1）调试过程中涉及人员和设备安全的调试项

目，如人员的高空作业和制冷机组的远程控制启停等；（2）控制程序复杂、对将来系统使用效果起重要作用的调试项目；（3）采用新技术、新材料、新工艺的调试项目。调试方案应包括模拟干扰量（或负荷）变化的方法、主要测试手段和测试工器具、数据整理与分析方法等内容。

    8）调试质量保证措施；

    9）调试记录表格。

6.2.2 调试

监控系统的调试工作内容和主要步骤如下：

1）系统校线调试

监控系统的线缆一般包括通信线缆、控制线缆和供电线缆，校线调试应对全部线缆的接线进行测试，包括线缆两端接头的连接和线缆的导通性能等。

2）单体设备调试

单体设备包括监控机房设备（人机界面和数据库等）、控制器、各类传感器和各类执行器（电动阀和变频器等）。

3）网络通信调试

网络通信包括监控机房之间、监控计算机与网络设备和控制器之间、监控系统与被监控设备自带控制单元之间、监控系统与其他智能化系统之间的通信。

4）各被监控设备的监控功能调试

根据项目的具体情况，被监控设备一般包括供暖通风及空气调节、给水排水、供配电、照明、电梯和自动扶梯等。其监控功能应根据本规范第4章的设计要求逐项调试，包括监测、安全保护、远程控制、自动启停和自动调节等。需要注意模拟全年运行可能出现的各种工况。

5）管理功能调试

管理功能包括：用户操作权限管理功能；与其他智能化系统通信和集成；与智能化集成系统的通信和集成。

调试工作应形成书面记录，调试记录和根据调试记录整理的调试报告是日后进行验收、保养、维护的重要文档资料。其中，控制器线缆测试记录和单点调试记录的内容和格式可见现行国家标准《智能建筑工程施工规范》GB 50606的规定。网络通信调试记录、被监控设备监控功能调试记录、监控机房设备调试记录和与其他智能化系统关联功能调试记录的内容和格式可见现行行业标准《建筑设备监控系统工程技术规程》JGJ/T 343—2014的规定。

监控系统调试结束后，应模拟全年运行中可能出现的各种工况，对被监控设备的监控功能和系统管理功能进行自检，并应全部符合本规范第4章的规定。在自检全部合格后，进行分项工程验收。

6.2.3 试运行

施工安装和系统调试等分项工程验收合格，且被监控设备试运转合格后，应进行系统试运行。由于监控系统的功能实现与被监控设备相关，推荐有条件时联合进行试运行。但当试运行季节与设计条件相差较大时，冷（热）源设备无法同时开启，可根据工期进度安排试运行工作，其他工况的运行在 1~2 年内分期完成全部工况。

监控系统试运行应连续进行 120h，并应在试运行期间对建筑设备监控系统的各项功能进行复核，且性能应达到设计要求。当出现系统故障或不合格项目时，应整改并重新计时，直至连续运行满 120h 为止。

监控系统试运行时应填写《试运行记录》，且记录应符合现行国家标准《智能建筑工程质量验收规范》GB 50339 的规定。试运行后应形成试运行报告。

监控系统试运行报告应包括系统概况、试运行条件、试运行工作流程、安全防护措施、试运行记录和结论，当出现系统故障或不合格项目时，还应列出整改措施。

6.3 检测

6.3.1 相关规定

根据现行国家标准《智能建筑工程质量验收规范》GB 50339—2013[48]的规定，系统检测的组织需要符合下列规定：1）建设单位应组织项目检测小组；2）项目检测小组应指定检测负责人；3）公共机构的项目检测小组应由有资质的检测单位组成。

其中第 3）款中"公共机构"指的是国家财政投资建设的项目。目前，智能建筑工程专业检测机构的资质有以下几种：（1）通过智能建筑工程检测的计量（CMA）认证，取得《计量认证证书》；（2）省（市）以上政府建设行政主管部门颁发的《智能建筑工程检测资质证书》；（3）中国合格评定国家认可委员会（CNAS）实验室认可评审的《实验室认可证书》和《检查机构认可证书》，通过认可的检查机构既可以出具《智能建筑工程检测报告》，也可以出具《智能建筑工程检查/鉴定报告》。需要注意的是，上述资质证书并不特定针对建筑监控系统，因此在实际检测前应根据设备与功能检测的需求审查相关证书持有机构是否能够真正满足检测需要。

需要指出的是，对于电子产品、电子元器件（如传感器、执行器和控制器等）的检测与系统工程的检测往往是由不同机构负责的。本书内容针对系统功能技术，对系统工程质量的检测针对其功能实现，只有涉及产品质量时才会要求做针对电子产品和元器件的检测，这部分内容不在工程质量检测验收的范畴内。

建筑监控系统检测的基本步骤如图 6-2 所示。

6.3.2 检测方法[6]

监控系统的检测内容是对第 4 章列举的功能设计要求进行逐一检测，即：检查系统功能与设计是否相符，并按监测、安全保护、远程控制、自动启停、自动调节和管理功能等类别分别检测。

针对不同的系统功能，分别有不同检测方法：

1）监测功能

检测监测功能时，应在监测点的位置通过物理或模拟的方法改变被监测对象的状态，

熟悉合同技术文件及施工图设计文件，掌握工程的主要内容、特点和要点

审查系统试运行报告、自检报告，掌握系统当前的运行情况

审查设备进场验收记录、隐蔽工程检查验收记录、过程检查记录、工程安装质量检查记录，掌握工程前期的基本实施情况

制定检测方案及计划，包括：检测依据*、检测项目**、抽样数量、检测方法、检测结果判定方法、检测仪器设备***、人员配备、时间安排等

依据规范要求，对系统不同被监控设备的各项监控功能和系统管理功能进行检测

撰写检测报告，给出检测结论

* 检测依据包括业主委托合同、工程设计文件、产品技术文件和相关标准规范等。

** 检测项目包括涉及不同被监控设备的各项监控功能和系统管理功能，抽样数量和判定方法不尽相同，需严格依据规范JGJ/T 334—2014第8章的相关内容。

*** 检测仪器设备应符合以下规定：
　1) 应在计量检定或校准有效期内；
　2) 测量范围应包含被检测参数的变化范围；
　3) 精度应比设计参数的精度至少高一个等级；
　4) 应满足工程现场环境的使用要求。

图 6-2　建筑监控系统检测步骤

检查人机界面上监测点的数值更新周期、延迟时间和显示精度等。

　　其中，物理的方法是指改变传感器所在环境的物理参数值来检查系统性能的方法，例如将传感器置于标准恒温箱中，检查传感器的测量值和人机界面显示值等与恒温箱的实际温度偏差，确认传感器的测量误差和显示更新速度等是否满足设计要求。模拟的方法是指不改变传感器所在环境的物理参数，而是通过标准电压或电流信号源来模拟传感器的模拟信号输出或者通过发送通信帧来模拟数字传感器的输出，来检查系统性能的方法。需要指出，由于物理的方法能够检测包括传感器性能在内的系统整体性能，所以应是优先采用的方法，只有当条件不允许采用物理方法时，才可以采用模拟的方法。

　　2) 安全保护功能

检测安全保护功能时，应修改触发安全保护动作的阈值，或在监测点的位置通过物理或模拟的方法改变被监测对象的状态使其达到触发安全保护动作的数值，检查相关连锁动作报警动作的正确性和延迟时间等。

　　例如，检测空调机组的盘管防冻保护功能时，通过改变监测点处的温度，观察风机、风阀、水阀的连锁动作和延时是否正确，检查监控机房界面报警是否正常等。

　　3) 远程控制功能

检测远程控制功能时，应通过人机界面发出设备动作指令，检查相应现场设备动作的正确性和延迟时间。

可以一人在人机界面处发出指令，另外一人在相应的被监控设备现场处检查其是否按照指令动作及动作结果是否满足要求。对于有设备状态反馈的监控系统，还要通过检查人机界面上的设备状态反馈来确认远程控制功能是否满足要求。需要注意调整被监控设备的手动/自动转换开关状态。

4）自动启停功能

检测自动启停功能时，应通过人机界面发出启停指令或修改时间表的设定，检查相关被监控设备的启停顺序或设定时间的启停动作。

5）自动调节功能

检测自动调节功能时，应通过人机界面改变被监控参数的设定值或在监测点的位置通过物理或模拟的方法改变被监控参数的监测数值，检查调节对象的动作方向和被调参数的变化趋势。

自动调节功能不仅是监控系统正常运行、实现舒适室内环境的保障，更是实现节能功效的基础，所以自动调节功能的检测非常重要，这也是以往检测中常被忽略的内容。检查内容应包括室内温湿度等环境参数控制逻辑的控制效果。考虑到检测阶段建筑并未投入使用，空调负荷未达到设计值、空调冷热源可能也并未投入使用，因此在检测阶段对于控制逻辑的控制精度、稳定时间和超调量等控制性能不要求检测，而只要求检查调节设备如水阀和风机等的调节动作方向是否满足自动控制功能设计要求即可。

6）数据记录与保存功能

检测数据记录与保存功能时，应根据功能设计要求的数据点数量、记录周期、保存时长，计算所需要的存储介质的容量，并检查实际存储介质的配置；应检查将数据库的数据输出到外部存储介质的功能。

6.3.3　检测项目[6]

监控系统的检测项目按照项目类型划分，可以分为主控项目和一般项目两类。其中，主控项目是建筑设备监控系统必须包含的各类主要设备及其功能，包括：1）空调冷热源和水系统；2）空调机组、新风机组和通风机；3）变风量空调末端和风机盘管；4）给水排水设备；5）供配电设备；6）照明；7）电梯与自动扶梯；8）能耗监测等。一般项目是对满足建筑设备监控系统的非基本要求的设备与功能，主要涉及监控系统的以下几个方面：1）自诊断、自动恢复和故障报警功能；2）信息管理功能；3）可扩展性；4）通用控制器及其应用软件等。

按照监控系统的功能划分，可以分为监测、安全保护、远程控制、自动启停、自动调节和管理功能六大类。其中，安全保护和管理功能的内容应全数检测，监测、远程控制、自动启停和自动调节功能应根据被监控设备的种类和数量确定抽样检测的比例和数量。

将主控项目与其需要实现的监控功能（监测、安全保护、远程控制、自动启停与自动调节）一一交叉对应，可以得到表 6-1 所示的主控项目检测对照表。需要指出的是，由于能耗监测和管理功能涉及或涵盖了建筑设备监控系统整体，因此未归纳于表中而在之后单独说明。

主控项目检测对照表

表 6-1

项　目	监　测	远程控制	自动启停	自动调节	安全保护
空调冷热源和水系统	全数检测				全数检测
空调机组、新风机组和通风机	抽样检测：每类设备数量的 20%，且不少于 5 台；不足 5 台时全数检测				
变风量空调末端和风机盘管	抽样检测：每类设备数量的 5%，且不少于 10 台；不足 10 台时全数检测				
给水排水设备	抽样检测：每类设备数量的 50%，且不少于 5 组；不足 5 组时全数检测			若有，则同监测、远程控制、自动启停功能	
照明	抽样检测：被监控回路总数的 20%，且不少于 10 个回路；不足 10 个时，全数检测			若有，则同其他功能	
电梯与自动扶梯*	一般通过电梯与自动扶梯自带控制单元实现，全数检测			若有，则应符合国家现行有关规定，全数检测	
供配电设备	对于高低压开关运行状态、变压器温度、应急发动机组工作状态、储油罐油量、报警信号、柴油发电机、不间断电源和其他应急电源，应全数检测；其他供配电参数按 20% 抽样检测，且不少于 20 点；不足 20 点时全数检测			一般不要求此功能	

* 只检测电梯与自动扶梯接入建筑设备监控系统的相关信号（涉及监测功能、安全保护功能等），其他部分的检测皆依据《中华人民共和国特种设备安全法》的相关规定由专门机构执行。

对于能耗监测的检测，涉及建筑用能总数的应全数检测，包括：燃料消耗量、耗电量、补水量、热/冷量、蒸汽量、热水量等总耗量的传感器。相对应的分支用能的传感器应按 15% 抽样检测，并且不得少于 10 只；当不足 10 只时，全数检测。

对于管理功能的检测，应采用不同权限的用户登录，分别检查该用户具有权限的操作和不具有权限的操作；当监控系统与互联网连接时，应检测安全保护技术措施；当监控系统设计采用冗余配置时，应模拟主机故障，检查冗余设备的投切；应检查数据的统计、报表生成和打印等功能。

另外，当监控系统与智能化集成系统及其他智能化系统有关联时，应全数检测监控系统提供的接口。当检测不合格时，互相关联的子系统或子分部工程都不能通过。

对于一般项目的检测，规范 JGJ/T 334—2014 的相关规定如下：

1）当监控系统设计具有自诊断、自动恢复和故障报警功能时，应分别切断和接通系统网络，检查相关动作。

2）当监控系统设计具有信息管理功能时，应检查各设备性能规格、安装位置与连接关系、运行时间和维修记录等相关信息的记录。

3）当监控系统设计有可扩展性时，应检查系统及设备的扩展能力。

4）当监控系统配置中采用通用控制器时，应检查其应用软件的在线修改功能，并应符合下列规定：

a）应按通用控制器的 5%抽样检测，且不得少于 10 台；不足 10 台时应全数检测；

b）应在控制器通信连接不变的条件下，进行应用软件中设置参数的修改，检查程序的重新载入功能。

针对检测项目合格与否的判据，GB 50339—2013 中规定：对于主控项目的检测，有一项及以上不合格的，系统检测结论即为不合格；对于一般项目，有两项及以上不合格的，系统检测结论即为不合格。在本规范中，当检测内容全部符合设计要求时判定为检测项目合格，否则为不合格。系统检测不合格时，应限期对不合格项进行整改，并应重新检测；且重新检测时，抽检应加大抽样数量，直至检测合格。

6.3.4 国内工程检测情况分析

中国赛宝（山东）实验室、山东省电子产品监督检验所自第一版国家标准《智能建筑工程质量验收规范》GB 50339—2003 发布后就开始进行楼控系统的检测。对其保存的 24 份楼控系统检测报告作了初步统计，有关情况介绍如下：

定量检测的指标主要为两个：1）系统响应时间：从工作站发出操作指令的同时用秒表计时，到工作站的操作界面收到响应操作指令（状态改变）为止，所记录的时间间隔；2）系统报警响应时间：从 DDC 控制箱模拟制造一个报警信号的同时开始计时，到工作站的界面收到报警响应信号为止，所记录的时间间隔。

系统响应时间受检的目标内容包括：新风机组、送排风机组、空调机组、照明等。

系统报警响应时间受检的目标包括：新风机组故障报警、送排风机组故障报警、空调机组故障报警、风机盘管防冻报警、新风机组压差报警、水箱液位报警、冷却塔故障报警、水泵故障报警等。

受检工程根据监控点的多少分为：大型系统，有监控点约 5000 点；中型系统，监控点约 1000 点；小型系统，监控点 100 到 500 点。按照 GB 50339—2003 的有关要求，系统响应时间抽检 10%，系统报警响应时间抽检 20%。

受检产品品牌包括西门子、霍尼韦尔、江森、海湾等。

检测结果见表 6-2。

系统检测结果 表 6-2

项目情况	系统响应时间				系统报警响应时间			
	平均值	样本量	最大值	最小值	平均值	样本量	最大值	最小值
中小型系统	1.23s	300 个	1.4s	0.7s	1.52s	450 个	1.7s	0.9s
大型系统	1.61s	60 个	2.0s	1.0s	3.74s	95 个	5.0s	1.2s

所有的检测值进行综合平均，则有

系统响应时间平均值为（1.23×300＋1.61×60）/360＝1.29s；

系统报警响应时间平均值为（1.52×450＋3.74×95）/545＝1.90s。

另外，上述数据中系统响应时间的有效测试次数为 360 次，时间都在 2s 之内；系统报警响应时间的有效测试次数为 545 次，时间都在 5s 以内。

实际检测工程中，个别大型楼控系统的系统报警响应时间会偏大，出现问题的原因在于现场的网络传输信道，经施工人员重新调试以后，网络恢复正常，该指标都可降到表中的正常范围。只要通信线路安装及调试运行正常，无论是互联网还是总线制，均能够满足楼控系统快速反应的要求。

6.3.5 国外功能检测介绍

美国能源部[Department of Energy (DOE)]和波特兰节能服务公司[Portland Energy Conservation Inc. (PECI)]联合编制并在其网站主页公开的《建筑设备功能检测导则：从原理到实践》(Functional Testing Guide：from the Fundamentals to the Field)[57]，将被控设备和监控系统完成的功能一同检测，与我国目前各专业施工、调试、检测和验收分别进行是有所不同的，但被控设备与监控系统的联合运行是实际工程中必然的。由于篇幅所限，本书节选并翻译了空气处理箱[Air Handling Unit (AHU)]部分的功能检测表，可作为监控系统功能检测表的参考和补充。具体内容见附录二。

6.4 验收

6.4.1 相关的基本概念[43,58]

国家标准《建筑工程施工质量验收统一标准》GB 50300－2013 对相关术语进行了定义：

"检验（inspection）"是对被检验项目的特征、性能进行量测、检查、试验等，并将结果与标准规定的要求进行比较，以确定项目每项性能是否合格的活动。"验收（acceptance）"是建筑工程质量在施工单位自行检查合格的基础上，由工程质量验收责任方组织，工程建设相关单位参加，对检验批、分项、分部、单位工程及其隐蔽工程的质量进行抽样检验，对技术文件进行审核，并根据设计文件和相关标准以书面形式对工程质量是否达到合格做出确认。简言之，"验收"是参与建设活动的有关单位共同对建筑工程质量合格与否所做出的确认。而"检验"则是为验收所进行的、确定性能是否达到合格质量水平的活动。

由于检验样本量巨大，需要划分为"检验批"；根据检验项目对安全、节能、环境保护和主要使用功能是否起决定性作用，将其划分为"主控项目"和"一般项目"；由于实际操作中不可能实现全数检验，因此通常需要制定"抽样方案"；对于抽样样本也有"计数检验"和"计量检验"等不同的检验方法。

建筑工程是一个庞大而复杂的系统工程，表现为工程量巨大，施工过程漫长，专业和工种众多且互相交叉。因此实际工程的验收划分为四个层次，即单位工程、分部工程、分项工程和检验批来进行：

一、单位工程

具备独立施工条件并能形成独立使用功能的建筑物及构筑物为一个单位工程。完整的建筑物在施工完成后经验收即投入使用，这最后一个层次的验收一般称为竣工验收。对于规模较大的单位工程，可将其能形成独立使用功能的部分划分为一个子单位工程。例如，某一建筑物由地下室（停车场）、裙房（商场）和高层（办公楼）三部分构成。在施工时，其作为单位工程考虑。但在验收时，也可以按三个子单位工程分阶段实施。

二、分部工程

按专业性质和建筑部位确定，是单位工程（子单位工程）验收的基础。单位建筑工程可划分为十种分部工程：1. 地基与基础，2. 主体结构，3. 建筑装饰装修，4. 屋面，5. 建筑给水排水及供暖，6. 通风与空调，7. 建筑电气，8. 智能建筑，9. 建筑节能，10. 电梯。

当分部工程较大或较复杂时，可按材料种类、施工特点、施工程序、专业系统及类别将分部工程划分为若干子分部工程。目前"智能建筑"划分为以下十九个子分部工程来施工和验收：1. 智能化集成系统，2. 信息接入系统，3. 用户电话交换系统，4. 信息网络系统，5. 综合布线系统，6. 移动通信室内信号覆盖系统，7. 卫星通信系统，8. 有线电视及卫星电视接收系统，9. 公共广播系统，10. 会议系统，11. 信息导引及发布系统，12. 时钟系统，13. 信息化应用系统，14. 建筑设备监控系统，15. 火灾自动报警系统，16. 安全技术防范系统，17. 应急响应系统，18. 机房工程，19. 防雷与接地。每个子分部工程也可独立进行验收。

三、分项工程

可按主要工种、材料、施工工艺、设备类别进行划分。目前，建筑设备监控系统按照施工工艺和工序划分为以下分项工程：梯架、托盘、槽盒和导管安装，线缆敷设，探测器类设备安装，控制器类设备安装，其他设备安装，软件安装，系统调试，试运行。

四、检验批

有些情况下，由于施工工程量很大，或施工过程和周期过长，还要进一步将类型、性质相同或相近的分项工程按工程量进一步划小，以便于验收。这就是验收划分中最后的一个层次——检验批。检验批可根据施工、质量控制和专业验收的需要，按工程量、楼层、施工段、变形缝进行划分。

6.4.2　工程质量验收的程序和组织[58]

1. 质量验收的程序

工程施工质量验收的过程与验收层次的划分互为逆过程，是以逐渐汇总和聚合的方式进行的。

检验批是建筑工程施工质量验收的最小单元，是所有验收的基础。

分项工程是由检验批聚集构成的。在构成分项工程的所有检验批质量都合格而通过检查验收的条件下，分项工程自然应该是合格的。但是分项工程主要是通过检查各检验批的验收记录将其汇总而进行验收的，带有间接推定的含义。

分部工程（子分部工程）是由分项工程构成的，其验收主要依靠相应分项工程验收资料的汇总检查。

单位工程（子单位工程）是由分部工程构成的，其验收主要依靠对相关分部工程验收资料的汇总检查，但由于这是最终质量的验收，还应对其使用功能的重要项目补充一些检查，才能最后加以验收。

建筑工程的实际施工质量是在施工单位的具体操作中形成的，检查验收只是对其质量状况的一种反映。验收实际上只是通过资料汇集和抽查进行的复核而已。施工中真正大量的检查是施工单位以自检的形式进行，并以评定的方式给出质量状态的结果。因此施工单位的自检和评定是检验批验收的基础。

建筑工程施工质量验收的程序可概括为如图6-3所示。

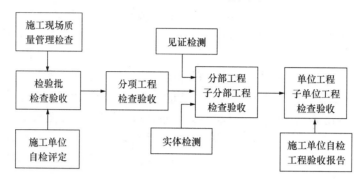

图6-3　施工质量验收的程序

2. 质量验收的组织

施工质量验收的组织是保证验收有效性的重要环节，其应该落实以下问题：

验收的组织者——召集人；

验收的参加者——应有代表性及相当的责权；

验收的签字者——代表对施工质量的确认。

根据现行国家标准《建筑工程施工质量验收统一标准》GB 50300－2013 验收程序中的主要内容进行归纳，检查验收的组织列表于表6-3。

检查验收的组织 表6-3

检查验收内容	组织单位	参加单位	签字人员
施工现场质量管理检查	监理单位（建设单位）	建设单位 设计单位 监理单位 施工单位	总监理工程师（建设单位项目负责人）
施工质量自行检查评定	施工单位质量检查部门	施工单位班组长 施工单位质检部门	施工单位项目专业质量检察员
检验批检查验收	监理单位（建设单位）	施工（分包）单位 监理（建设）单位	监理工程师（建设单位项目专业技术负责人） 施工单位项目专业质量检察员
分项工程检查验收	监理单位（建设单位）	施工（分包） 单位监理（建设）单位	监理工程师（建设单位项目专业技术负责人） 施工单位项目专业技术负责人

检查验收内容	组织单位	参加单位	签字人员
分部（子分部）工程检查验收	监理单位（建设单位）	施工（分包）单位 勘察单位 设计单位 监理（建设）单位	总监理工程师（建设单位项目专业负责人） 施工（分包）单位项目经理 勘察单位项目负责人 设计单位项目负责人
单位（子单位）工程检查验收	监理单位（建设单位）	建设单位 设计单位 监理单位 施工单位	建设单位（项目）负责人 总监理工程师 施工单位负责人 设计单位（项目）负责人

智能建筑工程验收的组织，现行国家标准《智能建筑工程质量验收规范》GB 50339 —2013 做出了更加详细的规定：

（1）建设单位应组织工程验收小组负责工程验收；

（2）工程验收小组的人员应根据项目的性质、特点和管理要求确定，并应推荐组长和副组长；验收人员的总数应为单数，其中专业技术人员的数量不应低于验收人员总数的 50%；

（3）验收小组应对工程实体和资料进行检查，并作出正确、公正、客观的验收结论。

6.4.3 工程质量验收内容和条件[48]

根据第 6.4.2 节的程序，建筑智能化系统施工单位在自检和总监理工程师检查合格后，提交工程竣工报告，申请竣工验收。此时，应具备下列条件：

（1）按经批准的工程技术文件施工完毕；

（2）完成调试及自检，并出具系统自检记录；

（3）分项工程质量验收合格，并出具分项工程质量验收记录；

（4）完成系统试运行，并出具系统试运行报告；

（5）系统检测合格，并出具系统检测记录；

（6）完成技术培训，并出具培训记录。

工程验收小组在分部工程验收阶段的工作包括以下三方面的内容：

（1）检查验收文件；

（2）检查观感质量；

（3）抽检和复核系统检测项目。

工程验收文件应包括下列内容：

（1）竣工图纸；

（2）设计变更记录和工程洽商记录；

（3）设备材料进场检验记录和设备开箱检验记录；

（4）分项工程质量验收记录；

（5）试运行记录；

（6）系统检测记录；

（7）培训记录和培训资料。

质量控制是贯穿于工程实施过程中的，而且均应形成记录。由于验收只是抽查性质的，覆盖面有限。因此施工单位为保证质量而制定的操作规程和实际施工（生产）过程中形成的质量检查记录，对判定检验批的实际质量具有重要的参考价值。施工单位的质量管理文件是检查验收的书面依据，有利于保证验收的真实性和可靠性。

工程实施的质量控制应检查下列内容：

（1）施工现场质量管理检查记录；

（2）图纸会审记录；存在设计变更和工程洽商时，还应检查设计变更记录和工程洽商记录；

（3）设备材料进场检验记录和设备开箱检验记录；

（4）隐蔽工程（随工检查）验收记录；

（5）安装质量及观感质量验收记录；

（6）自检记录；

（7）分项工程质量验收记录；

（8）试运行记录。

为便于文档整理和存档，现行国家标准《智能建筑工程质量验收规范》GB 50339—2013、《智能建筑工程施工规范》GB 50606—2010、《建筑设备监控系统工程技术规范》JGJ/T 334—2014 中对于质量控制记录的内容和格式均作了相应的规定。工现场质量管理检查记录、设备材料进场检验记录、隐蔽工程（随工检查）验收记录、安装质量及观感质量验收记录、自检记录、分项工程质量验收记录、试运行记录、分项工程检测记录、子分部工程检测记录、分部工程检测记录等均应符合现行国家标准《智能建筑工程质量验收规范》GB 50339—2013 的规定；而图纸会审记录、设计变更记录、工程洽商记录、设备开箱检验记录等均应符合现行国家标准《智能建筑工程施工规范》GB 50606—2010 的规定。

根据验收的程序，验收依次汇总进行：

检验批质量验收合格的条件是：主控项目和一般项目的质量经抽样检验合格；具有完整的施工操作依据和质量验收记录。

分项工程的验收是在检验批的基础上进行的。由于覆盖范围更广大，已不可能亲临现场检查，而只能靠汇总资料的检查来解决了。因此，分项工程质量验收合格的条件是：所含检验批的质量均应验收合格；所含检验批的质量验收记录应完整。

分部（子分部）工程验收是更高一个层次的汇总性检验。对于建筑设备监控系统子分部工程，质量验收合格的条件是：

（1）所含分项工程的质量均应验收合格；

（2）质量控制资料应完整；

（3）系统检测项目的抽检和复核结论应合格；

（4）观感质量应符合要求。

其中前两项条件与分项工程的检查验收条件相似。前者主要是保证验收范围全面，无论从项目和数量上均无缺漏，能够覆盖住有关分部（子分部）工程的全部内容。同时，前一层次有关分项工程的检查验收资料完整，这是汇总性检查验收的必要条件。另外补充了对于工程实体的现场观感质量抽查，和系统检测项目（主要功能）的抽检和复核。

观感质量检查的内容多为难以定量检测的定性判断项目，应由有经验的检查人员共同通过观察触摸（有时可辅以简单量测），经商讨后给予评价。由于完全是凭印象作出的判断，因此只能给出"好"、"一般"、"差"等定性结论。

而系统检测项目，是对建筑设备监控系统功能实现的综合性检查，因此具有更真实和更直接的意义。对反映实际工程的安全和使用功能有更强的可信度，对保证实际的工程质量具有重要意义。

建筑设备监控系统工程的建设目标是实现系统功能，因此规定在梯架、托盘、槽盒和导管安装，线缆敷设，探测器类设备安装，控制器类设备安装，其他设备安装，软件安装等分项工程完成后，应进行系统调试，确保功能实现。然后，应进行连续120h的系统试运行。试运行中出现系统故障时，应重新开始计时，直至连续运行满120h。这样可检验系统的稳定性。系统试运行合格后，进行系统检测。系统检测项目分为主控项目和一般项目，检测内容均为设计要求实现的各项功能，采用相应的检测方法详见第6.3.2节。主控项目全部合格，一般项目中最多有一项不合格时，系统检测合格。如果系统检测不合格，应限期对不合格项进行整改并重新检测，直至检测合格。而且，重新检测时抽检应扩大范围。

6.4.4 工程质量验收的结论与处理

1. 质量验收的结论

工程质量验收的结论分为合格和不合格两种。从检验批到分项工程，再到分部（子分部）工程验收合格的条件均见第6.4.3节。

当施工质量不符合要求时，施工单位应限期整改。建筑设备监控系统与暖通、给排水、建筑电气等属于机电安装工程，其施工验收往往因某些设备、器具的质量问题而不能通过验收。在检查和发现问题以后，更换有缺陷的设备、器具，则完全可以彻底消除质量缺陷而不应影响其正常的使用功能。任何单位和个人不得以初次验收不合格而禁止施工单位返工更换；也不得拒绝施工单位在返工更换后提出重新验收的要求。重新检验合格后，应该通过给予验收。

2. 竣工文件及存档

验收合格以后，建设单位应完成建设项目的竣工验收报告，并将有关的文件资料加以整理，一并上报备案。《建设工程质量管理条例》规定，建设单位应在规定时间内将竣工验收报告及有关文件报县级以上政府的建设行政主管部门或其他有关部门备案，否则不允许投入使用。

我国大多数建筑物的设计使用年限是50年，施工质量验收意味着对使用年限内的质量保证。而验收文件作为对质量的承诺，应在此期间内妥善地保存，作为正常物业管理的依据，并在必要时（如追究责任）发挥应有的作用。而建筑设备监控系统使用的均为电子产品，使用寿命约6～8年，因此后续会有更新改造。此外，在市场经济条件下，建筑物作为商品可以进行租赁买卖，会引起使用功能的变化；物业运行单位也可能重新招标而更换，可能引起操作模式和运行优化等方面的问题。因此，真实反映建筑实际情况的竣工验收资料是后续建筑寿命期内运行、改造等工作必不可少的技术依据。

现行行业标准《建筑工程资料管理规程》JGJ/T 185—2009[59] 将工程资料分为五大类：

A. 工程准备阶段文件：可分为决策立项文件、建设用地文件、勘察设计文件、招投标及合同文件、开工文件、商务文件 6 类；

B. 监理资料：可分为监理管理资料、进度控制资料、质量控制资料、造价控制资料、合同管理资料和竣工验收资料 6 类；

C. 施工资料：可分为施工管理资料、施工技术资料、施工进度及造价资料、施工物资资料、施工记录、施工试验记录及检测报告、施工质量验收记录、竣工验收资料 8 类；

D. 竣工图；

E. 工程竣工文件：可分为竣工验收文件、竣工决算文件、竣工交档文件、竣工总结文件 4 类。

其中，竣工图纸应包括系统设计说明、系统结构图、施工平面图和设备材料清单等内容，对于运行操作和节能优化等起着重要作用。建筑设备监控系统应该包括的具体内容详见第 5.1.2 节的规定。

第7章 运 行 和 维 护

单位工程竣工验收完成以后，建设、监理、设计、施工等各方对建筑物的合格质量已共同确认。验收工作的基本完成标志着施工阶段的结束，转而进入维护使用阶段。运行维护工作通常由物业公司为主，本章主要介绍技术上应注意的内容，而不涉及具体的管理规定。

1. 总体要求

监控系统的运行和维护应具备的条件包括建立技术档案和运行维护人员经过培训。工程验收时移交的技术资料包括竣工图纸、监控系统设备产品说明书、监控系统点表、调试方案、调试记录、监控系统技术操作和维护手册等。为保证监控系统的正常使用，物业管理或运行维护单位还需要根据实际情况建立健全相应的规章制度，包括岗位责任制、突发事件应急处理预案、运行值班制度、巡回检查制度、维修保养制度、事故报告制度等各项规章制度，还应有主要设备操作规程、常规运行调节总体方案、机房管理制度等，并应定期检查规章制度的执行情况且不断完善。根据我国工程验收的相关规定，验收时要求施工调试单位对运行维护人员应进行培训。此后，运行维护单位可自行组织对其操作人员的培训。

监控系统运行期间，应对操作人员的权限进行管理和记录。在第4章对管理功能的设计中，要求软件设置用户名登录等安全认证，不同的用户身份有不同的操作权限，如从只浏览参数到直接下发操作指令等。出于人员管理方面的考虑，要求对所有操作人员及其对应的管理权限有统一的管理和记录。

监控计算机不应安装与监控系统运行无关的应用软件。监控计算机在调试时已经把所需的相关应用软件安装好，且经过试运行和检测，最后通过验收才投入使用。如使用后再安装其他应用软件，有可能与现有软件用程序发生冲突，或者因新安装应用软件占用资源导致监控性能变差，甚至安装时感染病毒造成系统故障。因此，不允许在已投入使用的监控计算机上安装其他软件。

监控系统运行记录是对设备运行和维护情况的有效检验，也是对设备保养和节能优化控制的基础资料，应定期备份以便于进行统计分析和问题处理。根据本规范第4章设计要求，记录应至少保存1年并可导出到其他介质，推荐有条件时每半年就进行一次运行记录的导出和存放。需要注意的是，目前各厂家都有自己特定存储格式的历史数据库文件，只在归档时做格式转换。如果不做格式转换，通常就要带一个配套的查询分析工具，以便恢复历史库中的内容。

2. 维护保养要点

当对被监控动力设备进行维护保养时，应将手动/自动转换开关置于手动状态，并做好带电操作的防护工作及紧急处理措施。该开关的状态在监控系统的人机界面中可以看到，也可进一步避免误操作；另外，如维护保养后忘记恢复为自动状态，也可以在监控系统中给出提示信息,可以设置手动状态超过几个小时或一天后发出提示。

传感器应该定期进行维护保养,其维护保养周期的确定主要考虑两方面因素:一是测量仪表需要定期校验,在检定合格期内的测量精度才有保障,通常检测用仪表的检定周期为三~六个月;二是根据实际工程效果的调研,传感器实际无故障运行时间与设备种类和现场情况等相关,通常不到出厂值的一半。因此,推荐维护保养周期为一~三个月。做好定期维护保养,有利于提高实际的无故障运行时间并保证监控效果。

传感器维护保养的主要内容如下:

1)在人机界面上查看故障报警标识和显示数值。如果显示数值在正常范围内且没有故障报警信息,可初步判断传感器工作正常;

2)检查传感器的连接和工作状况。在现场检查是否仍符合验收合格的要求,如安装稳固、接线良好、工作电源电压正常稳定等;

3)清理敏感元件的杂物及污垢,必要时采取防腐措施。敏感元件如受污,会直接影响测量结果,与测量的介质和现场状况相关,需要定期清洁并采取必要的防腐措施;

4)检查无线式传感器的供电。关于无线式传感器的供电方式详见第 5.2.2 节,如采用电池供电的需要定期检查并更换。

执行器应该定期进行维护保养,推荐维护保养周期为三~六个月。维护保养的主要内容如下:

1)进行机械润滑及防腐处理;

2)在人机界面上查看故障报警标识;可以根据控制指令与执行状态反馈之间的偏差进行执行器的故障报警,在控制指令发出一段时间后执行器未做相应动作要在人机界面上提示;

3)检查执行器的接线和工作状况。包括执行器部件结合牢固、能完全打开和关闭、执行动作快速正确、调节过程稳定、反馈信号正确等,仍要满足验收合格的标准。

控制器应定期进行维护保养,推荐维护保养周期为三~六个月。维护保养的主要内容如下:

1)检查标识、接线和工作状况;

2)检查工作环境;

3)检查电池的电量;

4)清理控制器箱内的灰尘和杂物。

3. 运行优化建议

根据设计要求,监控系统对环境参数和设备运行及其能耗数据等都进行记录,这些运行记录是建筑能耗统计和建筑节能工作的基础。推荐每年对设备运行和能耗监测数据等记录进行分析,并提出自控程序的调整建议。在商业建筑竣工投入使用的过程中,前两三年内随着用户的使用,用户负荷从小到大,需要进行部分自控参数的调整。随着建筑使用情况不断稳定,也需要每年对监控系统的运行记录进行一次客观分析,这是运营管理水平的体现,也能反映建筑节能工作的推进。因为该工作技术要求较高,可能需要专门的节能服务或运行维护单位参与。

4. 常见故障处理

当被监控设备停止运行一个月及以上时,在重新运行前,应全面检查被监控设备及其监控设备。被监控设备诸如冷冻机组、锅炉、冷却塔和空调机组等可能每年都会停止使用几个月，被监控设备本身和与其相关的传感器、执行器和控制器等监控设备均需要全面检查，符合验收合格标准才可使用。

当传感器发生故障时，应将监控系统的手动/自动模式置于"手动"模式。维修或更换后，应恢复原有监控功能。传感器发生故障会由于输入数据的错误导致自控算法计算结果的错误，因此要求监控系统的手动/自动模式置于"手动"模式，由运行维护人员通过人机界面给出动作指令远程控制被监控设备的运行或者输入设定参数进行自控运行，此时相关被监控设备电气控制箱（柜）的手动/自动转换开关仍可保持"自动"状态。

当执行器发生故障时，应发出维修提示。维修或更换后，应恢复原有监控功能。需要说明的是，该情况下自控程序仍正常运行并输出结果，而执行器的反馈信号与控制指令不符，因此可以编制程序进行提示；但不影响监控系统的运行。

当控制器发生故障时，应将相关被监控设备电气控制箱（柜）的手动/自控转换开关置于"手动"状态。维修或更换后，应恢复原有监控功能。控制器发生故障会导致自控算法失效，因此要求被监控设备电气控制箱（柜）的手动/自动转换开关置于"手动"状态，由运行维护人员在现场通过电气控制箱（柜）上的启/停开关来控制被监控设备的运行。

当监控计算机发生故障时，应及时修复并恢复原有监控功能。建议定期对监控计算机的操作系统、监控组态程序和数据记录进行备份存档，以备维修或更新使用。

第三篇 工 程 案 例

本篇精心选取了三个不同的工程案例，详细介绍了第二篇介绍项目生命期中各阶段的主要技术文件和过程控制记录：

第8章案例A为重庆冷站自控项目，控制对象为大型超高层建筑的冷站和换热站。采用了典型的管理层（服务器）＋控制层（控制器）的二层架构设计，并选用了强弱电一体化的电控产品，降低了施工中与暖通和电气等专业接口协调的复杂性，同时预先编制了自控算法，减少了现场调试的工作量。对工程效果进行了连续一年的跟踪测试，冷站综合运行效率提升显著。

第9章案例B的控制对象包括了冷热源站和末端设备两个部分（其中末端设备为风机盘管），设计师灵活地采用了混合的结构：在冷热源部分采用二层架构，而在风机盘管联网控制部分则采取了三层架构。此外，该案例中还包括对给排水和照明的自控，并采集风机盘管的冷/热量数据用于空调计费管理。

第10章案例C的主要控制对象为变风量空调系统和呼吸式幕墙，需要综合考虑室温、新风、风平衡和节能的要求，自控算法非常复杂。选用管理层（服务器）＋控制层（区域网络控制器）＋现场层（变风量末端控制器）的三层架构。此外，该案例中还有对变配电和电梯等系统的监控集成。

　　三个案例均采用了标准化功能描述表格，可以看出：同类设备如定频风机（水泵）、变频风机（水泵）等，在监测、安全保护和远程控制等方面的要求是相同的，而自动控制算法则随系统形式和设备功能有所不同。这样分类归纳将更有利于共性基础的搭建，也使以后的设计师可以将主要精力放在个性自控算法的优化上了。

　　三个案例中的监控系统架构均按需要选择，因此实际设计中不要盲目追求先进，适用就是最好的。希望本篇介绍的案例能对实际工程的设计有一定的参考和启发。

第8章 案例 A：重庆冷站自控项目

8.1 案例综述

8.1.1 项目概况

案例 A 项目位于重庆市，是一座集国际标准甲级写字楼及高端商品零售的综合性超高层建筑，地上 60 层，地下 5 层。总建筑面积为 160795.69m²。建筑高度 279.5m（至顶层屋面），楼宇总高度 295m（至幕墙顶点）。主要使用功能为：地下五层至地下二层为停车场，地下一层至地上五层为店铺式精品商场，六、七层是餐饮和健身中心，八层为电影院，九层以上为高级写字楼。

此项目范围是对该建筑冷站的冷源和水系统进行综合节能控制，于 2011 年开始设计施工，2013 年完成验收。

8.1.2 项目难点

冷站群控一直是监控系统中的难点，从本书第一篇对国内工程的调研结果可以看出，目前冷热源系统监控相对较少，而且大部分只做到"只监不控"的程度，根据节能目标实现自动调节运行的工程几乎没有。现场施工安装方面，由于涉及多家产品厂商、多个专业施工方的沟通协调，往往出现沟通不畅、安装问题不能解决，从而导致最终整个冷源自控系统都无法正常工作。另外，现场传感器由于选型、安装及干扰等问题，不能够准确测量数据，也是节能控制策略最终不能达到效果的很大原因。

此项目的冷站设备多、水系统较为复杂，输送能耗占比高，节能潜力较大。对于此类型的空调冷源系统，在功能设计方面，需要综合考虑各被控设备之间的协调运行关系，才可能最终实现可靠节能的自动运行。

8.1.3 解决方案

本项目的被控设备分布相当分散，如：二级泵（为中高区服务的设于 26 层换热站）、冷却塔（10 层裙房屋面）就与冷机（地下 5 层的冷站）相去甚远，设备之间又因启停次序或控制逻辑而需要频繁通信，最好采用一种点对点（peer-to-peer）的对等网架构，允许设备控制器之间直接通信。基于这些考虑，本案采用了典型的管理层（服务器）＋控制层（控制器）的二层架构网络设计。

根据项目特点，为避免以往工程中常见的设计施工脱节、不同厂家产品不兼容的问题，此项目选用了强弱电一体式控制柜产品。以被控设备为对象选用控制柜，在产品出厂前完成柜内接线和部分调试测试工作，有效减少了现场施工调试的工作量。此项目共采用了 Techcon 节能专家控制柜 33 台（硬件点 625 个），控制器采用 LonWorks 总线，每台控制柜可实现对被控设备的"分散控制"，通过总线联网后可在监控机房的上位机进行"集中管理"。

控制器内嵌入了中央空调模块化控制算法，冷冻水泵除了传统的根据压差变频控制以外，还增加了压差设定值调节的控制策略；冷却水系统则采用了整体优化的控制算法，为了避免冷却塔水阀开关带来的水力不平衡问题和混水问题，采用冷却塔风机统一变频的控制策略。

本项目以实现冷站的节能运行为目标，现场调试过程中，对变频水泵/风机在不同频率下的实际运行功率都进行了测试记录。此外，对流量、温度等传感器都用外接仪表测试对比方式进行了校对。

8.1.4 获得效益

根据合同约定，此案例的验收内容主要为冷站的运行节能率。在 2013 年进行了一个完整制冷季的运行测试工作，并对运行数据进行了分析。分析结果显示，项目基本达到预期设计的控制效果，对比传统控制方式，节能效果可达 30％以上，按当地电价（0.8 元/kWh）核算，年节电费可达 120 万元。

8.2 功能设计

8.2.1 被控对象概述

本案例办公与商业的空调系统冷源统一设置，空调系统设计总冷负荷为 18305kW。选用水冷式离心冷水机组共 5 台，设计冷水供、回水温度为 6/11℃。空调水系统采用二级泵变流量闭式循环系统。本建筑为超高层，在 26 层热交换机房设有水—水板式换热器，水系统竖向分为低区和中、高区，主楼低区办公及裙楼各楼层冷水系统为直接连接，主楼中、高区办公楼层冷水系统通过板式换热器间接连接。被监控的冷源设备的性能参数见表8-1，冷站水系统图见图 8-1。

被监控冷源设备参数表   表 8-1

设备名称	台数	设备参数	设备编号
制冷主机	5 台	离心式冷水机组，额定制冷量 4220kW，额定功率 667kW	CH1～CH5
一级冷冻水循环泵	5 台	流量 800m³/h，扬程 20m，额定功率 75kW	CWP1～CWP5
低区商业区循环泵	3 台	流量 500m³/h，扬程 25m，额定功率 55kW	CWP2_1～CEP2_3
低区餐饮健身循环泵	2 台	流量 500m³/h，扬程 25m，额定功率 55kW	CWP2_4～CWP2_5
低区办公区循环泵	3 台	流量 350m³/h，扬程 25m，额定功率 37kW	CWP2_6～CWP_8
中区办公一次侧循环泵	2 台	流量 500m³/h，扬程 25m，额定功率 55kW	CWP2_9～CWP_10
高区办公一次侧循环泵	2 台	流量 500m³/h，扬程 25m，额定功率 55kW	CWP2_11～CWP2_12
中区办公二次侧循环泵	3 台	流量 350m³/h，扬程 25m，额定功率 37kW	CWP3_1～CWP3_3
高区办公二次侧循环泵	3 台	流量 350m³/h，扬程 25m，额定功率 37kW	CWP3_4～CWP3_6
冷却水泵	5 台	流量 1100m³/h，扬程 30m，额定功率 110kW	CHWP1～CHWP5
冷却塔（风扇）	10 台	额定功率 22kW	CT1～CT10

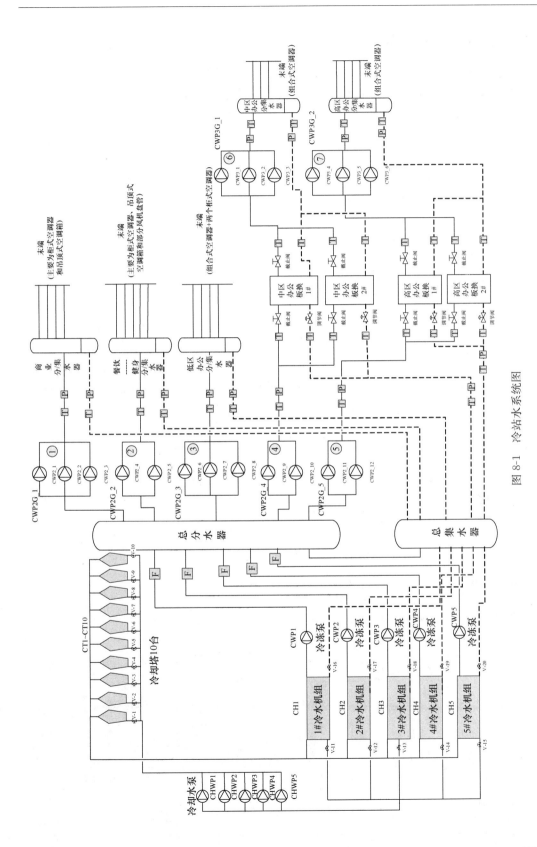

图 8-1 冷站水系统图

8.2.2 基本监控功能描述

要求实现对冷站设备的监测、安全保护、远程控制及自动控制功能。

监测功能包括对被控设备和系统参数的监测。被控设备有冷水机组、冷却水泵、冷却塔风机、一级冷冻泵、低区二级冷冻泵、中高区二级冷冻泵、中高区二次冷冻泵、开关蝶阀和板式换热器。系统参数主要有冷水供/回水温度和供/回水压力，冷却水供/回水温度，室外空气温、湿度。

安全保护功能包括各被控设备的故障报警和停机：冷水机组、冷却水泵、一级冷冻泵、低区二级冷冻泵、中高区二级冷冻泵、中高区二次冷冻泵、冷却塔风机和开关蝶阀。

在监控中心实现对各设备的远程控制，包括以下被控设备：冷水机组、冷却水泵、一级冷冻泵、低区二级冷冻泵、中高区二级冷冻泵、中高区二次冷冻泵、冷却塔风机、开关蝶阀、板式换热器调节阀等。

自动控制功能包括对各设备的自动启停和自动调节功能。自动启停包括冷机开、关机时与冷水泵、冷却水泵、冷却塔风机和相关水阀按顺序启动或停止；工作日和假日分别按照时间表开、关机。自动调节包括冷水机组台数，冷却水泵和一级冷冻泵台数，变频二级泵的台数和频率，冷却塔风机的台数和频率等。

1. 冷水机组

本项目共有 5 台离心式冷水机组，监控系统与冷水机组自带控制单元采用数据通信方式进行信息交互。实现的监控功能采用标准化功能描述表描述如下：

监测功能描述表

信息点	安装位置	采样方式		数据				显示方式		记录方式	
		周期性	数变就发	类型	取值范围	测量精度	状态说明	显示位置	允许延时	记录周期	记录时长
机组控制模式/就地远程状态	通信获得	10s	—	通断量	—	—	0：就地；1：远程	机房界面	10s	每次变化	1年
机组运行状态/运行停止状态	通信获得	10s	—	通断量	—	—	0：停止；1：启动	机房界面	10s	每次变化	1年
机组故障状态	通信获得	10s	—	通断量	—	—	0：正常；1：故障	机房界面	10s	每次变化	1年
冷凝器水流开关状态	通信获得	10s	—	通断量	—	—	0：无水；1：有水	机房界面	10s	每次变化	1年
蒸发器水流开关状态	通信获得	10s	—	通断量	—	—	0：无水；1：有水	机房界面	10s	每次变化	1年
蒸发器回水温度	通信获得	10s	—	连续量	—	—	—	机房界面	10s	900s	1年
蒸发器出水温度	通信获得	10s	—	连续量	—	—	—	机房界面	10s	900s	1年
冷凝器回水温度	通信获得	10s	—	连续量	—	—	—	机房界面	10s	900s	1年
冷凝器出水温度	通信获得	10s	—	连续量	—	—	—	机房界面	10s	900s	1年
压缩机电流百分比	通信获得	10s	—	连续量	—	—	—	机房界面	10s	900s	1年

续表

信息点	安装位置	采样方式		数据				显示方式		记录方式	
		周期性	数变就发	类型	取值范围	测量精度	状态说明	显示位置	允许延时	记录周期	记录时长
当前冷冻水出水温度设定值	通信获得	10s	—	连续量	—	—	—	机房界面	10s	900s	1年
冷冻水出水停机温度设定	通信获得	10s	—	连续量	—	—	—	机房界面	10s	900s	1年
系统运行时间	通信获得	10s	—	连续量	—	—	—	机房界面	10s	900s	1年
系统启动次数	通信获得	10s	—	连续量	—	—	—	机房界面	10s	900s	1年
油温	通信获得	10s	—	连续量	—	—	—	机房界面	10s	900s	1年
油压差	通信获得	10s	—	连续量	—	—	—	机房界面	10s	900s	1年
蒸发压力	通信获得	10s	—	连续量	—	—	—	机房界面	10s	900s	1年
冷凝压力	通信获得	10s	—	连续量	—	—	—	机房界面	10s	900s	1年
排气温度	通信获得	10s	—	连续量	—	—	—	机房界面	10s	900s	1年
蒸发饱和温度	通信获得	10s	—	连续量	—	—	—	机房界面	10s	900s	1年
冷凝饱和温度	通信获得	10s	—	连续量	—	—	—	机房界面	10s	900s	1年
当前满负荷控制电流百分比	通信获得	10s	—	连续量	—	—	—	机房界面	10s	900s	1年
历史故障代码1	通信获得	10s	—	连续量	—	—	—	机房界面	10s	900s	1年
历史故障代码2	通信获得	10s	—	连续量	—	—	—	机房界面	10s	900s	1年

安全保护功能描述表

安全保护内容	采样			触发阈值	动作	动作顺序	允许延时	记录时长
	采样点安装位置	采样方式						
		周期性	数变就发					
冷水机组故障保护	通信获得	10s	—	＝故障	停止冷水机组	1	10s	1年
					机房界面给出报警提示	2	10s	1年

远程控制功能描述表

被控设备	操作位置	允许延时	记录时长
冷水机组	机房界面	10s	1年

自动控制功能

① 冷水机组自动启停算法

冷水机组的自动启停需要满足与冷却泵、冷冻泵的启动顺序要求，且满足冷水机组自身启停时间间隔要求。

冷水机组自动启停功能算法信息点表

信息点	物理位置	数据			
		类型	取值范围	精度	状态说明
输入信息					
冷却水泵启停状态	水泵电控柜	通断量	{0，1}	—	0：停止 1：启动
冷冻水泵启停状态	水泵电控柜	通断量	{0，1}	—	0：停止 1：启动
输出信息					
冷水机组启停命令	冷机通信	通断量	{0，1}	—	0：停止 1：启动

　　冷水机组启动要求为：在冷水机组开启前，保证相应冷冻水泵、冷却水泵已开启。

　　冷水机组关闭要求为：在冷水机组关闭前，不能关闭相应的冷冻水泵和冷却水泵。

　　冷水机组启停时间间隔要求为：冷机开启后最短运行 60s 才可以关闭，关闭后 10 分钟后才可以再次开启。

　　② 冷水机组加减机算法

冷水机组自动加减机功能算法信息点表

信息点	物理位置	数据			
		类型	取值范围	精度	状态说明
输入信息					
1 号冷水机组 压缩机电流百分比	通信获得	连续量	0～100%	—	—
2 号冷水机组 压缩机电流百分比	通信获得	连续量	0～100%	—	—
3 号冷水机组 压缩机电流百分比	通信获得	连续量	0～100%	—	—
4 号冷水机组 压缩机电流百分比	通信获得	连续量	0～100%	—	—
5 号冷水机组 压缩机电流百分比	通信获得	连续量	0～100%	—	—
输出信息					
冷水机组启停命令	冷机通信	通断量	{0，1}	—	0：停止 1：启动
算法中间变量					
冷水机组运行台数	—	状态量	{0、1、2、3、4、5}	—	—

冷水机组自动加减机控制算法表

控制算法名称	冷水机组加减机算法	
触发方式	每15分钟	
条件	动作	目标
在1~5号冷水机组"压缩机电流百分比"≥90%时，且"冷水机组运行台数"<5时	令"冷水机组运行台数"=冷水机组运行台数+1（加开1台冷机）	—
在1~5号冷水机组"压缩机电流百分比"≥90%时，且"冷水机组运行台数"=5时	"冷水机组运行台数"不变	—
在[∑运行机组电流比/（冷水机组运行台数−1）]%≤80%且"冷水机组运行台数">1时	令"冷水机组运行台数"=冷水机组运行台数−1（停掉1台冷机）	—
在[∑运行机组电流比/（冷水机组运行台数−1）]%≤80%且"冷水机组运行台数"=1时	"冷水机组运行台数"不变	—

2. 定频水泵

此项目共有定频水泵10台，其中冷却水泵5台，一级冷冻水泵5台。实现功能如下：

监测功能描述表

信息点	安装位置	采样方式		数据				显示		记录	
		周期性	数变就发	类型	范围	精度	状态说明	位置	允许延时	周期	时长
手/自动转换开关	冷却泵电控柜	—	手动/自动	通断量	{0，1}	—	0，手动 1，自动	机房界面	10s	每次变化	1年
故障状态	冷却泵电控柜	—	正常/故障	通断量	{0，1}	—	0，正常 1，故障	机房界面	10s	每次变化	1年
启停状态	冷却泵电控柜	—	启动/停止	通断量	{0，1}	—	0，停止 1，启动	机房界面	10s	每次变化	1年
用电量	冷却泵电控柜	5min	—	连续量	0~∞kWh	0.01 kWh	—	机房界面	10s	900s	1年

安全保护功能描述表

安全保护内容	采样			触发阈值	动作	动作顺序	允许延时	记录时长
	采样点安装位置	采样方式						
		周期性	数变就发					
水泵故障保护	水泵电控柜	—	正常/故障	=故障	停止相应冷水机组	1	10s	1年
					停止相应水泵	2	10s	1年
					机房界面给出报警提示	3	10s	1年

远程控制功能描述表

被控设备	操作位置	允许延时	记录时长
冷却水泵/一级冷冻水泵	机房界面	10s	1 年

自动控制功能

① 冷却水泵自动控制功能

冷却水泵根据冷水机组启停命令自动联锁启停：冷却水泵在对应冷机开启之前开启，在对应冷机关闭之后关闭。

冷却水泵自动控制功能算法信息点表

信息点	物理位置	数　据			
		类型	取值范围	精度	状态说明
输入信息					
冷水机组启停状态	冷机通信	通断量	{0，1}	—	0：停止 1：启动
输出信息					
冷却水泵启停命令	冷却水泵电控柜	通断量	{0，1}	—	0：停止 1：启动

② 一级冷冻水泵自动控制功能

一级冷冻水泵根据冷水机组启停命令自动联锁启停：一级冷冻水泵在对应冷机开启之前开启；一级冷冻水泵在对应冷机关闭之后关闭。

一级冷冻水泵功能算法信息点表

信息点	物理位置	数　据			
		类型	取值范围	精度	状态说明
输入信息					
冷水机组启停状态	冷机通信	通断量	{0，1}	—	0：停止 1：启动
输出信息					
一级冷冻水泵启停命令	一级冷冻水泵电控柜	通断量	{0，1}	—	0：停止 1：启动

3. 变频水泵

此项目共有变频水泵 7 组 18 台，其中低区二级冷冻水泵 3 组 8 台，中高区二级冷冻水泵 2 组 4 台，中高区二次冷冻水泵 2 组 6 台，分别服务于三个低区、一个中区、一个高区共 5 个不同负荷区域的负荷需求。实现功能如下：

监测功能描述表

信息点	安装位置	采样方式		数据				显示		记录	
		周期性	数变就发	类型	范围	精度	状态说明	位置	允许延时	周期	时长
手/自动转换开关	电控柜	—	手动/自动	通断量	{0，1}	—	0，手动 1，自动	机房界面	10s	每次变化	1 年
故障状态	电控柜	—	正常/故障	通断量	{0，1}	—	0，正常 1，故障	机房界面	10s	每次变化	1 年

续表

信息点	安装位置	采样方式		数据				显示		记录	
		周期性	数变就发	类型	范围	精度	状态说明	位置	允许延时	周期	时长
启停状态	电控柜	—	启动/停止	通断量	{0, 1}	—	0, 停止 1, 启动	机房界面	10s	每次变化	1年
工频变频状态	电控柜	—	工频/变频	通断量	{0, 1}	—	0, 工频 1, 变频	机房界面	10s	每次变化	1年
频率反馈	电控柜	—	1Hz	连续量	0～50Hz	0.2Hz	—	机房界面	30s	900s	1年
用电量	电控柜	300s	—	连续量	0～∞kWh	0.01kWh	—	机房界面	10s	900s	1年

安全保护功能描述表

安全保护内容	采样			触发阈值	动作	动作顺序	允许延时	记录时长
	采样点安装位置	采样方式						
		周期性	数变就发					
水泵故障保护	水泵电控柜	—	正常/故障	＝故障	机房界面给出报警提示	1	10s	1年

远程控制功能描述表

被控设备	操作位置	允许延时	记录时长
二级泵/二次泵	机房界面	10s	1年

自动控制功能

1）低区二级泵及中高区二次泵自动控制算法

低区二级泵及中高区二次泵都是用于直接输送冷冻水到末端，自动控制目标是适应末端负荷需求变化自动调节水泵组的运行频率和台数，包括冷冻水泵频率自动调节算法（根据压差调节）和冷冻水压差设定值算法，具体算法描述如下。

① 冷冻水压差设定值算法

压差设定值算法信息点表

信息点	物理位置	数据			
		类型	取值范围	精度	状态说明
输入信息					
冷冻水供水压力	供水总管	连续量	0～2000kPa	1%	—
冷冻水回水压力	回水总管	连续量	0～2000kPa	1%	—
冷冻水供水温度	供水总管	连续量	0～50℃	0.3℃	—
冷冻水回水温度	回水总管	连续量	0～50℃	0.3℃	—
冷冻水供回水温差设定值	—	连续量	0～50℃	0.3℃	—
输出信息					
冷冻水供回水压差设定值	—	连续量	0～300kPa	2%	—
算法中间变量					
冷冻水供回水压差	—	连续量	0～300kPa	2%	—
冷冻水供回水温差	—	连续量	0～20℃	0.3℃	—

压差设定值算法描述

控制算法名称	冷冻水压差设定值算法	
触发方式	每 15min	
条　件	动　作	目　标
在"任一组内冷冻水泵启停状态反馈为启动"条件下	调节"冷冻水压差设定值"↑	使得"冷冻水供回水温差"↓→冷冻水供回水温差设定值
在"任一组内冷冻水泵启停状态反馈为启动"条件下	调节"冷冻水压差设定值"↓	使得"冷冻水供回水温差"↑→冷冻水供回水温差设定值
在"所有组内冷冻水泵启停状态反馈为关闭"条件下	维持"冷冻水压差设定值"→	—

② 冷冻水泵频率自动调节算法

冷冻水泵频率自动调节算法信息点表

信息点	物理位置	数据			
		类型	取值范围	精度	状态说明
输入信息					
冷冻水供水压力	供水总管	连续量	0～2000kPa	1%	—
冷冻水回水压力	回水总管	连续量	0～2000kPa	1%	—
输出信息					
冷冻水泵频率	—	连续量	0～50Hz	1%	—

冷冻水泵频率自动调节算法描述

控制算法名称	冷冻水泵频率自动调节算法	
触发方式	每 30s	
条　件	动　作	目　标
在"冷冻水泵启停状态反馈为关闭"条件下	令"冷冻水泵频率"＝0	—
在"冷冻水泵启停状态反馈为启动"条件下	调节"冷冻水泵频率"↑	使得"冷冻水供回水压差"↑→冷冻水供回水压差设定值
在"冷冻水泵启停状态反馈为启动"条件下	调节"冷冻水泵频率"↓	使得"冷冻水供回水压差"↓→冷冻水供回水压差设定值

2）中高区二级泵自动控制算法

中高区二级泵将冷冻水输送到板式换热器，控制其频率和台数可以改变板换二次侧供水参数。中高区二级冷冻泵（板换一次侧冷冻泵）频率自动调节算法如下表：

中高区二级冷冻泵自动调节功能算法信息点

信息点	物理位置	数据			
		类型	取值范围	精度	状态说明
输入信息					
板换二次侧供水温度	板换二次侧供水总管	连续量	0～50℃	0.3℃	—
输出信息					
冷冻水泵频率	—	连续量	0～50Hz	相对精度1%	—

中高区二级冷冻泵自动调节功能算法描述

控制算法名称	冷冻水泵频率自动调节算法	
触发方式	每 30s	
条　件	动　作	目　标
在"冷冻水泵启停状态反馈为关闭"条件下	令"冷冻水泵频率"＝0	—

控制算法名称	冷冻水泵频率自动调节算法	
在"冷冻水泵启停状态反馈为启动"条件下	调节"冷冻水泵频率"↑	使得"板换二次侧供水温度"↑→冷冻水供水温度设定值
在"冷冻水泵启停状态反馈为启动"条件下	调节"冷冻水泵频率"↓	使得"板换二次侧供水温度"↓→冷冻水供水温度设定值

4. 冷却塔风机

此项目共 10 台冷却塔风机（均为变频），冷却塔全部共管连接。

监测功能描述描述表

信息点	采集位置	采样方式		数据				显示		记录	
		周期性	数变就发	类型	取值范围	精度	状态说明	显示位置	允许延时	记录周期	记录时长
手/自动转换开关	电控柜	—	手动/自动	通断量	{0，1}	—	0，手动 1，自动	监控界面	30s	900s	1年
故障状态	电控柜	—	正常/故障	通断量	{0，1}	—	0，正常 1，故障	监控界面	30s	900s	1年
运行停止状态	电控柜	—	启动/停止	通断量	{0，1}	—	0，停止 1，启动	监控界面	30s	900s	1年
工/变频状态	电控柜	—	工频/变频	通断量	{0，1}	—	0，工频 1，变频	监控界面	30s	900s	1年
频率反馈	电控柜	—	1Hz	连续量	0~50Hz	0.1Hz	—	监控界面	30s	900s	1年
用电量	电控柜	300s	—	连续量	0~∞kWh	0.01kWh	—	监控界面	30s	900s	1年

安全保护功能描述表

安全保护内容	采样			触发阈值	动作	动作顺序	允许延时	记录时长
	采样点安装位置	采样方式						
		周期性	数变就发					
风机故障保护	冷却泵电控柜	—	正常/故障	＝故障	机房界面给出报警提示	1	10s	1年

远程控制功能描述表

被控设备	操作位置	允许延时	记录时长
冷却塔风机	机房界面	10s	1年

自动控制功能

此项目冷却塔采取全开全关、统一变频方式进行控制，具体频率自动控制算法如下表所示：

冷却塔风机自动控制算法信息点

信息点	物理位置	数据			
		类型	取值范围	精度	状态说明
输入信息					
1 号冷水机组启停状态	冷机通信	通断量	{0，1}	—	0：停止 1：启动
2 号冷水机组启停状态	冷机通信	通断量	{0，1}	—	0：停止 1：启动
3 号冷水机组启停状态	冷机通信	通断量	{0，1}	—	0：停止 1：启动
4 号冷水机组启停状态	冷机通信	通断量	{0，1}	—	0：停止 1：启动
5 号冷水机组启停状态	冷机通信	通断量	{0，1}	—	0：停止 1：启动
输出信息					
冷冻水泵频率	—	连续量	0~50Hz	1%	—
算法中间变量					
冷水机组运行台数	—	状态量	{0、1、2、3、4、5}	—	—

冷却塔风机频率自动控制算法描述

控制算法名称	冷却塔风机频率自动调节算法	
触发方式	每 30s	
条件	动作	目标
在"冷水机组运行台数"为 0 条件下	令"冷却塔风机频率"＝0	—
在"冷水机组运行台数"≥1 且 "冷却水回水温度"≥24℃条件下	调节"冷却塔风机频率" ＝50×冷水机组开启台数/5（Hz）	—
在"冷水机组运行台数"≥1 且"冷却水回水温度"≤24℃条件下	令"冷却塔风机频率"＝0	—

5. 开关蝶阀

此项目共有 28 个开关蝶阀，包括 10 个冷却塔水阀，10 个冷机水阀和 8 个板换出入口水阀。实现功能如下：

监测功能描述表

信息点	采集位置	采样方式		数据				显示		记录	
		周期性	数变就发	类型	取值范围	测量精度	状态说明	显示位置	允许延时	记录周期	记录时长
开关状态	阀门电控柜	—	开启/关闭	通断量	{0，1}	—	0，关闭 1，开启	监控界面	30s	900s	1 年

安全保护功能描述表

安全保护内容	采样点安装位置	采样		触发阈值	动作	动作顺序	允许延时	记录时长
		周期性	数变就发					
阀门故障保护	阀门电控柜	—	正常/故障	＝故障	机房界面给出报警提示	1	10s	1 年

远程控制功能描述表

被控设备	操作位置	允许延时	记录时长
阀门	机房界面	10s	1年

自动控制功能

此项目实现对开关蝶阀根据相应水泵启停命令，自动联锁启停：开关蝶阀跟随相应水泵连锁开启，且在相应水泵开启前开启，在相应水泵关闭后关闭。

开关蝶阀自动控制功能算法信息点

信息点	物理位置	数 据			
		类型	取值范围	精度	状态说明
输入信息					
相应水泵启停状态	水泵电控柜	通断量	{0，1}	—	0：停止 1：启动
输出信息					
蝶阀启停命令	阀门电控柜	通断量	{0，1}	—	0：关闭 1：开启

6. 板式换热器

此项目中高区各2个板式换热器，共4个，在每个板换一次侧入口均设一个调节阀。实现功能如下：

监测功能描述表

信息点	采集位置	采样方式		测量数据				显示		记录	
		周期性	数变就发	类型	范围	精度	状态说明	位置	允许延时	记录周期	记录时长
板换一次侧入口温度	板换一次侧入口管道	—	0.1℃	连续量	0～50℃	0.3℃	—	机房界面	30s	900s	1年
板换一次侧出口温度	板换一次侧出口管道	—	0.1℃	连续量	0～50℃	0.3℃	—	机房界面	30s	900s	1年
板换二次侧入口温度	板换二次侧入口管道	—	0.1℃	连续量	0～50℃	0.3℃	—	机房界面	30s	900s	1年
板换二次侧出口温度	板换二次侧出口管道	—	0.1℃	连续量	0～50℃	0.3℃	—	机房界面	30s	900s	1年
阀位反馈	阀门执行器	—	0.1%	连续量	0～100%	0.2%	—	机房界面	30s	900s	1年

远程控制功能描述表

被控设备	操作位置	允许延时	记录时长
阀门	机房界面	10s	1年

自动控制功能

对板式换热器的自动控制主要是对一次侧调节阀的开度调节：正常运行时为全开，当板换一次侧的二级泵频率和台数达到下限，仍需降低一次侧流量时，则调节此阀开度。

板式换热器自动控制算法信息点表

信息点	物理位置	数据			
		类型	取值范围	精度	状态说明
输入信息					
对应一次侧水泵频率	水泵电控柜	连续量	0～50Hz	0.1Hz	—
输出信息					
板换调节阀开度控制	阀门执行器	连续量	0～100%	0.2%	—
对应一次侧水泵台数	—	状态量	{0，1，2}		

7. 水管路及其他系统参数监测

除上述各设备相关参数监测外，还应有管道（包含 7 组冷冻水泵组总管及一组冷却水总管）和环境等其他相关参数监测，具体监测功能描述如下表：

信息点	采集位置	采样方式		数据				显示方式		记录方式	
		周期性	数变就发	类型	取值范围	精度范围	状态说明	显示位置	允许延时	记录周期	记录时长
1-7 号水泵组供水压力	1-7 号水泵组供水总管	—	1kPa	连续量	0～2000kPa	0.5%	—	机房界面	30s	900s	1 年
1-7 号水泵组回水压力	1-7 号水泵组回水总管	—	1kPa	连续量	0～2000kPa	0.5%	—	机房界面	30s	900s	1 年
1-7 号水泵组供水温度	1-7 号水泵组供水总管	—	0.1℃	连续量	0～50℃	0.3℃	—	机房界面	30s	900s	1 年
1-7 号水泵组回水温度	1-7 号水泵组回水总管	—	0.1℃	连续量	0～50℃	0.3℃	—	机房界面	30s	900s	1 年
冷却水供水温度	冷却塔到冷水机组供水总管	—	0.1℃	连续量	0～50℃	0.3℃	—	机房界面	30s	900s	1 年
冷却水回水温度	冷却塔到冷水机组回水总管	—	0.1℃	连续量	0～50℃	0.3℃	—	机房界面	30s	900s	1 年
室外温度	室外	—	0.1℃	连续量	0～50℃	0.3℃	—	机房界面	30s	900s	1 年
室外湿度	室外	—	1%	连续量	0～100%	5%	—	机房界面	30s	900s	1 年

注：水泵编号参见系统图 8-1。

8.2.3 管理分析功能描述

在实现以上监控功能的基础上，还需要实现管理分析功能如下：

1. 运行管理功能

（1）设备监测控制信息点图形化展示

按照冷源、低区二级泵、中高区负荷侧水泵的划分，分页面展示设备、管道监测信息点信息。各信息点可以选择某一时刻或某一时段数值或者曲线展示。

（2）手动、节能、常规模式切换及当前模式情况显示

为方便节能运行效果对比，设计手动、节能和常规三种模式：

① 手动模式

选择此模式后，可以在IDCS组态页面中手动选择要启停的设备。

此模式下有必要的开启顺序安全保护：如开启泵之前，必须开启相应阀门；开启冷机前，必须开启冷冻水泵和冷水水泵等。当操作有误时，页面给予提示。

② 常规模式

选择此模式后，可在组态界面中选择启动制冷/制热命令后，按照常规工频方式运行系统，如对各个泵组进行工频运行，风机采取成组开关并工频运行等。选择后程序将自动按顺序进行启动，但选择常规模式的模块将不再进行节能控制，实现单组或整个系统的工频运行。

③ 节能模式

当选择此模式后，可在组态界面中选择启动制冷/制热命令后，选择要启动的机组和负荷侧泵组后，程序将自动按顺序启动和控制相关设备运行。运行过程中将给出专家提示。

（3）分级别用户登录权限管理

① 管理员权限

可以查看所有信息点实时及历史数据，可以控制设备及系统运行，可以进入管理模式，进行后台程序、时间表、报表、界面等编辑。

② 用户控制权限

可以查看所有信息点实时及历史数据，可以控制设备及系统运行，可以打印报表，修改时间计划表等。

③ 用户查看权限

可以查看所有信息点实时及历史数据。

④ 根据用户需求定义其他部分权限

如只能查看部分设备的信息或部分设备的控制等。

（4）数据报表功能

可以对预定制好的数据报表进行定时打印输出功能。

2. 清洗维护提示

运行时间、故障及处理时间累计，启动次数统计。

根据各设备预设定的清洗维护条件，给出清洗维护提示。

3. 异常提示

传感器异常：传感器反馈数据超出正常范围。

执行器异常：执行器反馈数据与发出指令不符。

4. 运行分析

包括：设备耗电量分析和冷站运行能效分析。

8.3 系统配置

8.3.1 设计说明

1. 设计范围

冷站节能自控系统的设计，包括系统网络设计、控制设备选型、控制点表统计、施工图设计、接线图设计以及控制算法分配等。

2. 系统设计

系统网络结构分为二级：

第一级为中央工作站，即控制中心，控制中心位于 B5 冷冻站值班室内。中央工作站系统由 PC 主机、彩色显示器及打印机组成，是系统的核心，整个冷源系统所受监控的机电设备都在这里进行集中管理和显示，它可以直接和以太网相连。

第二级为节能专家控制柜，节能专家控制柜为强弱电一体控制柜。选用了冷却塔节能控制柜、冷却水泵节能控制柜、冷冻水泵节能控制柜等。节能专家一体式控制柜将变频器及其他强电回路与现场控制器设备集成一体，每个控制器采用面向对象的设计方式。在控制柜出厂时，即可以将面向对象的控制程序预先下载进相应控制柜并进行调试。可以有效减少现场工作量，降低现场程序编制的随机性。同时可以减少现场自控与强电设备厂商配合带来的沟通问题，提高工作效率。

为实现设备监控所需的现场传感器和执行机构，接入相应的节能专家控制柜中，现场监控设备随被控设备就近设置。

3. 施工要点

节能专家控制柜采用落地明装，柜体底部设槽钢支架。

通信线与综合布线同桥架暗敷设，无综合布线桥架处采用 DN25 钢管明敷设，通信线缆型号采用 RVS2 * 1.0。

8.3.2 系统图

根据功能设计要求结合专家控制柜性能参数，计算并配置相应设备控制柜并进行网络构架系统图设计。设备网络构架系统图包括系统网络构架、设备编号及位置等，如图 8-2 (a) 所示。系统架构（包括可延续的远程服务）示意如图 8-2 (b) 所示。

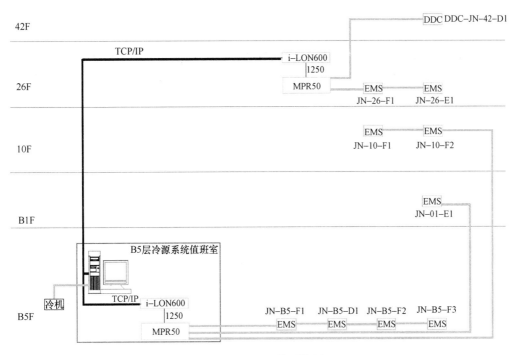

图 8-2 (a) 监控系统图

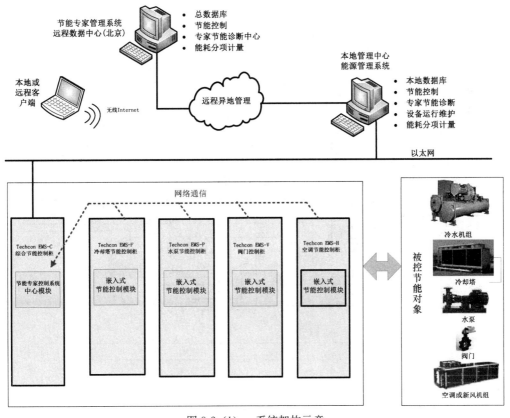

图 8-2 (b) 系统架构示意

8.3.3 监控原理图

本项目根据物理位置不同，将监控对象分为 B5 冷源站、低区冷冻水系统和中高区冷冻水系统三个部分，监控原理图也相应分为三部分，分别见图 8-3～图 8-5。

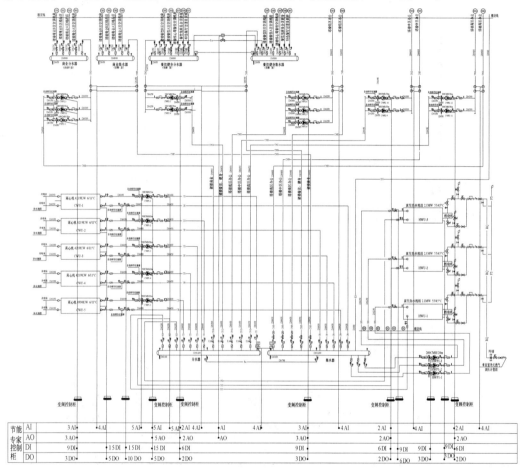

图 8-3 冷站系统监控原理图

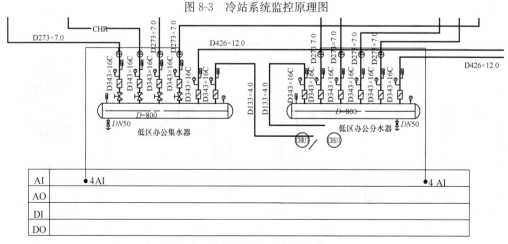

图 8-4 低区冷冻水系统控制原理图

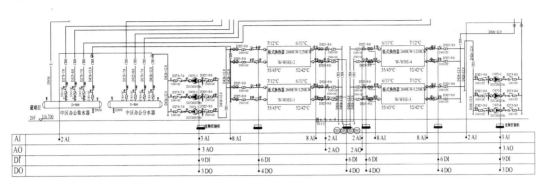

图 8-5　中高区冷冻水系统控制原理图

8.3.4　监控点表

根据功能设计中对各设备的监控功能需求，结合设备配置数量，可以统计设备监控点表如表 8-2 所示，根据物理位置分为 a、b、c 三部分。

冷站群控系统监控点表（B5 冷冻机房部分）　　　　　表 8-2（a）

序号	设备 \ 控制功能	台数	输入		输出	
			DI	AI	DO	AO
JN-B5-F1	冷冻水管路	1				
	冷冻水供水温度			1		
	冷冻水回水温度			1		
	冷冻水供水流量			5		
	冷冻水供水压力			1		
	冷冻水回水压力			1		
	离心冷机	4				
	机组运行状态		4			
	机组手/自动状态		4			
	机组故障报警		4			
	机组启/停控制				4	
	冷却水泵	4				
	水泵运行状态		4			
	水泵手/自动状态		4			
	水泵故障报警		4			
	水泵启/停控制				4	
	冷冻水泵-冷源侧	4				
	变频器启停控制				4	
	变频器故障报警		4			
	变频器手自动状态		4			
	变频器运行状态		4			

序号	设备\控制功能	台数	输入		输出	
			DI	AI	DO	AO
	变频控制					4
	频率反馈			4		
	冷冻水回水蝶阀状态反馈\手自动状态	4	12			
	冷冻水回水蝶阀控制	4			8	
	冷却供水蝶阀状态反馈\手自动状态	4	12			
	冷却供水蝶阀控制	4			8	
	冷却回水蝶阀状态反馈\手自动状态	4	12			
	冷却回水蝶阀控制	4			8	
	小计		72	13	36	4
			85		40	
	配置：TECHCON1009L-D	6	96		72	
	继电器	36				
	TECHCON-PANEL-F1	1				
	配置点数小计		96		72	
JN-B5-E1	离心冷机	1				
	机组运行状态		1			
	机组手/自动状态		1			
	机组故障报警		1			
	机组启/停控制				1	
	冷却水泵	1				
	水泵运行状态		1			
	水泵手/自动状态		1			
	水泵故障报警		1			
	水泵启/停控制				1	
	冷冻水泵-冷源侧	1				
	变频器启停控制				1	
	变频器故障报警		1			
	变频器手自动状态		1			
	变频器运行状态		1			
	变频控制					1
	频率反馈			1		
	冷冻水回水蝶阀状态反馈\手自动状态	1	3			
	冷冻水回水蝶阀控制	1			2	
	冷却供水蝶阀状态反馈\手自动状态	1	3			
	冷却供水蝶阀控制				2	

序号	设备＼控制功能	台数	输入		输出	
			DI	AI	DO	AO
	冷却回水蝶阀状态反馈＼手自动状态	1	3			
	冷却回水蝶阀控制				2	
	小计		18	1	9	1
			19		10	
	配置：TECHCON1009L-D	2	32		24	
	继电器	9				
	TECHCON-PANEL-E1	1				
	配置点数小计		32		24	
JN-B5-F2	冷冻水工况-裙楼商业	3				
	冷冻水供水温度			1		
	冷冻水回水温度			1		
	冷冻水供水压力			1		
	冷冻水回水压力			1		
	变频器启停控制				3	
	变频器故障报警		3			
	变频器手自动状态		3			
	变频器运行状态		3			
	变频控制					3
	频率反馈			3		
	冷冻水泵-裙楼餐饮、健身	2				
	变频器启停控制				2	
	变频器故障报警		2			
	变频器手自动状态		2			
	变频器运行状态		2			
	变频控制					2
	频率反馈			2		
	冷冻水工况-裙楼餐饮、健身	2				
	冷冻水供水温度			1		
	冷冻水回水温度			1		
	冷冻水供水压力			1		
	冷冻水回水压力			1		
	旁通阀			1		1
	冷冻水泵-塔楼低区办公	3				
	变频器启停控制				3	
	变频器故障报警		3			

序号	设备 \ 控制功能	台数	输入		输出	
			DI	AI	DO	AO
	变频器手自动状态		3			
	变频器运行状态		3			
	变频控制					3
	频率反馈			3		
	冷冻水工况-塔楼低区办公	2				
	冷冻水供水温度			1		
	冷冻水回水温度			1		
	冷冻水供水压力			1		
	冷冻水回水压力			1		
	小计		24	21	8	9
			45		17	
	配置：TECHCON1009L-D	3	48		36	
	继电器	8				
	TECHCON-PANEL-F1	1				
	配置点数小计		48		36	
JN-B5-F3	冷冻水泵-塔楼中区办公	2				
	变频器启停控制				2	
	变频器故障报警		2			
	变频器手自动状态		2			
	变频器运行状态		2			
	变频控制					2
	频率反馈			2		
	冷冻水工况塔楼-中区办公	2				
	冷冻水供水温度			1		
	冷冻水回水温度			1		
	冷冻水供水压力			1		
	冷冻水回水压力			1		
	冷冻水泵-塔楼高区办公	2				
	变频器启停控制				2	
	变频器故障报警		2			
	变频器手自动状态		2			
	变频器运行状态		2			
	变频控制					2
	频率反馈			2		

续表

序号	设备 \ 控制功能	台数	输入		输出	
			DI	AI	DO	AO
	冷冻水工况塔楼-高区办公	2				
	冷冻水供水温度			1		
	冷冻水回水温度			1		
	冷冻水供水压力			1		
	冷冻水回水压力			1		
	小计		12	12	4	4
			24		8	
	配置：TECHCON1009L-D	2	32		24	
	继电器	4				
	TECHCON-PANEL-F1	1				
	配置点数小计		32		24	

冷站群控系统监控点表（裙房 10 层屋顶冷却塔部分）　　表 8-2（b）

序号	设备 \ 控制功能	台数	输入		输出	
			DI	AI	DO	AO
JN-10-F1	冷却塔	5				
	液位开关（高）		5			
	液位开关（低）		5			
	冷冻水供水蝶阀状态反馈 \ 手自动状态	10	30			
	开关蝶阀控制	10			20	
	变频器启停控制				5	
	变频器故障报警		5			
	变频器手自动状态		5			
	变频器运行状态		5			
	变频控制					5
	频率反馈			5		
	供回水温度			2		
	室外温湿度	2		4		
	小计		55	11	25	5
			66		30	
	配置：TECHCON1009L-D	5	80		60	
	继电器	25				
	TECHCON-PANEL-F1	1				
	配置点数小计		80		60	

续表

序号	设备 \ 控制功能	台数	输入		输出	
			DI	AI	DO	AO
JN-10-F2	冷却塔	5				
	液位开关（高）		5			
	液位开关（低）		5			
	蝶阀状态反馈 \ 手自动状态	10	30			
	开关蝶阀控制	10			20	
	变频器启停控制				5	
	变频器故障报警		5			
	变频器手自动状态		5			
	变频器运行状态		5			
	变频控制					5
	频率反馈			5		
	小计		55	5	25	5
			60		30	
	配置：TECHCON1009L-D	5	80		60	
	继电器	25				
	TECHCON-PANEL-F1	1				
	配置点数小计		80		60	

冷站群控系统监控点表（设备层 26 层中高区换热站部分） 表 8-2（c）

序号	设备 \ 控制功能	台数	输入		输出	
			DI	AI	DO	AO
JN-26-F1	中区办公板式热交换器 26F	2				
	一次供/回水温度			4		
	二次供/回水温度			4		
	一次供/回水压力			4		
	二次供/回水压力			4		
	调节蝶阀	2		2		2
	开关蝶阀状态反馈 \ 手自动状态	4	12			
	开关蝶阀控制	4			8	
	中区办公循环水泵 26F	3				
	变频器启停控制				3	
	变频器故障报警		3			
	变频器手自动状态		3			
	变频器运行状态		3			
	变频控制					3

续表

序号	设备 \ 控制功能	台数	输入		输出	
			DI	AI	DO	AO
	频率反馈			3		
	总供水压力			1		
	总回水压力			1		
	小计		21	23	11	5
			44		16	
	配置：TECHCON1009L-D	3	48		36	
	继电器	11				
	TECHCON-PANEL-F1	1				
	配置点数小计		48		36	
JN-26-E2	高区办公板式热交换器 26F	2				
	一次供/回水温度			4		
	二次供/回水温度			4		
	一次供/回水压力			4		
	二次供/回水压力			4		
	调节蝶阀	2		2		2
	开关蝶阀	4	12		8	
	高区办公循环水泵 26F	3				
	变频器启停控制				3	
	变频器故障报警		3			
	变频器手自动状态		3			
	变频器运行状态		3			
	变频控制					3
	频率反馈			3		
	总供水压力			1		
	总回水压力			1		
	小计		21	23	11	5
			44		16	
	配置：TECHCON1009L-D	3	48		36	
	继电器	11				
	TECHCON-PANEL-E1	1				
	配置点数小计		48		36	

8.3.5 施工平面图

B5 冷冻机房部分的施工平面图见图 8-6。

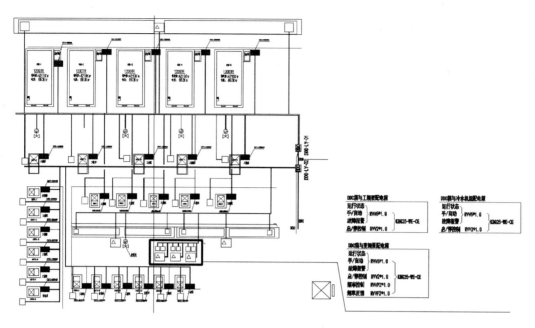

图 8-6　施工平面图

8.3.6　控制器柜接线图表

每台控制柜都设计有内部接线图，下面以 JN-B5-F1 控制柜为例，接线图见图 8-7。

CH1_S	UI1	UO1	CH1_C
CH1_M	UI2	UO2	CHWP1_C
CH1_T	UI3	UO3	CWP1_C
CHWP1_1_S	UI4	UO4	CHWIV1_1_OC
CHWP1_1_M	UI5	UO5	CHWIV1_1_OC
CHWP1_1_T	UI6	UO6	CWIV1_1_OC
CWP1_1_S	UI7	UO7	CWIV1_1_OC
CWP1_1_M	UI8	UO8	CWIV1_2_OC
CWP1_1_T	UI9	UO9	CWIV1_2_OC
CHWIV1_1_O	UI10	UO10	CHWP1_1_VSDC
CHWIV1_1_C	UI11	UO11	
CWIV1_1_O	UI12	UO12	
CWIV1_1_C	UI13		
CWIV1_2_O	UI14		
CWIV1_2_C	UI15	空	
CHWP1_1_VSD	UI16		

JN-B5-F1-1009L-D-1(CHILLED GROUP 1)

CH2_S	UI1	UO1	CH2_C
CH2_M	UI2	UO2	CHWP2_C
CH2_T	UI3	UO3	CWP2_C
CHWP1_2_S	UI4	UO4	CHWIV1_2_OC
CHWP1_2_M	UI5	UO5	CHWIV1_2_OC
CHWP1_2_T	UI6	UO6	CWIV2_1_OC
CWP1_2_S	UI7	UO7	CWIV2_1_OC
CWP1_2_M	UI8	UO8	CWIV2_2_OC
CWP1_2_T	UI9	UO9	CWIV2_2_OC
CHWIV1_2_O	UI10	UO10	CHWP1_2_VSDC
CHWIV1_2_C	UI11	UO11	
CWIV2_1_O	UI12	UO12	
CWIV2_1_C	UI13		
CWIV2_2_O	UI14		
CWIV2_2_C	UI15	空	
CHWP1_2_VSD	UI16		

JN-B5-F1-1009L-D-2(CHILLED GROUP 2)

CH3_S	UI1	UO1	CH3_C
CH3_M	UI2	UO2	CHWP3_C
CH3_T	UI3	UO3	CWP3_C
CHWP1_3_S	UI4	UO4	CHWIV1_3_OC
CHWP1_3_M	UI5	UO5	CHWIV1_3_OC
CHWP1_3_T	UI6	UO6	CWIV3_1_OC
CWP1_3_S	UI7	UO7	CWIV3_1_OC
CWP1_3_M	UI8	UO8	CWIV3_2_OC
CWP1_3_T	UI9	UO9	CWIV3_2_OC
CHWIV1_3_O	UI10	UO10	CHWP1_3_VSDC
CHWIV1_3_C	UI11	UO11	
CWIV3_1_O	UI12	UO12	
CWIV3_1_C	UI13		
CWIV3_2_O	UI14		
CWIV3_2_C	UI15	空	
CHWP1_3_VSD	UI16		

JN-B5-F1-1009L-D-3(CHILLED GROUP 3)

CH4_S	UI1	UO1	CH4_C
CH4_M	UI2	UO2	CHWP4_C
CH4_T	UI3	UO3	CWP4_C
CHWP1_4_S	UI4	UO4	CHWIV1_4_OC
CHWP1_4_M	UI5	UO5	CHWIV1_4_OC
CHWP1_4_T	UI6	UO6	CWIV4_1_OC
CWP1_4_S	UI7	UO7	CWIV4_1_OC
CWP1_4_M	UI8	UO8	CWIV4_2_OC
CWP1_4_T	UI9	UO9	CWIV4_2_OC
CHWIV1_4_O	UI10	UO10	CHWP1_4_VSDC
CHWIV1_4_C	UI11	UO11	
CWIV4_1_O	UI12	UO12	
CWIV4_1_C	UI13		
CWIV4_2_O	UI14		
CWIV4_2_C	UI15	空	
CHWP1_4_VSD	UI16		

JN-B5-F1-1009L-D-4(CHILLED GROUP 4)

图 8-7　控制器柜接线图示例（一）

图 8-7　控制器柜接线图示例（二）

根据表 8-2a，该控制柜内含 6 个控制模块。

8.3.7　控制算法分配表

功能设计中的各控制算法分别下载到不同控制器中，具体分配见表 8-3。

冷站监控系统控制算法分配表　　　　　　　表 8-3

位置	机柜编号	控制器编号	控制对象	控制算法
B5	JN-B5-F1	1#	1-4#冷水机组、相关蝶阀、冷冻水泵及冷却水泵	冷机顺序启停、加减机控制算法
		2#		
		3#		
		4#		
		5#		
		6#		
	JN-B5-E1	1#	5#冷水机组、相关蝶阀、冷冻水泵及冷却水泵	冷机顺序启停、加减机控制算法
		2#		
	JN-B5-F2	1#	冷冻水泵-裙楼商业	低区二级泵调节控制算法
		2#	冷冻水泵-裙楼餐饮、健身	
		3#	冷冻水泵-塔楼低区办公	
	JN-B5-F3	1#	冷冻水泵-塔楼中区办公	中区二级泵调节控制算法
		2#	冷冻水泵-塔楼高区办公	高区二级泵调节控制算法
F10	JN-10-F1	1#	1#冷却塔及相关蝶阀	冷却塔风机控制算法
		2#	2#冷却塔及相关蝶阀	
		3#	3#冷却塔及相关蝶阀	
		4#	4#冷却塔及相关蝶阀	
		5#	5#冷却塔及相关蝶阀	
	JN-10-F2	1#	6#冷却塔及相关蝶阀	
		2#	7#冷却塔及相关蝶阀	
		3#	8#冷却塔及相关蝶阀	
		4#	9#冷却塔及相关蝶阀	
		5#	10#冷却塔及相关蝶阀	

续表

位置	机柜编号	控制器编号	控制对象	控制算法
F26	JN-26-F1	1#	中区二次循环泵及板换	中区循环泵及板换控制调节算法
		2#		
		3#		
	JN-26-E1	1#	高区二次循环泵及板换	高区循环泵及板换控制调节算法
		2#		
		3#		

8.3.8 设备材料表

工程中采购的主要设备和材料见表 8-4。

设备材料表 表 8-4

序号	设备名称		型号	数量	单位
中控室设备					
1	能源管理软件平台	Techcon EMS 能源管理软件平台		1	套
		EMS 能源管理服务器	清华同方超扬 Z700	1	台
		EMS 能源管理软件	TechconezEMSV1.0	1	套
		CAN 通信模块	Techcon809-PC-CAN	1	台
		网关及机柜	Techcon809-GTW-MOD	4	台
		打印机		1	台
2	能源管理工作站	Techcon-EMS-STATION		1	台
		19 寸机柜		1	台
		上位机组态软件	Techview-iDCS-RU	1	套
		工控机及触摸屏		1	台
		UPS 电源		1	台
3	冷水机组网关	冷水机组网关		5	套
控制设备					
1	控制器		TECHCON1009L-D	32	个
2	继电器		MY-2N-12VDC	141	个
3	总线终结器		TP/FT-10BusTopologyTerminator	8	个
4	IP 网络服务器		72650R	2	个
5	机柜		Techcon-D1	0	个
6	机柜		Techcon-E1	3	个
7	机柜		Techcon-F1	6	个
配套设备					
1	水道道压力传感器（0-2000kPa，电流）		TC-PR-264-R5-A	32	套
2	水道道温度传感器（8 英寸，塑料外壳）		TC-TE-703-B-7-C-2＋A-500-3-B-1	30	套
3	室外温湿度传感器		TC-RH300A03D	2	套
4	液位开关（浮板）		KEY-5m	20	支
5	插入式流量计		DWM2000II(带标尺,4-20mA 输出)	5	套
6	冷却水泵控制柜（110kW）			5	台
7	冷冻水泵控制柜（75kW）			5	台
8	水泵变频柜（45kW）		TechconFCP-45	2	台
9	水泵变频柜（37kW）		TechconFCP-37	9	台
10	水泵变频柜（55kW）		TechconFCP-55	7	台
11	冷却塔风机变频柜（22kW）		TechconFCP-22	10	台

8.4 施工调试和试运行

8.4.1 施工安装

从冷冻机房工作站至现场控制器之间采用专用通信线，从控制器至执行机构采用屏蔽双绞线。在冷冻站、泵房、换热机房等线缆集中的地方采用金属线槽进行敷设，其他线缆较少的地方采用穿镀锌钢管进行敷设。

通信系统由以太网路由器、现场通信接口和通信线路组成，以太网路由器通过大楼的交换机与中央管理工作站的计算机相连，现场通信接口安装在每台现场控制柜内，通信线将以太网路由器与现场通信接口依次相连。

为控制器配置的控制柜可提供控制器工作所必需的电源、继电器板、接线端子等，控制器内置于控制柜中。控制柜安装在被控对象附近，便于操作及施工，每台现场控制柜需提供一路 220VAC，1000W 的电源。

当风道温度传感器与湿度传感器一同安装时，应将温度置于湿度传感器上侧（顺风走向）。

流量计一定要注意于直管段竖直安装，流量计前至少要有 10 倍流量计通径的距离；流量计后至少要有 5 倍流量计通径的距离。

8.4.2 系统调试

1. 程序编制和组网

1）控制器程序编制

根据功能设计及控制算法配置要求，对各控制柜内控制程序及相关通信程序等进行逐步编制。以 JN-B5-F1 号控制柜为例，需要编制 1-4♯ 冷水机组、相应一级冷冻泵、冷却泵及蝶阀的启停、安全保护、自动控制及系统的顺序启停、与其他控制柜之间的通信等相关程序。冷站系统各部分程序之间关联性较强，编制过程中，要综合考虑系统需要和网络性能参数要求设置网络变量。另外，功能设计中关于冷水机组自动启停和自动加减机功能，应业主要求，改为人机界面给出提示，由操作人员手动启动和关闭冷水机组。即，台数计算程序正常编制和运行，但输出结果是给人机界面做提示，而由操作人员进行手动操作。

2）系统通信组网

各部分程序编制完成后，各部分程序组网，对通信部分程序进行测试和修改完善。

3）上位机组态

根据功能设计要求进行人机界面设计组态，实现监测显示、远程控制以及管理分析等功能。图 8-8 为 B5 冷站的人机界面监测图。

2. 单体设备调试

1）确认现场所有控制器、传感器、执行器与设计情况相符，确认 DDC 的各输入输出（I/O）通道与对应末端设备（传感器、执行机构、受控设备等）的信号类型、量程、容

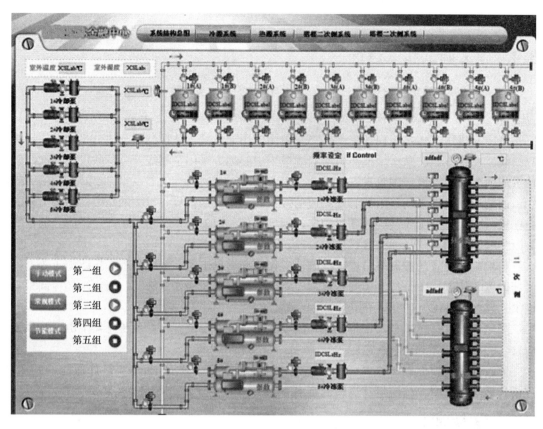

图 8-8　人机界面示意-冷冻机房监控界面

量一致。

此项目还对部分传感器采用外贴或手持设备进行了现场实际测量校准，表 8-5 列举了部分校准记录，可以看出温度传感器的测量基本在±0.3℃范围内。

传感器校准记录表　　　　　　　　　　　　　　　　　表 8-5

记录时间	测点在分水器			记录时间	测点在分水器		
	传感器	自计仪	误差		传感器	自计仪	误差
08：00：57	8.93	8.56	4.38%	08：00：15	9.23	8.50	8.59%
09：00：57	8.78	8.59	2.27%	09：00：15	8.79	8.50	3.47%
10：00：57	8.79	8.61	2.15%	10：00：15	8.78	8.54	2.81%
11：00：57	8.78	8.67	1.27%	11：00：15	8.79	8.57	2.57%
12：00：57	8.78	8.61	1.97%	12：00：15	8.76	8.56	2.40%
13：00：57	8.77	8.66	1.33%	13：00：15	8.72	8.63	1.10%
14：00：57	8.75	8.78	−0.28%	14：00：15	8.79	8.53	3.11%
15：00：57	8.74	8.83	−0.96%	15：00：15	8.71	8.61	1.22%
16：00：57	8.74	8.67	0.87%	16：00：15	8.75	8.53	2.64%
17：00：57	8.80	8.79	0.17%	17：00：15	8.75	8.56	2.22%
18：00：15	8.79	8.58	2.45%	18：00：15	8.75	8.54	2.52%
19：00：15	8.75	8.54	2.52%	19：00：15	9.14	8.78	4.16%
20：00：15	8.71	8.50	2.47%	20：00：15	10.55	8.56	23.25%

2) 采用手动方式或程序方式，对全部数字量输入（DI）、数字量输出（DO）通道逐点进行动作测试，其动作状态应正确，并记录测试数据；对全部模拟量输入（AI）通道逐点进行测试，分别在传感器输出侧和控制器侧检测其输出信号，测量值与实际值应一致，并记录测试数据；对全部模拟量输出（AO）通道逐点进行测试，模拟执行机构的输入信号，执行机构应运行正常，并记录测试数据。同时对于冷水机组、变频器等需要通信的设备进行了通信测试。其中变频器通信测试记录见表8-6。

变频器测试记录 表8-6

工作任务单编号		设备厂商	
设备类型		设备型号	Techcon1009L-D，丹佛斯变频器
测试原因	变频器通信测试		
测试过程 测试效果	1. 设备连接 用09模块建立与变频器的链接，通信成功。 2. 程序下载 将调试程序下载到DDC，检测输入输出信号正常。 3. 运行与调整 （1）调试对象：B5FBPG13.B5FBPG14。 （2）UI1变频器频率反馈正常。 （3）UI2故障反馈，人工模拟故障时有故障报警。正常。 （4）UI3手自动反馈，正常。 （5）UI4运行状态反馈，正常。 （6）UO1DDC启动控制，因继电器接入220V原电路中，不可由DDC直接控制，手动链接。 （7）UO2频率设定值输出，正常。		
测试问题 不确定性	1. 频率反馈存在微小误差，变频器输出范围一定要确定输出范围是4-20mA。 2. 控制命令需要接12V继电器		
测试结论	与变频器通信正常，有数据反馈，有故障报警		

3) 在现场手动模式下，通过转动执行机构的手动摇柄或行程开关等，确认执行机构的行程在0～100%范围内正常运行。

3. 系统整体调试

1) 确认上位机、控制器、被控设备等之间的连接正确无误，网络上各节点能正常通信；调试确认通过上位机界面能够远程正确读取各传感器读数、能够正确远程开关单个设备。

2) 调试确认安全保护功能、各组顺序启停功能实现。

3) 根据功能描述各自动控制功能逐个验证自控算法。

4. 调试记录

节选了部分设备单体调试和系统整体调试的记录，分别见表8-7和表8-8。

设备单体调试记录

楼宇自控系统单体调试检测记录表

表 8-7

项目名称	××××		工程编号				调试记录人		
DDC 型号	Techcon 1009L-D		系统编号	JN-B5-F1-1009L-D-1（CHILLED GROUP-1）			调试日期		

序号	监测点名称	监测点类型	下位机端口	下位机显示	下位机操作	信号类型	量程	连接设备	线类型	上位机图形显示	备注
1	CH1_S	■DI□DO□AI□AO	UI1	√	√	开关量	无源触点	1 号冷机	信号线	√	modbus 通讯
2	CH1_M	■DI□DO□AI□AO	UI2	√	√	开关量	无源触点	1 号冷机	信号线	√	modbus 通讯
3	CH1_T	■DI□DO□AI□AO	UI3	√	√	开关量	无源触点	1 号冷机	信号线	√	modbus 通讯
4	CHWP1_1_S	■DI□DO□AI□AO	UI4	√	√	开关量	无源触点	1 号冷冻水泵	信号线	√	
5	CHWP1_1_M	■DI□DO□AI□AO	UI5	√	√	开关量	无源触点	1 号冷冻水泵	信号线	√	
6	CHWP1_1_T	■DI□DO□AI□AO	UI6	√	√	开关量	无源触点	1 号冷冻水泵	信号线	√	
7	CWP1_1_S	■DI□DO□AI□AO	UI7	√	√	开关量	无源触点	1 号冷冻水泵	信号线	√	
8	CWP1_1_M	■DI□DO□AI□AO	UI8	√	√	开关量	无源触点	1 号冷冻水泵	信号线	√	
9	CWP1_1_T	■DI□DO□AI□AO	UI9	√	√	开关量	无源触点	1 号冷冻水泵	信号线	√	
10	CHWTV1_1_0	■DI□DO□AI□AO	UI10	√	√	开关量	无源触点	1 号冷冻水阀	信号线	√	
11	CHWPV1_1_C	■DI□DO□AI□AO	UI11	√	√	开关量	无源触点	1 号冷冻水阀	信号线	√	
12	CHTV1_1_0	■DI□DO□AI□AO	UI12	√	√	开关量	无源触点	1 号冷冻水阀	信号线	√	
13	CWTV1_1_C	■DI□DO□AI□AO	UI13	√	√	开关量	无源触点	1 号冷冻水阀	信号线	√	
14	CWTV1_2_0	■DI□DO□AI□AO	UI14	√	√	开关量	无源触点	1 号冷冻水阀	信号线	√	
15	CWTV1_2_C	■DI□DO□AI□AO	UI15	√	√	开关量	无源触点	1 号冷冻水阀	信号线	√	
16	CHWP1_1_VSD	□DI□DO■AI□AO	UI16	√	√	电流	4～20MA	1 号冷冻水泵	信号线	√	
17		□DI□DO□AI□AO									
18		□DI□DO□AI□AO									
19		□DI□DO□AI□AO									
20		□DI□DO□AI□AO									
21		□DI□DO□AI□AO									
22		□DI□DO□AI□AO									
23		□DI□DO□AI□AO									
24		□DI□DO□AI□AO									
25		□DI□DO□AI□AO								项目经理签字	

填写说明：调试功能正常画√　调试功能不正常画×，并在备注栏记载问题现象及处理结果，设计无此功能画/，如有表中未列及的

测试内容，可记录于"其它"栏中端口写明点位在模块的位置，例如 GCA1-AI1。

系统整体调试记录

表8-8

楼宇自控系统整体调试记录表

项目名称				项目地点			工程编号		
执行标准	智能建筑工程质量验收规范、招投标文件						××××		
调试记录人							调试日期		

调试内容	符合原理图	数据响应及时	组态界面调试画面	历史趋势数据图	远程控制功能	报警功能	时间表功能	联动功能
冷源系统	■符合原理图	数据响应及时	■数据正确	□正常 □错误	■正确 □错误	■正确 □错误	■有 □否	■有 □否
一次侧水泵系统	■符合原理图	数据响应及时	■数据正确	□正常 □错误	■正确 □错误	■正确 □错误	■有 □否	■有 □否
二次侧水泵系统	■符合原理图	数据响应及时	■数据正确	□正常 □错误	■正确 □错误	■正确 □错误	■有 □否	■有 □否
热源系统	■符合原理图	数据响应及时	■数据正确	□正常 □错误	■正确 □错误	■正确 □错误	■有 □否	■有 □否
事故报警	■符合原理图	数据响应及时	■数据正确	□正常 □错误	■正确 □错误	■正确 □错误	■有 □否	■有 □否
事件记录	■符合原理图	数据响应及时	■数据正确	□正常 □错误	■正确 □错误	■正确 □错误	□有 ■否	□有 ■否
	□符合原理图	数据响应及时	□数据正确	□正常 □错误	□正确 □错误	□正确 □错误	□有 □否	□有 □否
	□符合原理图	数据响应及时	□数据正确	□正常 □错误	□正确 □错误	□正确 □错误	□有 □否	□有 □否
	□符合原理图	数据响应及时	□数据正确	□正常 □错误	□正确 □错误	□正确 □错误	□有 □否	□有 □否
	□符合原理图	数据响应及时	□数据正确	□正常 □错误	□正确 □错误	□正确 □错误	□有 □否	□有 □否
	□符合原理图	数据响应及时	□数据正确	□正常 □错误	□正确 □错误	□正确 □错误	□有 □否	□有 □否
	□符合原理图	数据响应及时	□数据正确	□正常 □错误	□正确 □错误	□正确 □错误	□有 □否	□有 □否
	□符合原理图	数据响应及时	□数据正确	□正常 □错误	□正确 □错误	□正确 □错误	□有 □否	□有 □否
	□符合原理图	数据响应及时	□数据正确	□正常 □错误	□正确 □错误	□正确 □错误	□有 □否	□有 □否
	□符合原理图	数据响应及时	□数据正确	□正常 □错误	□正确 □错误	□正确 □错误	□有 □否	□有 □否
	□符合原理图	数据响应及时	□数据正确	□正常 □错误	□正确 □错误	□正确 □错误	□有 □否	□有 □否
	□符合原理图	数据响应及时	□数据正确	□正常 □错误	□正确 □错误	□正确 □错误	□有 □否	□有 □否
	□符合原理图	数据响应及时	□数据正确	□正常 □错误	□正确 □错误	□正确 □错误	□有 □否	□有 □否
	□符合原理图	数据响应及时	□数据正确	□正常 □错误	□正确 □错误	□正确 □错误	□有 □否	□有 □否
	□符合原理图	数据响应及时	□数据正确	□正常 □错误	□正确 □错误	□正确 □错误	□有 □否	□有 □否
	□符合原理图	数据响应及时	□数据正确	□正常 □错误	□正确 □错误	□正确 □错误	□有 □否	□有 □否
	□符合原理图	数据响应及时	□数据正确	□正常 □错误	□正确 □错误	□正确 □错误	□有 □否	□有 □否

8.4.3 系统试运行和验收

本项目在2012年底进行连续试运行后通过了工程验收，大厦开始试营业。2013年度进行了一个制冷季的完整的运行验证，节能测试和数据分析详见第8.5和8.6节。

8.5 冷站节能测试

此项目合同要求冷站控制达到节能25%的要求，节能量验证是通过对设备的实际使用电量进行测量和比较。

8.5.1 测量范围

根据用户冷站配电系统的具体情况，被控中央空调主机及辅机（包括冷冻水泵、冷却水泵）的电源进线处均安装有三相电度表计量装置（含电流互感器），所安装电度表的计量范围能覆盖全部被控中央空调主机及辅机。其中主要耗电设备分布为：B5层，5台一级冷冻泵，12台二级冷冻循环泵；B3层，5台冷机，5台冷却水泵；10层，冷却塔风机10台；26层，二次循环泵6台。

8.5.2 测量方法及条件

在节能模式和常规模式下运行，分别对两种运行模式下的能耗进行测试。即在冷负荷基本相同的相邻（或临近）两天中，采用节能模式和常规模式分别运行，对其能耗进行测试、记录和对比。

在测试期间，冷机冷冻水出口温度应在额定出口温度（7℃）条件下进行测试。被测试的冷机、水泵设备等的运行起止时间应完全相同，台数根据节能专家提示系统变化；相邻两天的气候条件，负荷情况应大致相同。

8.5.3 测量时间及数据记录

设备安装调试完毕后，甲、乙双方共同对中央空调系统进行节能测试。被测试的中央空调主机及辅机采用节能模式和常规模式交替运行共两天（节能模式一天、常规模式运行一天），对其各自的能耗进行记录。

对数据汇总和计算，得出使用中央空调节能控制系统后的节能率。计算公式如下：

$$节能量 = 常规模式总电耗 - 节能模式总电耗 \tag{8-1}$$

$$节能率 = \frac{节能量}{常规模式总电耗} \times 100\% \tag{8-2}$$

从9月4日到9月20日连续测试了17天，其中常规模式运行8天，节能模式运行9天，耗电量测试和节能率计算见表8-9，部分原始测试记录见图8-9。

冷站耗电量测试和节能率计算 表8-9

常规工况		节能工况		节能率
日期	耗电量（kWh）	日期	耗电量（kWh）	（%）
2013.9.4	23090.67	2013.9.5	12467.24	46

续表

常规工况		节能工况		节能率（％）
日期	耗电量（kWh）	日期	耗电量（kWh）	
2013.9.6	18309.91	2013.9.5	12467.24	32
2013.9.7	18858.83	2013.9.8	10974.68	42
2013.9.9	21125.97	2013.9.10	12673.96	40
2013.9.12	15204.72	2013.9.11	10402.31	32
2013.9.12	15204.72	2013.9.13	10564.42	31
2013.9.16	20942.47	2013.9.14	12348.32	41
2013.9.16	20942.47	2013.9.15	13768.95	34
2013.9.17	27815.33	2013.9.19	16659.26	40
2013.9.18	27737.77	2013.9.20	16927.45	38
综合日平均	21635.71		12976.25	40

图 8-9 案例 A 验收报告附表（部分）

最终第三方和业主使用单位确认的测试结论如下：

此系统在使用中安装方便、运行稳定。在实际使用中，此系统可根据环境与负荷变化，自动优化空调系统运行参数，通过调整冷冻水泵、冷却塔等的台数和频率实现了冷媒流量和温度根据负荷需要动态调节，达到降低空调系统和主机房能耗的最终要求，对比测试相对无此节能系统运行综合节能率达 25% 以上。

8.6　运行数据分析

本节对 2013 年整个制冷季的完整运行数据进行了分析，主要包括以下几个部分：

首先根据全年实际能耗和运行数据，对实际运行的节能模式和常规模式能耗进行总量和分项的对比分析，概览节能策略应用的实际效果。

然后分别通过对冷水机台数控制算法、冷却水系统节能控制算法、冷冻水泵频率和台数优化算法的应用效果进行分析，找到运行问题、节能的原因和可能存在的节能潜力。

最后在已有数据基础上，假设排除运行问题后，预估节能策略应用能耗，评估系统理想运行后应该可以达到的节能率。

8.6.1　运行概况

系统从 2013 年 3 月中旬开始投入运行并有数据记录，运行至 10 月底制冷季结束。由于此项目建筑并未完全投入使用（只有裙楼底商部分营业，办公楼尚未入住），末端空调负荷较小，空调机组和办公区 VAV 末端等都在安装调试的过程中，所以本年度的测试基本是在建筑整体负荷偏小（与设计负荷相比），末端基本无调节的状态进行的。

根据前期管理分析功能设计，系统远程界面提供三种运行模式可供选择：手动运行模式、常规运行模式和节能运行模式。本年度为验证节能效果，在相似负荷工况下选择节能模式与常规工况间隔运行。

2013 年的冷站运行情况统计见表 8-10。在 3 月中至 5 月及 10 月至 11 月初，此时负荷需求相对较低，基本开启一台主机；在 6 月至 9 月，此期间负荷需求相对较大，尤其 7 月至 8 月，开启两台至三台主机供冷。全年共运行 228 天，其中 118 天常规模式运行，110 天节能模式运行。

冷站历史运行时间统计　　　　　　　　　　　　　　　　　　　　　　　表 8-10

开启冷机台数	运行时间
1 台冷水机组	110 天（常规模式 65 天，节能模式 45 天）平均 13h/天
2 台冷水机组	47 天（常规模式 25 天，节能模式 22 天）平均 14.5h/天
3 台冷水机组	71 天（常规模式 28 天，节能模式 43 天）平均 15h/天

根据电表数据汇总，2013 年冷站总电耗为 4300542.2kWh。按照建筑面积 16 万 m² 计算，单位平方米耗电量 ECA＝26.88kWh/m²·a。

其中，常规模式下运行 118 天，总平均耗电量 2538547kWh，节能模式下运行 110 天，总耗电量 1802975kWh，对不同模式下各分项能耗对比分析见图 8-10。可以看出在节能模式下，各分项能耗均有所下降，而其中二级泵系统下降尤其明显，变频节能效果明显。

按照日平均电耗对比计算，全年各设备分项和总电耗及节能率情况见表 8-11，各设备分项在总节能量中的占比见图 8-11。可以看出冷冻二级泵和二次泵系统自身的节能率

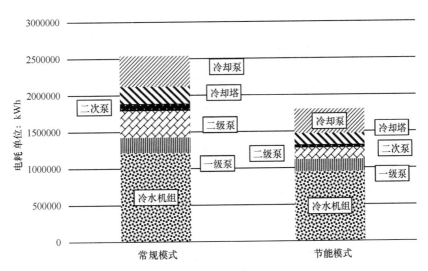

图 8-10 不同模式下冷站全年各分项能耗堆积图

最高,冷却塔节能效果也比较明显。冷水机组虽然自身节能率只有 16%,但是节能量在总节能量中占比较大,节能效果相当可观。但是由于本年度系统一直处于调试修改中,运行人员对于系统的使用也不够熟悉,目前控制策略并未实现完全的节能效果,下文分别对各部分控制策略实现的效果进行了分析。

各分项及总电耗日平均节能率计算表　　　　　　表 8-11

分项	冷水机组	一级泵	二级泵	二次泵	冷却塔	冷却泵	总电耗
常规模式日平均用电量（kWh）	10329	1762	3104	810	1991	3518	21513
节能模式日平均用电量（kWh）	8665	1521	1422	380	1383	3020	16391
日平均节能量（kWh）	1664	241	1682	430	608	498	5122
日平均节能率	16.1%	13.7%	54.2%	53.1%	30.5%	14.1%	23.8%

8.6.2 冷水机组台数控制算法应用效果分析

根据表 8-11 和图 8-11,冷水机组在冷站总能耗中的占比一半左右,而在节能模式下的节能量对总节能量的贡献为 32%,对系统节能贡献明显,是冷站系统节能的重点。

冷水机组的运行能效 COP 与其负荷率相关,在一定冷负荷下冷机的运行台数会直接影响到其负荷率,从而对运行电耗和能效产生影响。传统冷站运行中,冷水机组的加减机都是根据操作人员的经验进行的,往往不能准确与末端需求匹配。如图 8-12 为常规模式下,开启不同冷机台数时对应的冷机 COP。可以看出,在相同冷量下,冷机台数开启少时的运行 COP 要高于冷机台数多的,即减少冷机运行台数、让冷机运行在接近满负荷工况有利于节能。

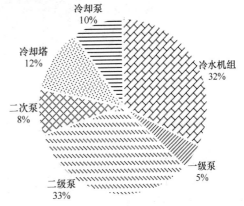

图 8-11　全年日平均各分项节能量占总节能量占比图

本项目在节能模式下,根据冷水机组电流

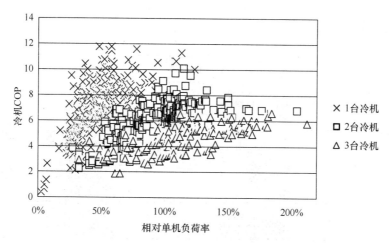

图 8-12 常规模式下冷水机组台数与 COP 关系图

注："相对单机负荷率"指冷负荷与单台冷机额定制冷量之比。

比等判断条件，给出了冷水机组加减机判断提示，可以有效避免由于经验加减机带来的能耗损失。图 8-13 为在节能模式下，开启不同数目的冷水机组所对应的冷机 COP。可以看出，在节能模式下，由于有了加减机策略提醒，改善了提前加减机现象。根据加减机算法计算，应该在负荷率 80％以上才可能运行第二台冷水机组，160％以上才可能开启第三台冷水机组。目前的节能模式运行中，由于业主要求不对冷水机组的台数进行控制，而仅在页面做提醒，这就导致物业人员在手工操作时仍有一定随意性，进而影响最终节能效果。所以，如果运行人员完全按照提示及时进行加减机，冷水机组还有较大的节能空间。

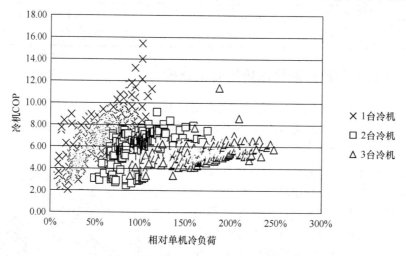

图 8-13 节能模式下冷水机组台数与 COP 关系图

该项目全年运行 228 天，共计 3346 小时，台数控制算法提示和实际运行情况的对比见表 8-12。可以看出，如严格按照自控算法，开启两台及三台冷机的时间将会有明显下降，现场走访情况也说明目前物业手工运行提前加减机现象较为频繁。该算法的执行方面还有很大的节能潜力。

	一台冷机（小时）	二台冷机（小时）	三台冷机（小时）
控制算法提示	2143	574	629
实际运行	1565	698	1083

冷站运行时间表　　表 8-12

8.6.3　冷却水系统节能控制算法应用效果分析

根据图 8-11，冷却塔和冷却泵全年节能量占冷站总节能量的 22%。采用的节能控制算法包括：冷却水泵工频运行，运行台数根据冷机的运行台数同时自动加减机；冷却塔风机变频运行，根据冷机的运行台数、室外温度和回水温度而统一变频、低温保护时减运行台数。

1. 算法对冷却水系统自身能耗影响分析

常规的冷却塔控制一般是采用按冷机开启数量对应开启。但是大部分工程中，当打开或关闭冷却塔时，如果同时打开或关闭相应水阀，就会导致各塔之间水力失衡，出现部分冷却塔补水而部分冷却塔泄水的现象。所以实际工程中大多水阀都处于常开状态，会导致混水现象，即一部分没有经过风冷的水混入了冷却后的水，导致进入冷机的冷却水温度偏高。本项目采用的自控算法可以有效避免混水问题，同时低频运行的冷却塔能耗也远远低于工频。

由于本项目水管路施工方面的问题，多台冷却塔之间的水量分布不均，所以常规模式下需要开启更多的冷却塔才能保证冷却水的供水温度。实际常规模式的运行方式为：开启一台冷机时，开启 3 至 4 台冷却塔，风机工频运行；开启 2 台冷机时，开启 6 至 8 台冷却塔，风机工频运行；开启 3 台冷机时，开启全部 10 台冷却塔，风机工频运行。

图 8-14 为工况相似的相邻两天的常规和节能模式下冷却塔运行数据的对比，第一天 8：00～22：00 运行节能模式，开启 10 台冷却塔低频运行。第二天 8：00 到 22：00 运行的是常规模式，开启了 4 台冷却塔。可以看出，全部开启低频运行的冷却塔总电耗远低于两台冷却塔工频时的总电耗，而冷却效果却更优。

2. 算法对冷源侧综合性能影响分析

图 8-14 可以看出，节能模式下有效降低了冷却水出水温度。根据理论分析，冷凝温度每降低 1℃，冷机的输入功率下降约 2～3%，所以对冷却侧的节能控制也可间接提升冷

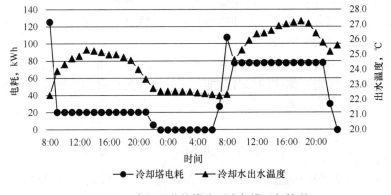

图 8-14　常规和节能模式下冷却塔运行情况

水机组的运行效率。因此，将冷水机组＋冷却水系统的综合能耗为目标来分析该算法的影响。

冷机 COP 构成可分为内部效率和外部效率。冷机的内部效率（DCOP）为冷机的热力完善度，很大程度取决于压缩机的工作效率，主要受负荷率的影响，本部分不做分析。冷机的外部效率（ICOP）主要与蒸发器和冷凝器的温度有关，定义如下式：

$$ICOP = \frac{Te}{Tc - Te} \tag{8-3}$$

其中，Te——冷水机组饱和蒸发温度，K；

Tc——冷水机组饱和冷凝温度，K；

冷机的外部效率与两器（蒸发器和冷凝器）温差有关，两器温差越小，冷机外部效率越高。冷却侧控制算法达到节能效果的核心在于降低冷凝温度。根据图 8-14，在节能模式下采用冷却塔优化控制算法，可有效降低冷凝器回水温度，从而降低冷凝温度，降低两器温差，提升冷水机组效率。对全年运行情况统计，两器温差的运行小时数见图 8-15 所示。

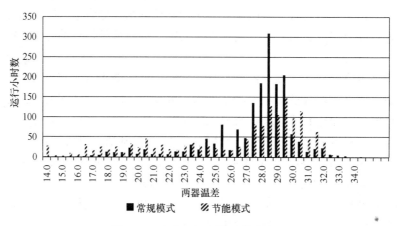

图 8-15 冷水机组两器温差分布图

可以看出，常规模式下的两器温差明显要高于节能模式。但是在节能模式下，依旧存在部分高温差的情况。分析造成这种现象的主要原因是：在大部分时间段内，根据控制策略，冷却侧的换热效果较好，造成两器温差明显低于常规模式；但是由于冷却水系统施工缺陷及调试需求，在部分时间段对冷却塔的控制策略无法完全实施，因此在节能模式下仍存在部分两器温差较高的时间段。

根据上文分析，对冷却水系统的控制，不仅可减少冷却塔风机耗电量，还可间接提升冷水机组运行效率，实现冷源侧的综合节能，可以用冷源综合制冷性能系数 SCOP 指标来衡量冷源侧的运行效率，计算公式如下：

$$SCOP = \frac{供冷量}{（冷水机组耗电量＋冷却水系统耗电量）} \tag{8-4}$$

通过 2013 年冷站实际耗电量和供冷量数据，统计计算得到的不同模式下冷源综合制冷性能系数 SCOP，见表 8-13。可以看出，节能模式下运行效率约比常规模式提高 8%。

模　　式	供冷量（kWh）	耗电量（kWh）	SCOP
常规模式	1195.28	328.37	3.64
节能模式	1195.28	304.14	3.93

冷源综合制冷性能系数对比　　　　　　表 8-13

8.6.4　冷冻水泵台数及频率优化算法应用效果分析

1. 算法的节能效果分析

根据第 8.6.1 节的分析，由于此项目建筑高、分区多，冷水采用二级二次泵系统，冷冻水泵的能耗在冷站中占了约 26%。而二级和二次冷冻水泵均采用变频，节能效果显著，节能量占冷站总节能量的 46%。其中一级泵采用定频运行（实际项目中配置了变频器，经初步调试后设定在 45Hz 左右定频运行），节能量来自于根据冷水机组的开启进行台数控制；而二级泵和二次泵都可以根据负荷需求变化调整运行频率，是节能的主力军。

分别选取不同负荷（冷机台数）的典型日，将二级泵的电耗情况对比列于图 8-16。图中纵坐标为耗电输冷比，即输送单位冷量的水泵耗电量。可以看出，节能模式下的冷冻泵电耗明显低于常规模式，且节能幅度较大。另外，只开一台冷机的低负荷时段，两种模式下的冷冻泵电耗均高于高负荷时段，主要原因是为保证冷量输送的足够资用压头，冷冻水泵需维持运行在一定频率之上，而本楼办公区域尚未正式入住，冷负荷率很低，相比之下该工况的耗电输冷比增大。

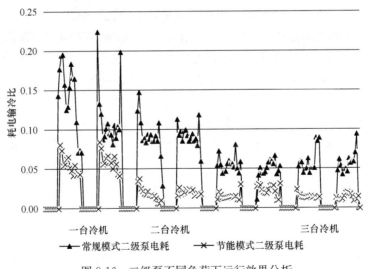

图 8-16　二级泵不同负荷下运行效果分析

2. 算法对冷冻水混水问题的影响

本项目的冷冻水二级泵系统，在常规模式运行时经常出现旁通管逆流的现象，即冷冻水回水通过旁通管流入供水，造成供水温度升高，导致冷水系统运行在"大流量、小温差"的状态，水泵输送能耗偏高；而且更为严重的是，冷水温度升高会导致末端空调送风温度升高、空调区域温度升高，往往使操作人员误以为冷量提供不足而加开冷机，但冷机台数增加、负荷率下降又使冷机能耗继续上升。以 4 月中的一天为例，此时冷水机组开启 1 台，相应一级冷冻泵开启 1 台，而二级水泵共五组开启 7 台。由于二级泵流量超过一级泵流量，造成旁通管逆流，这一天在冷机出口管路和分水器处测得的供水温度见图 8-17。可以看出，冷机供水温度在 9℃左右，而分水器供水温度则为 13℃左右，供水温度提高了约 4℃，大大降低了供冷的品质。由于供水温度偏高，操作人员将低区的一组二级泵一直加开至 3 台。

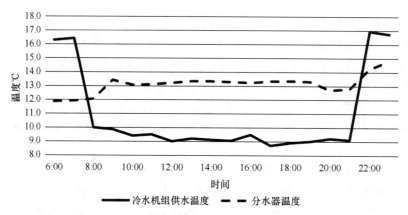

图 8-17　常规模式下分水器与冷水机组实际供水温度对比图

　　鉴于该情况，调试中增加了防混水的自控程序，当判断分水器供水温度高于冷机实际出水温度时，则不再增加二级泵频率和台数。这样有效防止了越混水末端冷量越不足、冷量越不足越加开二级水泵、越加开二级水泵就越混水的恶性循环。图 8-18 是节能模式下分水器供水温度和冷机实际供水温度的对比图，为了跟图 8-17 对比，选取的是相似工况即同样开启一台冷水机组的某日期。可以看到，节能模式下，分水器温度明显降低，与冷机供水温度只相差 1℃左右，混水现象明显缓解。但是，由于二级泵分为 5 组给不同区域供水，当冷负荷较低只开启一台冷水机组时，根据使用需要二级泵每组至少开启一台，即使每台水泵都运行在频率下限，水流量也会超过一台一级泵的，仍然会产生混水。这是冷水系统设计和设备选型方面存在的缺陷，控制算法只能尽量弥补，不能完全解决这个问题。

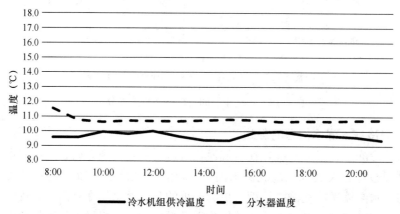

图 8-18　节能模式下分水器与冷水机组实际供水温度对比图

8.6.5 小结

本项目对冷站节能控制策略包括冷水机组的台数控制、冷却水泵和冷却塔控制以及一级、二级和二次冷冻泵的频率及台数控制等。通过一年的运行分析，各算法实现了按负荷需求对设备控制调节，有效减少了被控设备的电耗，综合提升了冷站的运行效率。

对于工程中出现的问题，如冷却水管路不平衡和冷冻水混水等，增加或调整了自控程序，可以适应实际情况，并改善了系统的运行效果。

关于自动与手动控制的问题，由于业主要求对冷水机组的台数仅在界面做提醒而不进行自动加减机控制，造成该控制算法的节能率大打折扣。手动运行的效果与物业人员的技术水平和敬业精神都关系密切，目前国内的运行水平不高，且人员操作有一定随意性。冷水机组的运行台数如果根据末端负荷需求调节，有利于提高运行能效，在安全可靠的前提下自动运行，可达到更好的节能效果。根据2013年的实测数据，估算了在相同供冷量情况下，采用按节能算法全自动运行的节能模式与常规模式的运行电耗情况，结果列于表8-14，该冷站的全年节能率可达到35%左右。

					表 8-14
节能率预估数据表					
运行模式	平均单位冷量耗电量	冷站 EER	全年总冷量（万 kWh）	全年耗电量（万 kWh）	节能率
常规模式	0.40	2.50	1195.28	478.11	35.00%
节能模式	0.26	3.85	1195.28	310.77	

此外，根据式（8-3）分析，提高冷冻水供水温度也可提高冷机的运行能效，进一步提升节能效果。通常冷冻水供水温度每上升1℃，冷水机组的COP可提高3%左右。由于本项目已实现与冷机的通信，因此冷冻水供水温度优化算法的实施具备可行性。在调试过程中，对冷水机组出水温度设定值进行控制，测得冷机在不同出水温度下运行COP的数据如图8-19所示。可以看出：在冷负荷相同的条件下，提升冷机出水温度，可有效提升冷机的运行效率。

不过需要注意的是，冷水供水温度的提高会导致冷水流量加大、冷冻水泵输送能耗加大，以及末端空调风量加大、风机输送能耗加大，因此需要综合考虑冷机、冷冻水泵以及

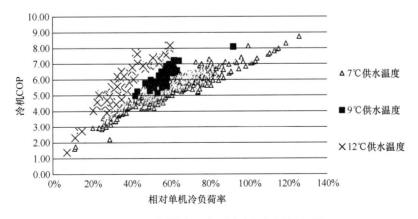

图 8-19　不同供水温度下冷水机组运行 COP

空调机组风机的能耗进行优化。在冷负荷较低时，冷冻水泵和空调风机都运行在频率下限时，可以提高冷冻水温度以便降低冷机能耗和空调的整体能耗；在冷负荷较高时，需要慎重使用。

本项目的节能控制在手/自动操作和供水温度优化方面仍具有节能潜力，可以在后续的运行服务中持续改进。

第9章 案例B：综合建筑体设备监控项目

9.1 项目概况

案例B项目建筑位于成都市。建筑物地下共三层，地下三层为汽车库，战时用作人防，地下一、二层为汽车库和设备用房。地上由裙楼、办公楼塔楼及宾馆塔楼组成，其中一～五层裙楼为商业用房，六～二十六层由两座塔楼组成，一座塔楼为办公用房，另一座塔楼为宾馆用房。本工程总建筑面积为 95886m²，建筑高度为 99.800m，属一类高层建筑。

项目建成时间 2012 年，2013 年投入使用。

本项目被控对象包括暖通空调、给水排水和公共区域照明。根据大厦管理的需要，对主要用电设备进行能耗监测，对末端的风机盘管进行冷热量计量收费。

本项目采用集散式控制架构。在冷热源机房、新风/空调系统、通风系统、给水排水和照明方面采用了二层架构，即管理层（服务器）＋控制层（区域网络控制器）；在风机盘管联网控制部分则采取了三层架构，即管理层（服务器）＋控制层（区域网络控制器）＋现场层（变风量箱控制器）。风机盘管采用联网计量型温控器，通过计量每个风机盘管在不同档位（高、中、低）的用冷/热量，按照占大楼冷热源的用能比例进行收费。采用冷/热量计量收费模式有利于激励用户养成节能习惯。

9.2 功能设计

9.2.1 设计范围

要求实现对暖通空调、给水排水和公共照明的监测、安全保护、远程控制及自动控制功能，主要设备和回路的能耗监测功能，以及集中管理功能。

监控范围和内容包括：

供暖通风与空气调节系统的被监控设备：3 台热水机组，对应 3 台热水泵；3 台离心式冷水机组，对应 3 台冷冻水泵、3 台冷却水泵、9 台冷却塔；1 台螺杆式冷水机组，对应 2 台冷冻水泵、1 台冷却水泵、1 台冷却塔；12 个蝶阀（对应 7 个机组和 5 个分水器支路）；2 个旁通阀（螺杆式冷水机组和离心式冷水机组各有 1 套供回水旁通管）；2 台冷却水补水泵，对应 1 个冷却水补水箱；8 台组合式空调机组；80 台吊顶式空调机组；2 台新风送风机；49 台新风机组；1315 台风机盘管；地上部分 1 台送风机和 70 台排风机；地下部分 9 台送风机和 12 台排风机。

给水排水系统的被监控设备：18台潜水泵，对应9个集水坑；8台生活给水泵；2台生活热水泵；2台生活热水机组循环泵。

照明系统的被监控对象：160个公共照明回路（每层8个，共20层）。

9.2.2 功能描述

1. 供暖通风与空气调节系统

1）冷（热）水机组

监测功能

信息点	安装位置	采样方式		数据				显示		记录	
		周期性	数变就发	类型	取值范围	测量精度	状态说明	显示位置	允许延时	记录周期	记录时长
运行状态反馈	机组控制盘	—	停止/启动	通断量	{0, 1}	—	0：停止 1：启动	机房界面	10s	每次变化	1年
就地远程状态反馈	机组控制盘	—	就地/远程	通断量	{0, 1}	—	0：就地 1：远程	机房界面	10s	每次变化	1年

安全保护功能

安全保护内容	采样			触发阈值	动作	动作顺序	允许延时	记录时长
	采样点安装位置	采样方式						
		周期性	数变就发					
故障保护	机组控制盘	—	正常/故障	＝故障	停止机组	1	10s	1年
					机房界面报警提示	2	10s	1年

远程控制功能

被控设备	操作位置	允许延时	记录时长
机组启停	监控机房界面	10s	1年

自动控制功能

根据自动启停指令和水流开关的状态，实现机组的自动启停。

冷水机组自动启停算法

自动控制用信息点描述

信息点	安装位置	数据			
		类型	取值范围	精度	状态说明
输入信息					
冷冻水水流开关状态	冷冻水管	通断量	{0, 1}	—	0：无水 1：有水
冷却水水流开关状态	冷却水管	通断量	{0, 1}	—	0：无水 1：有水
输出信息					
冷水机组启停	机组控制盘	通断量	{0, 1}	—	0：停止 1：启动
算法中间变量					
自动启停指令	控制器	通断量	{0, 1}	—	0：停止 1：启动

自动控制算法描述

控制算法名称		冷水机组自动启停算法	
触发方式		自动启停指令或水流开关的状态变化	
条件		动作	目标
在"自动启停指令为启动"且"冷冻水水流开关状态为有水"且"冷却水水流开关状态为有水"的条件下		启动冷水机组	—
在"自动启停指令为停止"或"冷冻水水流开关状态为无水"或"冷却水水流开关状态为无水"的条件下		停止冷水机组	—

热水机组自动启停算法

自动控制用信息点描述

信息点	安装位置	数据			
		类型	取值范围	精度	状态说明
输入信息					
热水水流开关状态	热水管	通断量	{0，1}	—	0：无水 1：有水
输出信息					
热水机组启停	机组控制盘	通断量	{0，1}	—	0：停止 1：启动
算法中间变量					
自动启停指令	控制器	通断量	{0，1}	—	0：停止 1：启动

自动控制算法描述

控制算法名称		热水机组自动启停算法	
触发方式		自动启停指令或水流开关的状态变化	
条件		动作	目标
在"自动启停指令为启动"且"热水水流开关状态为有水"的条件下		启动热水机组	—
在"自动启停指令为停止"或"热水水流开关状态为无水"的条件下		停止热水机组	—

2）冷冻（热）水泵

监测功能

信息点	安装位置	采样方式		数据				显示		记录	
		周期性	数变就发	类型	取值范围	测量精度	状态说明	显示位置	允许延时	记录周期	记录时长
运行状态反馈	电控柜	—	停止/启动	通断量	{0，1}	—	0：停止 1：启动	机房界面	10s	每次变化	1年
就地远程状态反馈	电控柜	—	就地/远程	通断量	{0，1}	—	0：就地 1：远程	机房界面	10s	每次变化	1年
频率反馈	电控柜	—	0.2Hz	连续量	0~50Hz	0.2Hz	—	机房界面	10s	每次变化	1年

安全保护功能

安全保护内容	采样			触发阈值	动作	动作顺序	允许延时	记录时长
	采样点安装位置	采样方式						
		周期性	数变就发					
故障保护	电控柜	—	正常/故障	=故障	停止机组	1	10s	1 年
					停止水泵	2	10s	1 年
					机房界面报警提示	3	10s	1 年

远程控制功能

被控设备	操作位置	允许延时	记录时长
水泵启停	监控机房界面	10s	1 年
水泵频率调节	监控机房界面	10s	1 年

自动控制功能

根据自动启停指令和开关阀门的状态，实现水泵的自动启停。

根据负荷的变化，自动调节水泵频率。

冷冻（热）水泵自动启停算法

自动控制用信息点描述

信息点	安装位置	数据			
		类型	取值范围	精度	状态说明
输入信息					
蝶阀开关状态	冷冻水管	通断量	{0，1}	—	0：关闭 1：打开
输出信息					
水泵启停	电控柜	通断量	{0，1}	—	0：停止 1：启动
算法中间变量					
自动启停指令	控制器	通断量	{0，1}	—	0：停止 1：启动

自动控制算法描述

控制算法名称		冷冻（热）水泵自动启停算法	
触发方式		自动启停指令或蝶阀开关状态的变化	
条件		动作	目标
在"自动启停指令为启动"且"蝶阀开关状态为打开"的条件下		启动水泵	—
在"自动启停指令为停止"或"蝶阀开关状态为关闭"的条件下		停止水泵	—

冷冻（热）水泵频率自动调节算法

自动控制用信息点描述

信息点	安装位置	数据			
		类型	取值范围	精度	状态说明
输入信息					
供水压力	供水总管	连续量	0～3500kPa	1%	—
回水压力	回水总管	连续量	0～3500kPa	1%	—
旁通阀开度	执行器	连续量	0～100%	1%	—
输出信息					
水泵频率	电控柜	连续量	0～50Hz	1%	—
算法中间变量					
水系统运行状态	控制器	通断量	{0, 1}	—	0：停止 1：运行
供回水压差	控制器	连续量	0～300kPa	1%	—
供回水压差设定值	控制器	连续量	0～300kPa	1%	—

自动控制算法描述

控制算法名称	冷冻（热）水泵频率自动调节算法	
触发方式	每30秒钟	
条件	动作	目标
在"旁通阀开度"为0且"水系统运行状态为运行"条件下	调节"水泵频率"↑（↓）	使得"供回水压差"↑（↓）→"供回水压差设定值"
在"水系统运行状态为停止"条件下	令"水泵频率"为0	—

供回水压差设定值自动调节算法

自动控制用信息点描述

信息点	安装位置	数据			
		类型	取值范围	精度	状态说明
输入信息					
供水温度	供水总管	连续量	0～50℃	0.3℃	—
回水温度	回水总管	连续量	0～50℃	0.3℃	—
输出信息					
供回水压差设定值	控制器	连续量	0～300kPa	10 kPa	—
算法中间变量					
水系统运行状态	控制器	通断量	{0, 1}	—	0：停止 1：运行
供回水温差	控制器	连续量	0～20℃	0.3℃	—
供回水温差设定值	控制器	连续量	0～20℃	0.3℃	—

自动控制算法描述

控制算法名称	供回水压差设定值自动调节算法	
触发方式	每10分钟	
条件	动作	目标
在"水系统运行状态为运行"条件下	调节"供回水压差设定值"↑（↓）	使得"供回水温差"↓（↑） →"供回水温差设定值"
在"水系统运行状态为停止"条件下	维持"供回水压差设定值"不变	—

3）冷却水泵

监测功能

信息点	安装位置	采样方式		数据				显示		记录	
		周期性	数变就发	类型	取值范围	测量精度	状态说明	显示位置	允许延时	记录周期	记录时长
运行状态反馈	电控柜	—	停止/启动	通断量	{0，1}	—	0：停止 1：启动	机房界面	10s	每次变化	1年
就地远程状态反馈	电控柜	—	就地/远程	通断量	{0，1}	—	0：就地 1：远程	机房界面	10s	每次变化	1年
频率反馈	电控柜	—	0.2Hz	连续量	0～50Hz	0.2Hz	—	机房界面	10s	每次变化	1年

安全保护功能

安全保护内容	采样			触发阈值	动作	动作顺序	允许延时	记录时长
	采样点安装位置	采样方式						
		周期性	数变就发					
故障保护	电控柜	—	正常/故障	＝故障	停止机组	1	10s	1年
					停止水泵	2	10s	1年
					机房界面报警提示	3	10s	1年

远程控制功能

被控设备	操作位置	允许延时	记录时长
水泵启停	监控机房界面	10s	1年
水泵频率调节	监控机房界面	10s	1年

自动控制功能

根据自动启停指令和开关阀门的状态，实现水泵的自动启停。

根据负荷变化，自动调节水泵频率。

冷却水泵自动启停算法

自动控制用信息点描述

信息点	安装位置	数据			
		类型	取值范围	精度	状态说明
输入信息					
开关阀门状态	冷冻水管	通断量	{0，1}	—	0：关闭 1：打开
输出信息					
水泵启停	电控柜	通断量	{0，1}	—	0：停止 1：启动
算法中间变量					
自动启停指令	控制器	通断量	{0，1}	—	0：停止 1：启动

自动控制算法描述

控制算法名称	冷却水泵自动启停算法	
触发方式	自动启停指令或开关阀门的状态变化	
条件	动作	目标
在"自动启停指令为启动"且"开关阀门状态为打开"的条件下	启动水泵	—
在"自动启停指令为停止"或"开关阀门状态为关闭"的条件下	停止水泵	—

冷却水泵频率自动调节算法

自动控制用信息点描述

信息点	安装位置	数据			
		类型	取值范围	精度	状态说明
输入信息					
供水温度	供水总管	连续量	0～50℃	0.3℃	—
回水温度	回水总管	连续量	0～50℃	0.3℃	—
输出信息					
水泵频率	电控柜	连续量	0～50Hz	1%	—
算法中间变量					
水系统运行状态	控制器	通断量	{0，1}	—	0：停止 1：运行
供回水温差	控制器	连续量	0～20℃	0.3℃	—
供回水温差设定值	控制器	连续量	0～20℃	0.3℃	—

自动控制算法描述

控制算法名称	冷却水泵频率自动调节算法	
触发方式	每30秒钟	
条件	动作	目标
在"水系统运行状态为运行"条件下	调节"水泵频率"↑（↓）	使得"供回水温差"↓（↑） →"供回水温差设定值"
在"水系统运行状态为停止"条件下	令"水泵频率"为0	

4) 冷却塔

监测功能

信息点	安装位置	采样方式		数据				显示		记录	
		周期性	数变就发	类型	取值范围	测量精度	状态说明	显示位置	允许延时	记录周期	记录时长
运行状态反馈	电控柜	—	停止/启动	通断量	{0，1}	—	0：停止 1：启动	机房界面	10s	每次变化	1年
就地远程状态反馈	电控柜	—	就地/远程	通断量	{0，1}	—	0：就地 1：远程	机房界面	10s	每次变化	1年

安全保护功能

安全保护内容	采样			触发阈值	动作	动作顺序	允许延时	记录时长
	采样点安装位置	采样方式						
		周期性	数变就发					
故障保护	电控柜	—	正常/故障	=故障	停止风机	1	10s	1年
					机房界面报警提示	2	10s	1年

远程控制功能

被控设备	操作位置	允许延时	记录时长
冷却塔启停	监控机房界面	10s	1年

自动控制功能

根据自动启停指令，实现冷却塔的自动启停。

根据负荷变化，自动调节冷却塔运行台数。

冷却塔自动启停算法

自动控制用信息点描述

信息点	安装位置	数据			
		类型	取值范围	精度	状态说明
输出信息					
冷却塔启停	电控柜	通断量	{0，1}	—	0：停止 1：启动
算法中间变量					
自动启停指令	控制器	通断量	{0，1}	—	0：停止 1：启动

自动控制算法描述

控制算法名称	冷却塔自动启停算法	
触发方式	自动启停指令或开关阀门的状态变化	
条件	动作	目标
在"自动启停指令为启动"的条件下	启动冷却塔	—
在"自动启停指令为停止"的条件下	停止冷却塔	—

冷却塔运行台数自动调节算法

自动控制用信息点描述

信息点	安装位置	数据			
		类型	取值范围	精度	状态说明
输入信息					
回水温度	回水总管	连续量	0~50℃	0.3℃	—
输出信息					
冷却塔运行台数	控制器	状态量	{0，1，2，3}	1	—
算法中间变量					
水系统运行状态	控制器	通断量	{0，1}	—	0：停止 1：运行
回水温度下限设定值	控制器	连续量	0~20℃	0.3℃	—

自动控制算法描述

控制算法名称	冷却塔运行台数自动调节算法	
触发方式	每60秒钟	
条件	动作	目标
在"水系统运行状态为运行"条件下	调节"冷却塔运行台数"↑（↓）	使得"回水温度"↓（↑） →"回水温度下限设定值"
在"水系统运行状态为停止"条件下	令"冷却塔运行台数"=0	—

5）冷却水补水泵
监测功能

信息点	安装位置	采样方式		数据				显示		记录	
		周期性	数变就发	类型	取值范围	测量精度	状态说明	显示位置	允许延时	记录周期	记录时长
运行状态反馈	电控柜	—	停止/启动	通断量	{0，1}	—	0：停止 1：启动	机房界面	10s	每次变化	1年
就地远程状态反馈	电控柜	—	就地/远程	通断量	{0，1}	—	0：就地 1：远程	机房界面	10s	每次变化	1年

安全保护功能

安全保护内容	采样			触发阈值	动作	动作顺序	允许延时	记录时长
	采样点安装位置	采样方式						
		周期性	数变就发					
故障保护	电控柜	—	正常/故障	=故障	停止水泵	1	10s	1年
					机房界面报警提示	2	10s	1年

远程控制功能

被控设备	操作位置	允许延时	记录时长
水泵启停	监控机房界面	10s	1年

自动控制功能

根据冷却水补水箱液位开关的状态，实现冷却水补水泵（同时兼消防水池补水）的自动启停、自动调节冷却水补水泵运行台数。

冷却水补水泵自动启停算法

自动控制用信息点描述

信息点	安装位置	数据			
		类型	取值范围	精度	状态说明
输入信息					
溢流液位	补水箱	通断量	{0, 1}	—	0：无水 1：有水
消防液位	补水箱	通断量	{0, 1}	—	0：无水 1：有水
超低液位	补水箱	通断量	{0, 1}	—	0：无水 1：有水
输出信息					
补水泵启停	控制柜	通断量	{0, 1}	—	0：停止 1：启动

自动控制算法描述

控制算法名称	冷却水补水泵自动启停算法	
触发方式	液位开关状态变化	
条件	动作	目标
在"超低液位为无水"或"消防液位为无水"的条件下	启动补水泵	—
在"溢流液位为有水"的条件下	停止补水泵	—

冷却水补水泵运行台数自动调节算法

自动控制用信息点描述

信息点	安装位置	数据			
		类型	取值范围	精度	状态说明
输入信息					
溢流液位	补水箱	通断量	{0, 1}	—	0：无水 1：有水
消防液位	补水箱	通断量	{0, 1}	—	0：无水 1：有水
超低液位	补水箱	通断量	{0, 1}	—	0：无水 1：有水
输出信息					
补水泵运行台数	控制器	状态量	{0, 1, 2}	1	—

自动控制算法描述

控制算法名称	冷却水补水泵运行台数自动调节算法	
触发方式	液位开关状态变化	
条件	动作	目标
在"超低液位为无水"的条件下	令"补水泵运行台数"=2	使得"超低液位"→有水
在"超低液位为有水"且"消防液位为无水"的条件下	若"补水泵运行台数"=2，维持"补水泵运行台数"不变	使得"消防液位"→有水
	若"补水泵运行台数"=0，令"补水泵运行台数"=1	
在"消防液位为有水"且"溢流液位为无水"的条件下	若"补水泵运行台数"=2，令"补水泵运行台数"=1	使得"溢流液位"→有水
	维持"补水泵运行台数"不变	—
在"溢流液位为有水"的条件下	令"补水泵运行台数"=0	—

6）蝶阀

监测功能

信息点	安装位置	采样方式		数据				显示		记录	
		周期性	数变就发	类型	取值范围	测量精度	状态说明	显示位置	允许延时	记录周期	记录时长
开关状态反馈	执行器	—	关闭/打开	通断量	{0，1}	—	0：关闭 1：打开	机房界面	10s	每次变化	1年

远程控制功能

被控设备	操作位置	允许延时	记录时长
水阀开关	监控机房界面	10s	1年

自动控制功能

根据机组自动启停指令和水流开关的状态，实现蝶阀的自动开关。

蝶阀自动开关算法

自动控制用信息点描述

信息点	安装位置	数据			
		类型	取值范围	精度	状态说明
输入信息					
水流开关状态	水管	通断量	{0，1}	—	0：无水 1：有水
输出信息					
水阀开关	执行器	通断量	{0，1}	—	0：关闭 1：打开
算法中间变量					
机组自动启停指令	控制器	通断量	{0，1}	—	0：停止 1：启动

自动控制算法描述

控制算法名称	蝶阀自动开关算法	
触发方式	机组自动启停指令状态变化	
条件	动作	目标
在"机组自动启停指令为启动"的条件下	打开阀门	—
在"机组自动启停指令为停止"且"水流开关状态为无水"的条件下	关闭阀门	—

7）旁通阀

监测功能

信息点	安装位置	采样方式		数据			显示		记录	
		周期性	数变就发	类型	取值范围	测量精度	状态说明	显示位置	允许延时	记录周期	记录时长
开度反馈	执行器	—	1%	连续量	0～100%	1%	—	机房界面	10s	每次变化	1年

远程控制功能

被控设备	操作位置	允许延时	记录时长
水阀开度调节	监控机房界面	10s	1年

自动控制功能

根据水泵频率和负荷的变化，自动调节水阀开度。

旁通阀开度自动调节算法

自动控制用信息点描述

信息点	安装位置	数据			
		类型	取值范围	精度	状态说明
输入信息					
水泵频率	控制柜	连续量	0～50Hz	1%	—
供水压力	供水总管	连续量	0～3500kPa	1%	—
回水压力	回水总管	连续量	0～3500kPa	1%	—
输出信息					
水阀开度	执行器	连续量	0～100%	1%	—
算法中间变量					
频率下限设定值	控制器	连续量	0～50Hz	1%	—
供回水压差	控制器	连续量	0～300kPa	1%	—
供回水压差设定值	控制器	连续量	0～300kPa	1%	—

自动控制算法描述

控制算法名称	旁通阀开度自动调节算法	
触发方式	每30秒钟	
条件	动作	目标
在"水泵频率"="频率下限设定值"的条件下	调节"水阀开度"↑（↓）	使得"供回水压差"↓（↑）→"供回水压差设定值"
在"水泵频率"=0或"水泵频率">"频率下限设定值"的条件下	令"水阀开度"为0	—

8）空调水管路监测

信息点	安装位置	采样方式		数据				显示		记录	
		周期性	数变就发	类型	取值范围	测量精度	状态说明	显示位置	允许延时	记录周期	记录时长
冷冻水回水流量	冷冻水回水总管	—	0.1 m/s	连续量	0.1～6 m/s*	1%	—	机房界面	10s	每次变化	1年
冷冻水供水压力	冷冻水供水总管	—	1kPa	连续量	0～3500 kPa	1%	—	机房界面	10s	每次变化	1年
冷冻水回水压力	冷冻水回水总管	—	1kPa	连续量	0～3500 kPa	1%	—	机房界面	10s	每次变化	1年
冷冻水供水温度	冷冻水供水总管	—	0.2℃	连续量	0～50℃	0.3℃	—	机房界面	10s	每次变化	1年
冷冻水回水温度	冷冻水回水总管	—	0.2℃	连续量	0～50℃	0.3℃	—	机房界面	10s	每次变化	1年
冷却水供水温度	冷却水供水总管	—	0.2℃	连续量	0～50℃	0.3℃	—	机房界面	10s	每次变化	1年
冷却水回水温度	冷却水回水总管	—	0.2℃	连续量	0～50℃	0.3℃	—	机房界面	10s	每次变化	1年

＊瞬时水流速，流量计另外有累计流量数据（采用英制单位 gpm）

9）组合式空调机组

监测功能

信息点	安装位置	采样方式		数据				显示		记录	
		周期性	数变就发	类型	取值范围	测量精度	状态说明	显示位置	允许延时	记录周期	记录时长
送风温度	送风风道	—	0.2℃	连续量	0～50℃	0.3℃	—	机房界面	10s	每次变化	1年
回风温度	回风风道	—	0.2℃	连续量	0～50℃	0.3℃	—	机房界面	10s	每次变化	1年
供冷水阀开度反馈	执行器	—	1%	连续量	0～100%	1%	—	机房界面	10s	每次变化	1年
供热水阀开度反馈	执行器	—	1%	连续量	0～100%	1%	—	机房界面	10s	每次变化	1年
新风阀开度反馈	执行器	—	1%	连续量	0～100%	1%	—	机房界面	10s	每次变化	1年
排风阀开度反馈	执行器	—	1%	连续量	0～100%	1%	—	机房界面	10s	每次变化	1年
回风阀开度反馈	执行器	—	1%	连续量	0～100%	1%	—	机房界面	10s	每次变化	1年

续表

信息点	安装位置	采样方式		数据				显示		记录	
		周期性	数变就发	类型	取值范围	测量精度	状态说明	显示位置	允许延时	记录周期	记录时长
送风机运行状态反馈	电控柜	—	停止/启动	通断量	{0, 1}	—	0：停止 1：启动	机房界面	10s	每次变化	1年
送风机就地远程状态反馈	电控柜	—	就地/远程	通断量	{0, 1}	—	0：就地 1：远程	机房界面	10s	每次变化	1年
排风机运行状态反馈	电控柜	—	停止/启动	通断量	{0, 1}	—	0：停止 1：启动	机房界面	10s	每次变化	1年
排风机就地远程状态反馈	电控柜	—	就地/远程	通断量	{0, 1}	—	0：就地 1：远程	机房界面	10s	每次变化	1年
排风机频率反馈	电控柜	—	1Hz	连续量	0～50Hz	0.2Hz	—	机房界面	10s	每次变化	1年

安全保护功能

安全保护内容	采样			触发阈值	动作	动作顺序	允许延时	记录时长
	采样点安装位置	采样方式						
		周期性	数变就发					
送风机故障保护	电控柜	—	正常/故障	＝故障	停止风机	1	10s	1年
					机房界面报警提示	2	10s	1年
过滤器压差保护	过滤器两侧	—	正常/报警	＝报警	停止风机	1	10s	1年
					机房界面报警提示	2	10s	1年
排风机故障保护	电控柜	—	正常/故障	＝故障	停止风机	1	10s	1年
					机房界面报警提示	2	10s	1年

远程控制功能

被控设备	操作位置	允许延时	记录时长
送风机启停	监控机房界面	10s	1年
排风机启停	监控机房界面	10s	1年
排风机频率调节	监控机房界面	10s	1年
冷水阀开度调节	监控机房界面	10s	1年
热水阀开度调节	监控机房界面	10s	1年
新风阀开度调节	监控机房界面	10s	1年
回风阀开度调节	监控机房界面	10s	1年
排风阀开度调节	监控机房界面	10s	1年

自动控制功能

根据时间计划表，实现组合式空调机组的自动启停。

根据负荷的变化，自动调节水阀开度。

水阀开度自动调节算法

自动调节算法信息点

信息点	安装位置	数据			
		类型	取值范围	精度	状态说明
输入信息					
送风温度	送风风道	连续量	0~50℃	0.3℃	—
送风机运行状态反馈	电控柜	通断量	{0, 1}	—	0：停止 1：启动
输出信息					
水阀开度	执行器	连续量	0~100%	1%	—
算法中间变量					
送风温度设定值	控制器	连续量	0~50℃	0.3℃	—
供冷/供热模式	控制器	状态量	{0, 1, 2}	—	0：过渡季 1：供冷 2：供热

自动调节算法描述

控制算法名称	水阀开度自动调节算法	
触发方式	每 30 秒钟	
条件	动作	目标
在"送风机运行状态反馈为启动"且"供热/供冷模式为供冷模式"条件下	调节"水阀开度"↑（↓）	使得"送风温度"↓（↑）→"送风温度设定值"
在"送风机运行状态反馈为启动"且"供热/供冷模式为供热模式"条件下	调节"水阀开度"↑（↓）	使得"送风温度"↑（↓）→"送风温度设定值"
在"送风机运行状态反馈为停止"或"供热/供冷模式为过渡季"条件下	令"水阀开度"＝0	—

送风温度设定值自动调节算法

自动调节算法信息点

信息点	安装位置	数据			
		类型	取值范围	精度	状态说明
输入信息					
回风温度	回风风道	连续量	0~50℃	0.3℃	—
送风机运行状态反馈	电控柜	通断量	{0, 1}	—	0：停止 1：启动
输出信息					
送风温度设定值	控制器	连续量	0~50℃	0.3℃	—
算法中间变量					
室温设定值	控制器	连续量	0~50℃	0.3℃	—

自动调节算法描述

控制算法名称	送风温度设定值自动调节算法	
触发方式	每10分钟	
条件	动作	目标
在"送风机运行状态反馈为启动"条件下	调节"送风温度设定值"↑（↓）	使得"回风温度"↑（↓）→"室温设定值"
在"送风机运行状态反馈为停止"条件下	维持"送风温度设定值"不变	—

10）吊顶式空调机组

监测功能描述

信息点	安装位置	采样方式		数据				显示		记录	
		周期性	数变就发	类型	取值范围	测量精度	状态说明	显示位置	允许延时	记录周期	记录时长
送风温度	送风风道	—	0.2℃	连续量	0～50℃	0.3℃	—	机房界面	10s	每次变化	1年
回风温度	回风风道	—	0.2℃	连续量	0～50℃	0.3℃	—	机房界面	10s	每次变化	1年
水阀开度反馈	执行器	—	1%	连续量	0～100%	1%	—	机房界面	10s	每次变化	1年
运行状态反馈	电控柜	—	停止/启动	通断量	{0，1}	—	0：停止 1：启动	机房界面	10s	每次变化	1年
就地远程状态反馈	电控柜	—	就地/远程	通断量	{0，1}	—	0：就地 1：远程	机房界面	10s	每次变化	1年

安全保护功能

安全保护内容	采样			触发阈值	动作	动作顺序	允许延时	记录时长
	采样点安装位置	采样方式						
		周期性	数变就发					
故障保护	电控柜	—	正常/故障	＝故障	停止风机	1	10s	1年
					机房界面报警提示	2	10s	1年
过滤器压差保护	过滤器两侧	—	正常/报警	＝报警	停止风机	1	10s	1年
					机房界面报警提示	2	10s	1年

远程控制功能

被控设备	操作位置	允许延时	记录时长
风机启停	监控机房界面	10s	1年
水阀开度调节	监控机房界面	10s	1年

自动控制功能

根据时间计划表，实现吊顶式空调机组的自动启停。

根据负荷的变化，自动调节水阀开度。

水阀开度自动调节算法

自动调节算法信息点

信息点	安装位置	数据			
		类型	取值范围	精度	状态说明
输入信息					
送风温度	送风风道	连续量	0～50℃	0.3℃	—
风机运行状态反馈	电控柜	通断量	{0，1}	—	0：停止 1：启动
输出信息					
水阀开度	执行器	连续量	0～100%	1%	—
算法中间变量					
送风温度设定值	控制器	连续量	0～50℃	0.3℃	—
供冷/供热模式	控制器	状态量	{0，1，2}	—	0：过渡季 1：供冷 2：供热

自动调节算法描述

控制算法名称	水阀开度自动调节算法	
触发方式	每 30 秒钟	
条件	动作	目标
在"风机运行状态反馈为启动"且"供热/供冷模式为供冷模式"条件下	调节"水阀开度"↑（↓）	使得"送风温度"↓（↑）→"送风温度设定值"
在"风机运行状态反馈为启动"且"供热/供冷模式为供热模式"条件下	调节"水阀开度"↑（↓）	使得"送风温度"↑（↓）→"送风温度设定值"
在"风机运行状态反馈为停止"或"供热/供冷模式为过渡季"条件下	令"水阀开度"=0	—

送风温度设定值自动调节算法

自动调节算法信息点

信息点	安装位置	数据			
		类型	取值范围	精度	状态说明
输入信息					
回风温度	回风风道	连续量	0～50℃	0.3℃	—
风机运行状态反馈	电控柜	通断量	{0，1}	—	0：停止 1：启动
输出信息					
送风温度设定值	控制器	连续量	0～50℃	0.3℃	—
算法中间变量					
室温设定值	控制器	连续量	0～50℃	0.3℃	—

自动调节算法描述

控制算法名称	送风温度设定值自动调节算法	
触发方式	每 10 分钟	
条件	动作	目标
在"风机运行状态反馈为启动"条件下	调节"送风温度设定值"↑（↓）	使得"回风温度"↑（↓） →"室温设定值"
在"风机运行状态反馈为停止"条件下	维持"送风温度设定值"不变	—

11）新风送风机

监测功能

信息点	安装位置	采样方式		数据				显示		记录	
		周期性	数变就发	类型	取值范围	测量精度	状态说明	显示位置	允许延时	记录周期	记录时长
运行状态反馈	电控柜	—	停止/启动	通断量	{0, 1}	—	0：停止 1：启动	机房界面	10s	每次变化	1 年
就地远程状态反馈	电控柜	—	就地/远程	通断量	{0, 1}	—	0：就地 1：远程	机房界面	10s	每次变化	1 年
频率反馈	电控柜	—	1Hz	连续量	0～50Hz	0.2Hz	—	机房界面	10s	每次变化	1 年

安全保护功能

安全保护内容	采样			触发阈值	动作	动作顺序	允许延时	记录时长
	采样点安装位置	采样方式						
		周期性	数变就发					
故障保护	电控柜	—	正常/故障	＝故障	停止风机	1	10s	1 年
					机房界面报警提示	2	10s	1 年

远程控制功能

被控设备	操作位置	允许延时	记录时长
风机启停	监控机房界面	10s	1 年
风机频率调节	监控机房界面	10s	1 年

自动控制功能

根据时间计划表，实现送/排风风机的自动启停。

根据安装在新风井底端的压力传感器的参数，自动调节风机频率。

新风送风机频率自动调节算法

自动控制用信息点描述

信息点	安装位置	数据			
		类型	取值范围	精度	状态说明
输入信息					
新风压力	新风井	连续量	0~1250Pa	1%	—
风机运行状态反馈	电控柜	通断量	{0,1}	—	0：停止 1：启动
输出信息					
风机频率	电控柜	连续量	0~50Hz	1%	
算法中间变量					
新风压力设定值	控制器	连续量	0~200Pa	1%	—

自动控制算法描述

控制算法名称	新风送风机频率自动调节算法	
触发方式	每30秒钟	
条件	动作	目标
在"风机运行状态反馈"为"启动"的条件下	调节"风机频率"↑（↓）	使得"新风压力"↑（↓）→"新风压力设定值"
在"风机运行状态反馈"为"停止"的条件下	令"风机频率"为0	—

12）新风机组

监测功能

信息点	安装位置	采样方式		数据				显示		记录	
		周期性	数变就发	类型	取值范围	测量精度	状态说明	显示位置	允许延时	记录周期	记录时长
送风温度	送风风道	—	0.2℃	连续量	0~50℃	0.3℃	—	机房界面	10s	每次变化	1年
水阀开度反馈	执行器	—	1%	连续量	0~100%	1%	—	机房界面	10s	每次变化	1年
运行状态反馈	电控柜	—	停止/启动	通断量	{0,1}	—	0：停止 1：启动	机房界面	10s	每次变化	1年
就地远程状态反馈	电控柜	—	就地/远程	通断量	{0,1}	—	0：就地 1：远程	机房界面	10s	每次变化	1年

安全保护功能

安全保护内容	采样			触发阈值	动作	动作顺序	允许延时	记录时长
	采样点安装位置	采样方式						
		周期性	数变就发					
故障保护	电控柜	—	正常/故障	＝故障	停止风机	1	10s	1年
					机房界面报警提示	2	10s	1年
过滤器压差保护	过滤器两侧	—	正常/报警	＝报警	停止风机	1	10s	1年
					机房界面报警提示	2	10s	1年

远程控制功能

被控设备	操作位置	允许延时	记录时长
风机启停	监控机房界面	10s	1年
水阀开度调节	监控机房界面	10s	1年

自动控制功能

根据时间计划表，实现新风机组的自动启停。

根据负荷的变化，自动调节水阀开度。

水阀开度自动调节算法

自动调节算法信息点

信息点	安装位置	数据			
		类型	取值范围	精度	状态说明
输入信息					
送风温度	送风风道	连续量	0～50℃	0.3℃	—
风机运行状态反馈	电控柜	通断量	{0，1}	—	0：停止 1：启动
输出信息					
水阀开度	执行器	连续量	0～100%	1%	—
算法中间变量					
送风温度设定值	控制器	连续量	0～50℃	0.3℃	—
供冷/供热模式	控制器	状态量	{0，1，2}	—	0：过渡季 1：供冷 2：供热

自动调节算法描述

控制算法名称	水阀开度自动调节算法	
触发方式	每30秒钟	
条件	动作	目标
在"风机运行状态反馈为启动"且"供热/供冷模式为供冷模式"条件下	调节"水阀开度"↑（↓）	使得"送风温度"↓（↑）→"送风温度设定值"
在"风机运行状态反馈为启动"且"供热/供冷模式为供热模式"条件下	调节"水阀开度"↑（↓）	使得"送风温度"↑（↓）→"送风温度设定值"
在"风机运行状态反馈为停止"或"供热/供冷模式为过渡季"条件下	令"水阀开度"＝0	—

13）风机盘管
监测功能描述

信息点	安装位置	采样方式		数据			显示		记录	
		周期性	数变就发	类型	取值范围	测量精度	状态说明	显示位置	允许延时	记录周期	记录时长
运行状态反馈	温控器	10s	—	通断量	{0，1}	—	0：停止 1：启动	机房界面	10s	每次变化	1年
运行模式反馈	温控器	10s	—	状态量	{1，2，3}	—	1：制冷 2：制热 3：通风	机房界面	10s	每次变化	1年
室内温度设定值	温控器	10s	—	连续量	5~35℃	0.1℃	—	—	10s	900s	1年
运行速度反馈	温控器	10s	—	状态量	{0，1，2，3}	—	0：自动 1：高速 2：中速 3：低速	—	10s	每次变化	1年
键盘锁定	温控器	10s	—	通断量	{0，1}	—	0：解锁 1：锁定	—	10s	每次变化	1年
盘管传感器使能	温控器	10s	—	通断量	{0，1}	—	0：停用 1：启用	—	10s	每次变化	1年
制冷阈值	温控器	10s	—	连续量	5~20℃	0.1℃	—	—	10s	900s	1年
制热阈值	温控器	10s	—	连续量	35~90℃	0.1℃	—	—	10s	900s	1年
室内温度	温控器	10s	—	连续量	0~99℃	0.1℃	—	机房界面	10s	900s	1年
盘管温度	温控器	10s	—	连续量	0~90℃	0.1℃	—	—	10s	900s	1年
高速风制冷累计时间	温控器	10s	—	连续量	0~∞	1h	—	—	10s	每次变化	1年
中速风制冷累计时间	温控器	10s	—	连续量	0~∞	1h	—	—	10s	每次变化	1年
低速风制冷累计时间	温控器	10s	—	连续量	0~∞	1h	—	—	10s	每次变化	1年
高速风制热累计时间	温控器	10s	—	连续量	0~∞	1h	—	—	10s	每次变化	1年
中速风制热累计时间	温控器	10s	—	连续量	0~∞	1h	—	—	10s	每次变化	1年
低速风制热累计时间	温控器	10s	—	连续量	0~∞	1h	—	—	10s	每次变化	1年

远程控制功能描述

被控设备	操作位置	允许延时	记录时长
风机启停	监控机房界面	10s	1年

14）送/排风风机

监测功能

信息点	安装位置	采样方式		数据				显示		记录	
		周期性	数变就发	类型	取值范围	测量精度	状态说明	显示位置	允许延时	记录周期	记录时长
运行状态反馈	电控柜	—	停止/启动	通断量	{0，1}	—	0：停止 1：启动	机房界面	10s	每次变化	1年
就地远程状态反馈	电控柜	—	就地/远程	通断量	{0，1}	—	0：就地 1：远程	机房界面	10s	每次变化	1年

安全保护功能

安全保护内容	采样			触发阈值	动作	动作顺序	允许延时	记录时长
	采样点安装位置	采样方式						
		周期性	数变就发					
故障保护	电控柜	—	正常/故障	＝故障	停止风机	1	10s	1年
					机房界面报警提示	2	10s	1年

远程控制功能

被控设备	操作位置	允许延时	记录时长
风机启停	监控机房界面	10s	1年

自动控制功能

根据时间计划表，实现送/排风风机的自动启停。

另外地下室的送/排风风机，在时间计划表外，会根据CO浓度来自动启停。当CO浓度超过允许值时，则启动相应的送/排风风机；当CO浓度恢复到允许值后，则停止相应的送/排风风机。

地下室送/排风风机自动启停算法

自动控制用信息点描述

信息点	安装位置	数据			
		类型	取值范围	精度	状态说明
输入信息					
CO浓度	地下室	连续量	0～300ppm	1%	—
输出信息					
风机启停	电控柜	通断量	{0，1}	—	0：停止 1：启动
算法中间变量					
CO浓度上限设定值	控制器	连续量	250～300ppm	1%	—
CO浓度下限设定值	控制器	连续量	5～15ppm	1%	—

自动控制算法描述

控制算法名称	地下室送/排风风机自动启停算法	
触发方式	每30秒钟	
条件	动作	目标
在"CO浓度"≥"CO浓度上限设定值"的条件下	启动对应的风机	使得"CO浓度"↓ →"CO浓度设定值"
在"CO浓度"<"CO浓度上限设定值"且"CO浓度">"CO浓度下限设定值"的条件下	维持风机状态不变	—
在"CO浓度"≤"CO浓度下限设定值"的条件下	停止对应的风机	—

15）其他系统参数监测

监测功能描述

信息点	安装位置	采样方式		数据				显示		记录	
		周期性	数变就发	类型	取值范围	测量精度	状态说明	显示位置	允许延时	记录周期	记录时长
CO浓度	地下室	—	1ppm	连续量	0～300 ppm	1%	—	机房界面	10s	每次变化	1年
新风压力	新风井	—	1Pa	连续量	0～1250 Pa	1%	—	机房界面	10s	每次变化	1年
室外温度	屋顶	—	0.2℃	连续量	0～50℃	0.3℃	—	机房界面	10s	每次变化	1年
室外湿度	屋顶	—	1%	连续量	0～100%	5%	—	机房界面	10s	每次变化	1年

2. 给水排水系统

1）排水系统

监测功能

信息点	安装位置	采样方式		数据				显示		记录	
		周期性	数变就发	类型	取值范围	测量精度	状态说明	显示位置	允许延时	记录周期	记录时长
运行状态反馈	电控柜	—	停止/启动	通断量	{0，1}	—	0：停止 1：启动	机房界面	10s	每次变化	1年
就地远程状态反馈	电控柜	—	就地/远程	通断量	{0，1}	—	0：就地 1：远程	机房界面	10s	每次变化	1年

安全保护功能

安全保护内容	采样			触发阈值	动作	动作顺序	允许延时	记录时长
	采样点安装位置	采样方式						
		周期性	数变就发					
故障保护	电控柜	—	正常/故障	＝故障	停止水泵	1	10s	1年
					机房界面报警提示	2	10s	1年

远程控制功能

被控设备	操作位置	允许延时	记录时长
水泵启停	监控机房界面	10s	1年

自动控制功能

根据集水坑液位开关的状态，实现潜水泵的自动启停、自动调节潜水泵运行台数。

潜水泵自动启停算法

自动控制用信息点描述

信息点	安装位置	数据			
		类型	取值范围	精度	状态说明
输入信息					
溢流液位	集水坑	通断量	{0，1}	—	0：无水 1：有水
停泵液位	集水坑	通断量	{0，1}	—	0：无水 1：有水
输出信息					
潜水泵启停	电控柜	通断量	{0，1}	—	0：停止 1：启动

自动控制算法描述

控制算法名称	潜水泵自动启停算法	
触发方式	液位开关状态变化	
条件	动作	目标
在"溢流液位为有水"的条件下	启动潜水泵	—
在"停泵液位为无水"的条件下	停止潜水泵	—

潜水泵运行台数自动调节算法

自动控制用信息点描述

信息点	安装位置	数据			
		类型	取值范围	精度	状态说明
输入信息					
溢流液位	集水坑	通断量	{0，1}	—	0：无水 1：有水
加泵液位	集水坑	通断量	{0，1}	—	0：无水 1：有水
停泵液位	集水坑	通断量	{0，1}	—	0：无水 1：有水
输出信息					
潜水泵运行台数	控制器	状态量	{0，1，2}	1	—

自动控制算法描述

控制算法名称	潜水泵运行台数自动调节算法	
触发方式	液位开关状态变化	
条件	动作	目标
在"溢流液位为有水"的条件下	令"潜水泵运行台数"=1 启动定时器	使得"溢流液位"→无水
在定时器时间到且"加泵液位为有水"的条件下	令"潜水泵运行台数"=2	使得"加泵液位"→无水
在"停泵液位为有水"的条件下	维持"潜水泵运行台数"不变	使得"停泵液位"→无水
在"停泵液位为无水"的条件下	令"潜水泵运行台数"=0	—

2）给水系统

监测功能

信息点	安装位置	采样方式		数据				显示		记录	
		周期性	数变就发	类型	取值范围	测量精度	状态说明	显示位置	允许延时	记录周期	记录时长
运行状态反馈	电控柜	—	停止/启动	通断量	{0，1}	—	0：停止 1：启动	机房界面	10s	每次变化	1年
就地远程状态反馈	电控柜	—	就地/远程	通断量	{0，1}	—	0：就地 1：远程	机房界面	10s	每次变化	1年
水泵频率反馈	电控柜	1Hz		连续量	0～50Hz	0.2Hz	—	机房界面	10s	每次变化	1年

安全保护功能

安全保护内容	采样			触发阈值	动作	动作顺序	允许延时	记录时长
	采样点安装位置	采样方式						
		周期性	数变就发					
故障保护	电控柜	—	正常/故障	=故障	停止水泵	1	10s	1年
					机房界面报警提示	2	10s	1年

远程控制功能

被控设备	操作位置	允许延时	记录时长
水泵启停	监控机房界面	10s	1年

3）生活热水系统

监测功能描述

信息点	安装位置	采样方式		数据				显示		记录	
		周期性	数变就发	类型	取值范围	测量精度	状态说明	显示位置	允许延时	记录周期	记录时长
运行状态反馈	电控柜	—	停止/启动	通断量	{0，1}	—	0：停止 1：启动	机房界面	10s	每次变化	1年
就地远程状态反馈	电控柜	—	就地/远程	通断量	{0，1}	—	0：就地 1：远程	机房界面	10s	每次变化	1年

安全保护功能描述

安全保护内容	采样			触发阈值	动作	动作顺序	允许延时	记录时长
	采样点安装位置	采样方式						
		周期性	数变就发					
故障保护	电控柜	—	正常/故障	=故障	机房界面报警提示	1	10s	1年

3. 照明系统
监测功能描述

信息点	安装位置	采样方式		数据				显示		记录	
		周期性	数变就发	类型	取值范围	测量精度	状态说明	显示位置	允许延时	记录周期	记录时长
照明回路状态反馈	电控柜	—	关闭/打开	通断量	{0, 1}	—	0：关闭 1：打开	机房界面	10s	每次变化	1年
就地远程状态反馈	电控柜	—	就地/远程	通断量	{0, 1}	—	0：就地 1：远程	机房界面	10s	每次变化	1年

远程控制功能描述

被控设备	操作位置	允许延时	记录时长
照明回路开关	监控机房界面	10s	1年

自动控制功能描述

根据时间计划表，实现照明回路的自动开关。

在时间计划表外，根据安装在楼道墙面的占位传感器和复位开关的状态，实现照明回路的自动开关。

照明回路自动开关算法

照明回路自动控制用信息点描述

信息点	安装位置	数据			
		类型	取值范围	精度	状态说明
输入信息					
占位传感器	楼道墙面	通断量	{0, 1}	—	0：无人 1：有人
自复位开关	楼道墙面	通断量	{0, 1}	—	0：无人 1：有人
输出信息					
照明回路	电控柜	通断量	{0, 1}	—	0：关闭 1：打开

照明回路自动控制算法描述

控制算法名称	照明回路自动开关算法	
触发方式	传感器或开关状态变化	
条件	动作	目标
当对应的占位传感器从无人变为有人时	打开对应的照明回路	—
	定时器 1 重新计时	
当对应的自复位开关从无人变为有人时	打开对应的照明回路	—
	定时器 2 重新计时	
和照明回路对应的定时器 1 和 2 都到时	关闭对应的照明回路	—

4. 能耗监测

（1）空调水系统的总用电量

通过对空调水系统中各个用电设备加装电表，来实现整个系统总用电量的计量。

（2）空调水系统的总供冷/热量

通过供回水温度传感器和流量计的数据，来计算整个系统总供冷/热量。

（3）风机盘管的供能量

通过风机盘管在不同模式、不同风速下的供能数据和累计运行时间，来计算风机盘管的总供能量。用各区域风机盘管的供能量占系统总供冷/热量的比例来分摊空调费。

能耗监测数据均传送给 Techcon 中央空调计量收费软件，实现标准层用能的实时计量和收费功能。中央空调计费系统的详细功能详见第 9.6 节。

5. 管理功能

（1）运行管理

在监控中心计算机上，布置集中监控的人机界面对整个大厦所有监控设备进行管理；在冷冻站机房工控机上，布置人机界面对空调水系统设备进行管理。

监测信息点的数值可以以单点、曲线或者报表的形式来呈现。

远程控制功能可以在人机界面上通过选择手动模式来执行，可根据需要在目的完成之后恢复为自动模式。

对具有启停功能的设备，进行运行时间的累计。通过上一次维护后的累计运行时间和设定值的比较，来判断设备是否需要进行维护，并给出提醒。

对传感器异常数据进行过滤，并在判断故障时给出报警。所有故障报警在人机界面上有专用区域进行管理，并在故障恢复后自动取消报警。

可以预制数据报表进行定时打印输出功能，也可以随时选择所需数据输出到表格中。

（2）权限管理

人机界面除开发人员具有所有权限外，设置游客、操作员、管理员三级权限。

游客：仅可以查看管理员允许查看的内容。游客的用户名为 guest，密码留空。

操作员：除游客权限外，还可以使用设备的远程控制功能、修改时间计划表、打印报表等日常运行维护必需的操作功能。要求操作员上岗登录、离岗退出（无操作延时退出）。每一个操作员有唯一的用户名和密码，由管理员进行配置。

管理员：除操作员权限外，还可以使用修改人机界面、定制报表、添加、删除或修改操作员的信息等需要一定技术能力的功能。管理员的用户名和密码，由开发人员进行配置。

（3）能源管理

采集、计算系统或设备的能耗数据，提供给中央空调计量收费系统。

9.3 系统配置

9.3.1 设计说明

1. 设计内容

系统网络结构分为三级，第一级为中央工作站，即控制中心，由位于地下一层的监控中心计算机和位于制冷机房控制室的监控工控机组成。监控中心计算机是系统的核心，全楼所有监控设备都在这里进行集中管理和显示；制冷机房控制室的监控工控机则分管整个冷热源系统所受监控的机电设备。第二级为 DDC 工作站，为实现监控功能所需的传感器和执行机构接入DDC控制箱或系统网络。第三级现场控制器为联网型风机盘管温控器。

楼控系统的监控对象包括空调系统，通风系统，给水排水系统，照明系统等。监控内容如下：

新风系统包括监测送风温度，新风阀控制，水阀控制，风机控制，风机反馈和故障，手自动状态，过滤网压差等。单风机机组（包括吊顶式空调器）包括监测送、回风温度，新回风阀控制，水阀控制，风机控制，风机反馈和故障，手自动状态，过滤网压差等。双风机机组包括监测送、回风温度，新、回、排风阀控制，水阀控制，风机控制，风机反馈和故障，手自动状态，过滤网压差。风机盘管由温控器控制其回水管上的电动二通阀。排风系统包括送、排风机高低速控制，风机反馈和故障，手自动状态，风机压差等。变频风机包括风机启停控制，风机反馈和故障，手自动状态，风机压差，变频控制，变频故障反馈等。

给水排水系统包括水箱高中低水位的监控，生活、排污水泵的控制，反馈和故障，手自动状态等。

照明系统包括写字楼区域6～25层公共照明就地控制和远程控制两种方式，其中包括公共照明启停控制和反馈，通过占位传感器和两联开关就地控制照明等。

2. 接口要求

被监控设备需要提供运行状态、故障状态、手自动状态、启停控制信号的接口。

系统监测的运行状态信号应由相关配电箱主控回路的交流接触器的无源辅助触点引出（此接点为无源常开接点）。系统监测的故障状态信号应由热保护继电器的无源辅助触点引出（此接点为无源常开接点）。电气专业应在电控箱的二次控制回路中设置手/自动转换开关，并向系统提供一对无源辅助触点（此接点为无源常开接点），作为手/自动状态信号。系统提供一对无源常开接点信号引入二次控制回路，用于当手/自动开关处于自动状态时，自动控制设备的启停。

大楼计算机网络应预留弱电楼控网段，并提供相应IP地址及考虑预留充裕的流量。每个DDC房间应按照一一对应方式设置信息端口。大楼计算机网络应预留弱电楼控网段，并提供相应IP地址及考虑预留充裕的流量。

监控系统控制箱柜应由电气专业预留一路220V专用电源。

9.3.2　系统图

本项目监控系统采用了集散式控制架构，如图9-1所示。

系统配置1个645网关工作站采集冷站能耗数据，65个MODBUS工作站监控所有的风机盘管设备，65个DDC工作站监控其他设备；在监控中心设置监控计算机统一管理整个自控系统，在冷冻站机房设置监控工控机便于就地管理冷站设备。

MODBUS工作站通过内部CAN总线与上位机连接，DDC工作站则就近接入局域网交换机，与监控计算机交互数据。

9.3.3　监控原理图

组合式空调机组、吊顶式空调机组、新风系统、送/排风机的监控原理图分别见图9-2～图9-5。

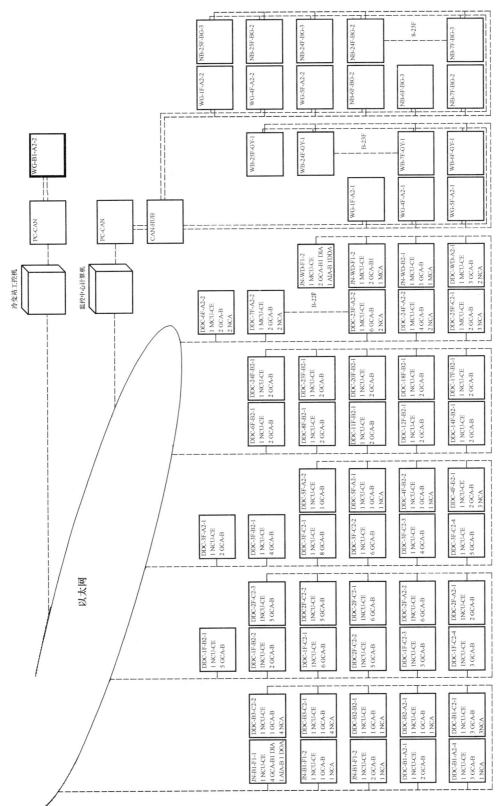

图 9-1 监控系统架构图

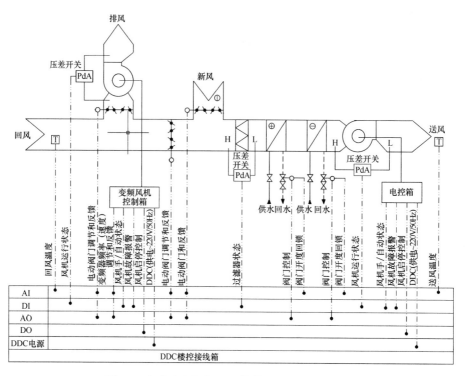

图 9-2　组合式空调机组（带排风机）监控原理图

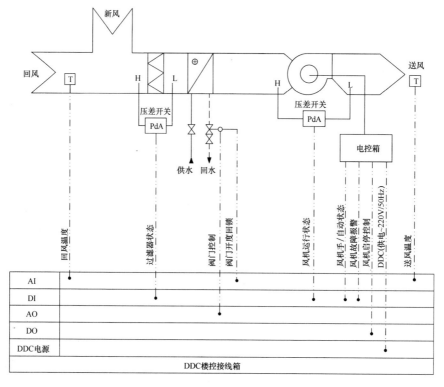

图 9-3　吊顶式空调机组监控原理图

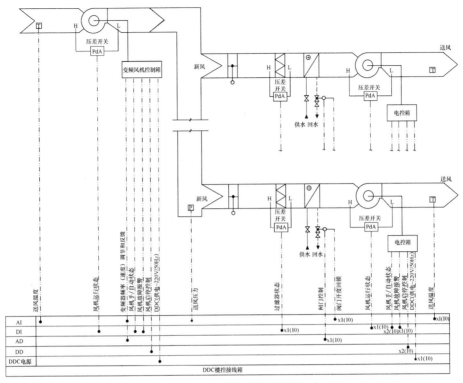

图 9-4 新风系统监控原理图

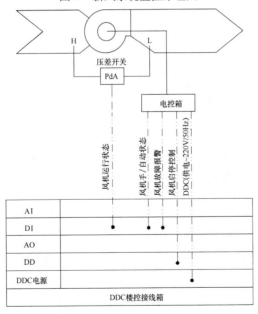

图 9-5 送/排风机监控原理图

9.3.4 平面图

根据被监控设备的位置，确定 DDC 控制箱位置、数量、监控设备的范围。一层和十九层（标准层）的平面图分别见图 9-6 和图 9-7。

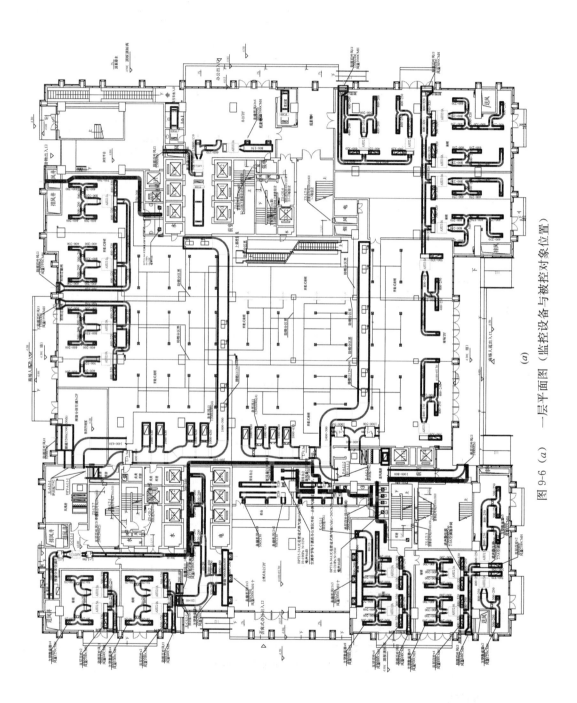

图 9-6 (a) 一层平面图（监控设备与被控对象位置）

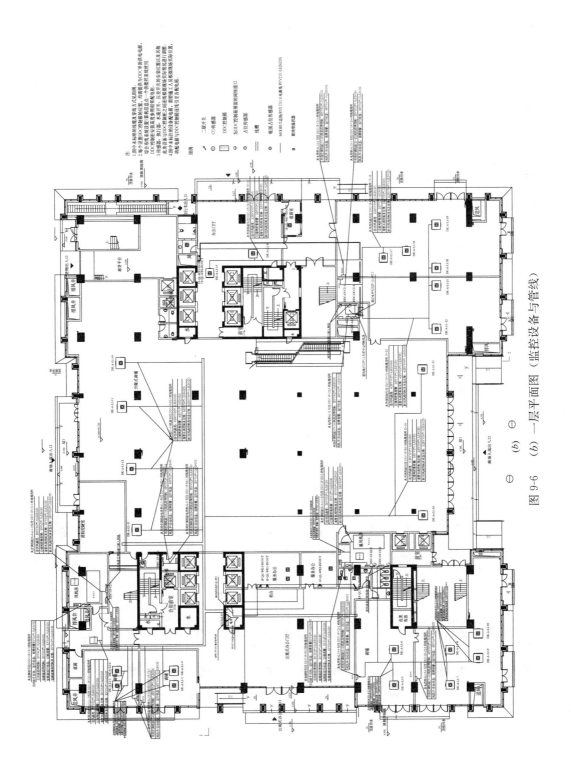

图 9-6 （b）一层平面图（监控设备与管线）

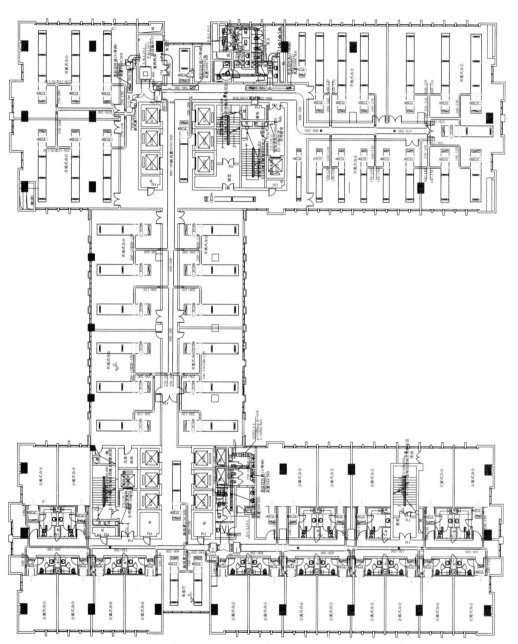

图 9-7 (a)　十九层平面图（监控设备与被控对象位置）：

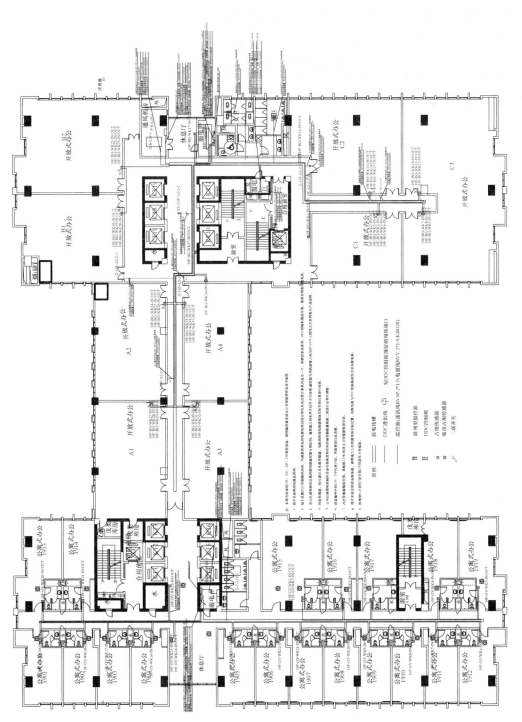

图 9-7（b） 十九层平面图（监控设备与管线）

9.3.5 监控点表

根据监控原理图及平面图，统计每个DDC控制箱的监控点位和模块数量。分别以一层和十九层为例，监控点表见表9-1和表9-2。

一层监控点表（DDC-1F-C2-1）

表9-1

设 备	数量	监 控 功 能	DI	DO	AI	AO
组合式空调机组 K-A-L1-1	1	送风温度			1	
		回风温度			1	
		过滤网堵塞报警	1			
		供冷水阀开度调节和反馈			1	1
		供热水阀开度调节和反馈			1	1
		就地远程状态	1			
		故障报警	1			
		运行状态	1			
		启停控制		1		
		新风阀开度调节和反馈			1	1
		回风阀开度调节和反馈			1	1
		排风阀开度调节和反馈			1	1
排风风机 P-A-L1-1	1	就地远程状态	1			
		故障报警	1			
		运行状态	1			
		启停控制		1		
		频率调节和反馈			1	1
新风机组 X-C-L1-1	1	送风温度			1	
		过滤网堵塞报警	1			
		供冷水阀开度调节和反馈			1	1
		就地远程状态	1			
		故障报警	1			
		运行状态	1			
		启停控制		1		

设 备	数量	监 控 功 能	DI	DO	AI	AO
吊顶式空调机组 DK-A-L1-1 DK-A-L1-2 DK-A-L1-3 DK-A-L1-4	4	送风温度			4	
		回风温度			4	
		过滤网堵塞报警	4			
		供冷水阀开度调节和反馈			4	4
		就地远程状态	4			
		故障报警	4			
		运行状态	4			
		启停控制		4		
监控点数小计			27	22	11	7
Techcon409-GCA-B	6		36	18	24	18
配置点数小计			36	24	18	18

十九层监控点表（DDC-19F-A2-2）　　　　　　　　　　表 9-2

设 备	数量	监 控 功 能	DI	DO	AI	AO
新风机组 X-B-L19-1	1	送风温度			1	
		过滤网堵塞报警	1			
		供冷水阀开度调节和反馈			1	1
		就地远程状态	1			
		故障报警	1			
		运行状态	1			
		启停控制		1		
排风风机 P-B-L19-1 P-B-L19-2 P-B-L19-3	3	就地远程状态	3			
		故障报警	3			
		运行状态	3			
		启停控制		3		
室内公共照明	1	就地远程状态	1			
		照明回路开关状态	8			
		照明回路开关控制		8		
		复位开关状态	8			
		占位传感器状态	3			
监控点数小计			33	12	2	1
Techcon409-GCA-B	2		12	6	8	6
Techcon409－MCA	2		24	8		
配置点数小计			36	14	8	6

9.3.6 控制箱内设备布置和配线连接图

根据 DDC 控制箱的监控点位、模块数量，制作 DDC 控制箱的布置和接线图。分别以一层和十九层为例，表 9-1 和表 9-2 的控制箱布置和接线图分别见图 9-8 和图 9-9。

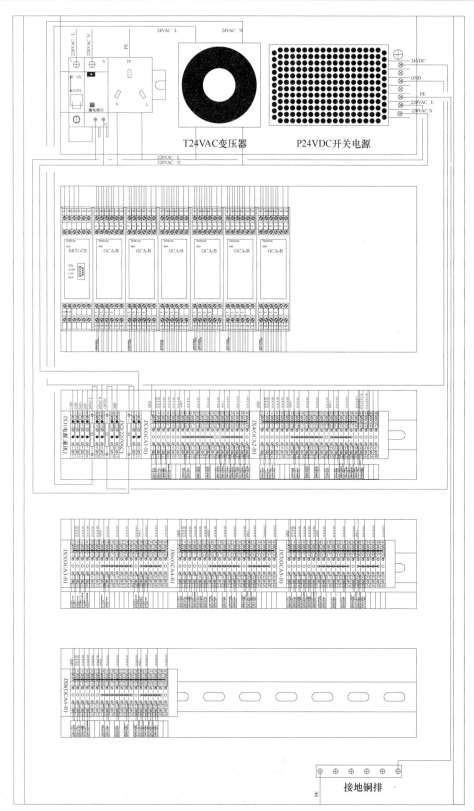

图 9-8 DDC-1F-C2-1 控制箱布置和接线图

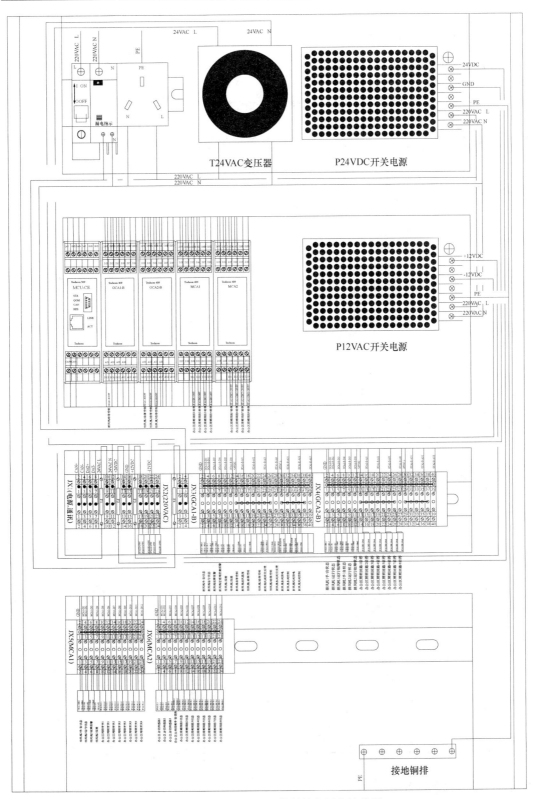

图 9-9　DDC-19F-A2-2 控制箱布置和接线图

9.3.7 控制算法配置表

根据功能设计要求，将被监控设备的自动控制算法配置在对应的 DDC 控制箱内，见表 9-3。

自动控制算法配置表 表 9-3

控制箱编号	监控对象	自动控制算法名称
JN-WD-F1-1	新风送风机	频率自动调节
JN-WD-F1-2	热水机组	自动启停、台数自动调节
	蝶阀	自动开关
	生活热水泵	—
	生活热水机组循环泵	—
JN-B1-F1-1	冷水机组	自动启停、台数自动调节
	蝶阀	自动开关
	冷冻水泵	自动启停、频率自动调节、压差设定值自动调节
	旁通阀	开度自动调节
JN-B1-F1-2	热水泵	自动启停、频率自动调节
JN-B1-F1-3	冷却水泵	自动启停、频率自动调节
	冷却水补水泵	自动启停、台数自动调节
DDC-WD-A2-1	冷却塔	自动启停、台数自动调节
	新风机组	水阀开度自动调节
DDC-WD-B2-1	新风机组	水阀开度自动调节
DDC-B1-A2-1	组合式空调机组	水阀开度自动调节、送风温度设定值自动调节
	排风风机	自动启停
DDC-B1-A2-4	送/排风风机	自动启停
DDC-B1-C2-1	生活冷水泵	—
	排风风机	自动启停
DDC-B2-A2-1	送/排风风机	自动启停
DDC-B2-B2-1	送/排风风机	自动启停
DDC-B3-C2-1	潜水泵	自动启停、台数自动调节
	送/排风风机	自动启停
DDC-B3-C2-2	潜水泵	自动启停、台数自动调节
	送/排风风机	自动启停
DDC-1F-B2-1	吊顶式空调机组	水阀开度自动调节、送风温度设定值自动调节
DDC-1F-B2-2	组合式空调机组	水阀开度自动调节、送风温度设定值自动调节
	送/排风风机	自动启停
DDC-1F-C2-1	组合式空调机组	水阀开度自动调节、送风温度设定值自动调节
	吊顶式空调机组	水阀开度自动调节、送风温度设定值自动调节
	新风机组	水阀开度自动调节
	排风风机	自动启停
DDC-1F-C2-2	吊顶式空调机组	水阀开度自动调节、送风温度设定值自动调节
DDC-1F-C2-3	吊顶式空调机组	水阀开度自动调节、送风温度设定值自动调节
DDC-1F-C2-4	吊顶式空调机组	水阀开度自动调节、送风温度设定值自动调节

9.3.8 设备材料表

工程中采购的主要设备和材料见表 9-4。

设备材料表 表 9-4

序号	名　　称	型　　号	数量	单位
一、控制设备				
1	控制器	Techcon509-MCU-CE	65	个
2	I/O 模块	Techcon409-AIA-B	2	个
3	I/O 模块	Techcon409-GCA-B	170	个
4	I/O 模块	Techcon409-MCA	64	个
5	I/O 模块	中间继电器 Relay-C	32	个
6	机柜	Techcon-A2	36	个
7	机柜	Techcon-B2	10	个
8	机柜	Techcon-C2	14	个
9	组态软件	Techview-iDCS-RU Techview-iDCS-CU	1	套
10	编程软件	Techview-INET	1	套
11	组网软件	Techview-SYS	1	套
12	通信网关	Techcon809-PC-CAN	1	个
13	通信电缆	Techcon809-PLINE	1	个
14	网关（Modbus-CAN）	Techcon809-GTW-MOD	1	个
15	20Nm 风阀执行器（调节型）	DM-20	225	套
16	CO 传感器	TC-CMD5B2000	12	套
17	插入式流量计套装	3-2540-1s（套装）	7	套
18	风道温度传感器（6 英寸，金属外壳）	TC-TE-702-B-7-B	225	套
19	水道温度传感器（6 英寸）	TC-TE-703-C-7-B-2＋A-500-2-B-1	6	套
20	水道压力传感器（0-3500kPa，电压）	TC-PR-264-R6-V	7	套
21	水流开关	TC-WFS-304-1	19	套
22	压差开关	DPS205BT	235	套
23	液位开关（浮板）	KEY-5M	39	套
二、智能灯控系统				
24	占用传感器	SP215	40	套
25	吸顶占位传感器	CL106	20	套
26	控制面板	两联面板	80	套
三、联网温控系统				
27	联网型风机盘管温控器	TVI-HL8202AMS-12	1315	套
28	网关（Modbus-CAN）	Techcon809-GTW-MOD	66	套
29	CAN 集线器	Techcon809-CAN-HUB	1	套
30	CAN 通信模块	Techcon809-PC-CAN	1	套
31	机柜	Techcon-A2	26	套
32	盘管计费模块开发	开发调试	1	套
四、空调节能系统				
33	冷冻机房节能群控管理软件	Techcon-BMS	1	套
34	Techcon 节能专家控制柜	TechconEEC-KC	1	台
35	网关（DL/T645-CAN）	Techcon809-GTW-645	1	套
36	机柜（包含 MCU、I/O 模块）	Techcon-F1	5	个
37	水道压差变送器	TC-PR-282-3-6-B-1-2-B	2	套
38	水道温度传感器（8 英寸，塑料外壳）	TC-TE-703-B-7-C-2＋A-500-3-B-1	2	套
39	水道温度传感器（4 英寸，金属外壳）	TC-TE-703-C-7-A-2＋A-500-1-B-1	10	套
40	室外温湿度传感器	TC-RH300A03D	2	套

续表

序号	名　　称	型　　号	数量	单位
41	风道压力传感器	TC-PR-276-R12-v	2	个
42	变频柜（75kW）	TechconFCP-75	3	台
43	变频柜（37kW）	TechconFCP-37	3	台
44	变频柜（30kW）	TechconFCP-30	1	台
45	变频柜（7.5kW×2）	TechconFCP-7.5×2	1	台
46	变频柜（11kW）	TechconFCP-11	5	台
47	变频柜（2.2kW）	TechconFCP-2.2	7	台
五、备品备件				
48	控制器	Techcon509-MCU-CE	2	个
49	控制器	Techcon409-AIA-B	2	个
50	控制器	Techcon409-GCA-B	5	个
51	控制器	Techcon409-MCA	5	个
52	联网型风机盘管温控器	TVI-HL8202AMS-12	24	套

9.4　施工到验收

9.4.1　施工

1. 施工说明

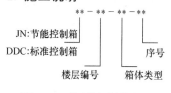

JN：节能控制箱
DDC：标准控制箱
楼层编号　箱体类型　序号

图 9-10　控制箱编号说明

控制箱：控制箱采用明装、壁挂的方式位置，具体安装位置可根据现场情况确定。其编号说明见图 9-10。

管线：不同信号线、控制线和电源线及套管的选型如下：

室外温湿度传感器	RVVP2×1.0＋RVVP4×1.0	$DN25$
水道压力传感器	RVVP2×1.0	$DN20$
水道温度传感器	RVVP2×1.0	$DN20$
流量计	RVVP4×1.0	$DN20$
液位开关、水流开关	RVV3×1.0	$DN20$
运行状态、就地远程状态、故障状态	RVV6×1.0	$DN25$
启停控制	RVV2×1.0	$DN20$
频率反馈	RVVP2×1.0	$DN20$
频率控制	RVVP2×1.0	$DN20$
开关阀状态、控制	RVV6×1.0	$DN25$
调节阀的阀位反馈、阀门控制、电源	RVVP2×1.0＋RVVP4×1.0	$DN25$

通信线与综合布线同桥架敷设；无综合布线桥架处，需单独敷设 $DN25$ 的钢管；吊顶内明敷设。通信线缆采用 RVSP2×1.0。

传感器、执行器的接线详见图 9-11。

218

2. 其他交底文件

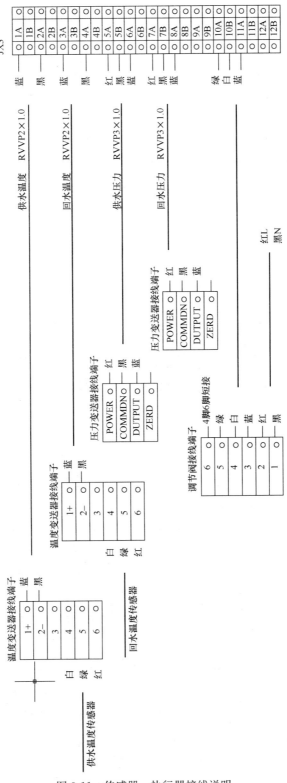

图 9-11 传感器、执行器接线说明

9.4.2 调试

调试内容及过程中的相关记录摘录如下。

1. 系统校线调试

确认全部设备应安装完毕，线缆类型及接线正确无误。

图 9-12 以 DDC-19F-A2-2 控制箱为例，记录控制箱校线过程中的问题。

电缆编号	点类名称	接线颜色	接线编号（1平方）套管	线鼻子颜色	(DDC柜内)端子排号	(DDC柜内)端子号	(DDC柜内)点位号	线缆规格	(现场)端子号	备注
	风机手/自动状态	蓝	X-B-L19-1-M/A1	黑		2	GCA1-B-DI1		X26	已测试
		棕	X-B-L19-1-M/A2	红		1			X27	已测试
X-B-L19-1-DI	风机运行状态	黑	X-B-L19-1-St1	黑		4	GCA1-B-DI2	RVV6*1.0	X21	已测试
		黄	X-B-L19-1-St2	红		3			X22	已测试
	风机运行故障报警	白	X-B-L19-1-Alam1	黑		6	GCA1-B-DI3		X24	
		绿	X-B-L19-1-Alam2	红		5			X25	
X-B-L19-1-P	过滤网淤塞报警	蓝	X-B-L19-1-P1	黑	JX3(GCA1-B)	8	GCA1-B-DI4	RVV2*1.0	1	
		棕	X-B-L19-1-P2	红		7			3	
P-B-L19-1-P	排风机1压差	蓝	P-B-L19-1-P1	黑		10	GCA1-B-DI5	RVV2*1.0	1	
		棕	P-B-L19-1-P2	红		9			3	
P-B-L19-2-P	排风机2压差	蓝	P-B-L19-2-P1	黑		12	GCA1-B-DI6	RVV2*1.0	1	
		棕	P-B-L19-2-P2	红		11			3	
X-B-L19-1-DO	风机启停控制	蓝	X-B-L19-1+24vdc	蓝		13	GCA1-B-DO3	RVV2*1.0	DC2+	已测试
		棕	X-B-L19-1NO/OFF	红		GCA1-B-DO3			DC2-	已测试
X-B-L19-1-T	新风机送风温度	蓝	X-B-L19-1-T1	黑	JX3(GCA1-B)	16	GCA1-B-AI1	RVV2*1.0		7.76℃
		棕	X-B-L19-1-T2	红		15				
P-B-L19-1-DO	排风机1启停控制	蓝	P-B-L19-1+24vdc	蓝		18	GCA2-B-DO1	RVV2*1.0	DC1+	已测试
		棕	P-B-L19-1NO/OFF	红		GCA2-B-DO1			DC1-	已测试
P-B-L19-2-DO	排风机2启停控制	蓝	P-B-L19-2+24vdc	蓝	JX3(GCA1-B)	21	GCA2-B-DO2	RVV2*1.0	DC4+	已测试
		棕	P-B-L19-2NO/OFF	红		GCA2-B-DO2			DC4-	已测试
P-B-L19-3-DO	排风机3启停控制	蓝	P-B-L19-3+24vdc	蓝		25	GCA2-B-DO3	RVV2*1.0	DC3+	已测试
		棕	P-B-L19-3NO/OFF	红		GCA2-B-DO3			DC3-	已测试
X-B-L19-1-FM	新风机风阀阀位反馈	蓝	X-B-L19-1-FM-St1	黑		24	GCA1-B-AI3			未接线
		棕	X-B-L19-1-FM-St2	红		23				未接线
	新风机风阀供电	黑	X-B-L19-1FM-AC24VN	黑		34		RVVP6*1.0		未接线
		黄	X-B-L19-1FM-AC24VL	蓝		33				未接线
	新风机风阀控制	白	X-B-L19-1-FM-1	黑		36	GCA1-B-AO2			未接线
		绿	X-B-L19-1-FM-2	红	JX3(GCA1-B)	35				未接线
X-B-L19-1-M	新风机水阀阀位反馈	蓝	X-B-L19-1-M-St1	黑		28	GCA1-B-AI4		3	已测试
		棕	X-B-L19-1-M-St2	红		27			5	已测试
	新风机水阀供电	黑	X-B-L19-1M-AC24VN	黑		30		RVVP6*1.0	2	已测试
		黄	X-B-L19-1M-AC24VL	蓝		29			1	已测试
	新风机水阀控制	白	X-B-L19-1-M-1	黑		32	GCA1-B-AO1		3	已测试
		绿	X-B-L19-1-M-2	红		31			4	已测试
P-B-L19-1-DI	排风机1手/自状态	蓝	P-B-L19-1-M/A-1	黑		2	GCA2-B-DI1		X16	已测试
		棕	P-B-L19-1-M/A-2	红		1			X17	已测试
	排风机1运行状态	黑	P-B-L19-1-St-1	黑		4	GCA2-B-DI2	RVV6*1.0	X11	已测试
		黄	P-B-L19-1-St-2	红		3			X12	已测试
	排风机1运行故障状态	白	P-B-L19-1-Alam1	黑		6	GCA2-B-DI3		X14	√
		绿	P-B-L19-1-Alam2	红	JX4(GCA2-B)	5			X15	√
P-B-L19-2-DI	排风机2手/自状态	蓝	P-B-L19-2-M/A-1	黑		8	GCA2-B-DI4		X46	已测试
		棕	P-B-L19-2-M/A-2	红		7			X47	已测试
	排风机2运行状态	黑	P-B-L19-2-St-1	黑		10	GCA2-B-DI5	RVV6*1.0	X41	已测试
		黄	P-B-L19-2-St-2	红		9			X42	已测试
	排风机2运行故障状态	白	P-B-L19-2-Alam1	黑		12	GCA2-B-DI6		X44	√
		绿	P-B-L19-2-Alam2	红		11			X45	√
19F-A2-ZM-M/A	办公区公共照明手/自切换	蓝	19F-A2-ZM-M/A-1	黑	JX6(MCA2-B)	8	MCA2-B-DI4	RVV2*1.0	X11	已测试
		棕	19F-A2-ZM-M/A-2	红		7			X13	已测试
19F-A2-ZM-1-DO	办公区照明回路1启停	蓝	19F-A2-ZM1+24vdc	蓝	JX4(GCA2-B)	13	MCA1-DO1	RVV2*1.0	DC1+	已测试
		棕	19F-A2-ZM1-ON/OFF	红		MCA1-DO1			DC1-	已测试
19F-A2-ZM-1,2-DO/DI	办公区照明回路1状态	蓝	19F-A2-ZM1-St-1	黑	JX6(MCA2-B)	10	MCA2-B-DI5		001	已测试
		棕	19F-A2-ZM1-St-2	红		9			003	已测试
	办公区照明回路2启停	黑	19F-A2-ZM2+24vdc	蓝	JX4(GCA2-B)	13	MCA1-DO2	RVV6*1.0	DC2+	已测试
		黄	19F-A2-ZM2-ON/OFF	红		MCA1-DO2			DC2-	已测试
	办公区照明回路2状态	白	19F-A2-ZM2-St-1	黑	JX6(MCA2-B)	12	MCA2-B-DI6		005	已测试
		绿	19F-A2-ZM2-St-2	红		11			007	已测试

表头：DDC 19F-A2-2入点接线点数表(DCU064,192.168.1.64)

图 9-12 DDC-19F-A2-2 控制箱校线调试（一）

设备	说明	色	信号	色	端子	编号	模块点	线缆	编号	状态
19F-A2-ZM-3、4-DO/DI	办公区照明回路3启停	蓝	19F-A2-ZM3+24vdc	蓝	JX4(GCA2-B)	17	MCA1-DO3		DC3+	已测试
		棕	19F-A2-ZM3-ON/OFF	红			MCA1-DO3		DC3-	已测试
	办公区照明回路3状态	黑	19F-A2-ZM3-St-1	黑	JX6(MCA2-B)	14	MCA2-B-DI7		009	已测试
		黄	19F-A2-ZM3-St-2	红		13			011	已测试
	办公区照明回路4启停	白	19F-A2-ZM4+24vdc	蓝	JX4(GCA2-B)		MCA1-DO4		DC4+	已测试
		绿	19F-A2-ZM4-ON/OFF	红			MCA1-DO4		DC4-	已测试
19F-A2-ZM-4、5-DO/DI	办公区照明回路4状态	蓝	19F-A2-ZM4-St-1	黑	JX6(MCA2-B)	16	MCA2-B-DI8		013	已测试
		棕	19F-A2-ZM4-St-2	红		15			015	已测试
	办公区照明回路5启停	黑	19F-A2-ZM5+24vdc	蓝	JX4(GCA2-B)	21	MCA2-DO1		DC5+	已测试
		绿	19F-A2-ZM5-ON/OFF	红			MCA2-DO1		DC5-	已测试
	办公区照明回路5状态	白	19F-A2-ZM5-St-1	黑	JX6(MCA2-B)	18	MCA2-B-DI9		017	已测试
		绿	19F-A2-ZM5-St-2	红		17			019	已测试
19F-A2-ZM-6、7-DO/DI	办公区照明回路6启停	蓝	19F-A2-ZM6+24vdc	蓝	JX4(GCA2-B)	21	MCA2-DO2	RVV6*1.0	DC6+	已测试
		棕	19F-A2-ZM6-ON/OFF	红			MCA2-DO2		DC6-	已测试
	办公区照明回路6状态	黑	19F-A2-ZM6-St-1	黑	JX6(MCA2-B)	20	MCA2-B-DI10		021	已测试
		黄	19F-A2-ZM6-St-2	红		19			023	已测试
	办公区照明回路7启停	白	19F-A2-ZM7+24vdc	蓝	JX4(GCA2-B)	25	MCA2-DO3		DC7+	已测试
		绿	19F-A2-ZM7-ON/OFF	红			MCA2-DO3		DC7-	已测试
19F-A2-ZM-7、8-DO/DI	办公区照明回路7状态	蓝	19F-A2-ZM7-St-1	黑	JX6(MCA2-B)	22	MCA2-B-DI11		025	已测试
		棕	19F-A2-ZM7-St-2	红		21			027	已测试
	办公区照明回路8启停	黑	19F-A2-ZM8+24vdc	蓝	JX4(GCA2-B)	25	MCA2-DO4	RVV6*1.0	DC8+	已测试
		黄	19F-A2-ZM8-ON/OFF	红			MCA2-DO4		DC8-	已测试
	办公区照明回路8状态	白	19F-A2-ZM8-St-1	黑	JX6(MCA2)	24	MCA2-B-DI12		029	已测试
		绿	19F-A2-ZM8-St-2	红		23			031	已测试
P-B-L19-3-DI	排风机3手/自状态	蓝	P-B-L19-3-M/A-1	黑		2	MCA1-B-DI1		X36	已测试
		棕	P-B-L19-3-M/A-2	红		1			X37	已测试
	排风机3运行状态	黑	P-B-L19-3-St-1	黑		4	MCA1-B-DI2	RVV6*1.0	X31	已测试
		黄	P-B-L19-3-St-2	红		3			X32	已测试
	排风机3运行故障状态	白	P-B-L19-3-Alam1	黑		6	MCA1-B-DI3		X34	
		绿	P-B-L19-3-Alam2	红		5			X35	
P-B-L19-3-P	排风机3压差	蓝	P-B-L19-3-P1	黑		8	MCA1-B-DI4	RVV2*1.0	1	
		棕	P-B-L19-3-P2	红		7			3	
19F-A2-S-1	办公区两联开关1	蓝	19F-A2-S1-1-1	黑	JX5(MCA1)	10	MCA1-B-DI5	RVV4*1.0		
		棕	19F-A2-S1-1-2	红		9				
		黑	19F-A2-S1-2-1	黑		12	MCA1-B-DI6			
		黄	19F-A2-S1-2-2	红		11				
19F-A2-S-2	办公区两联开关2	蓝	19F-A2-S2-1-1	黑		14	MCA1-B-DI7	RVV4*1.0		
		棕	19F-A2-S2-1-2	红		13				
		黑	19F-A2-S2-2-1	黑		16	MCA1-B-DI8			
		黄	19F-A2-S2-2-2	红		15				
19F-A2-S-3	办公区两联开关3	蓝	19F-A2-S3-1-1	黑		18	MCA1-B-DI9	RVV4*1.0		
		棕	19F-A2-S3-1-2	红		17				
		黑	19F-A2-S3-2-1	黑		20	MCA1-B-DI10			
		黄	19F-A2-S3-2-2	红		19				
19F-A2-S-4	办公区两联开关4	蓝	19F-A2-S4-1-1	黑		22	MCA1-B-DI11	RVV4*1.0		
		棕	19F-A2-S4-1-2	红		21				
		黑	19F-A2-S4-2-1	黑		24	MCA1-B-DI12			
		黄	19F-A2-S4-2-2	红		23				
19F-A2-Z1	办公区占位传感器1	蓝	19F-A2-Z1-1	黑	JX6(MCA2)	2	MCA2-B-DI1	RVV4*1.0	Alm	
		棕	19F-A2-Z1-2	红		1			-	
		黑	19F-A2-Z1-12VDC	蓝	JX1(电源,通讯)	21			-	
		黄	19F-A2-Z1+12VDC	黑		17			+	
19F-A2-Z2	办公区占位传感器2	蓝	19F-A2-Z2-1	蓝	JX6(MCA2)	4	MCA2-B-DI2	RVV4*1.0	Alm	
		棕	19F-A2-Z2-2	红		3			-	
		黑	19F-A2-Z2-12VDC	蓝	JX1(电源,通讯)	22			-	
		黄	19F-A2-Z2+12VDC	黑		18			+	
19F-A2-XD1	办公区占位传感器3	蓝	19F-A2-XD1-1	黑	JX6(MCA2)	6	MCA2-B-DI3	RVV4*1.0	AYL	
		棕	19F-A2-XD1-2	红		5			REL	
		黑	19F-A2-XD1-12VDC	蓝	JX1(电源,通讯)	23			-	
		黄	19F-A2-XD1+12VDC	黑		19			+	

图 9-12 DDC-19F-A2-2 控制箱校线调试（二）

2. 单体设备调试

1）配置 DDC 端口的属性，使与设备的信息点一致

数字量输入（DI）、模拟量输入（AI）能够正确监视；数字量输出（DO）、模拟量输出（AO）能够正确控制。

2）就地手动功能调试

图 9-13 调试过程中的记录，写明了单体设备调试时发现的问题，需要后续跟踪修复。

成都　　　大厦BAS本地调试记录问题汇总

序号	DDC控制箱编号	监控点位名称	DDC监控点编号	问题描述
1	B1–C2–1	P/PY–E–B1–1过滤网淤塞报警	MXA3–B–DI0	线路不通
2	B3–C2–2	P/PY–E–B3–1启停控制	MCA2–D03	DO有输出，接线正确风机不转动
3	B3–C2–2	7#集水坑泵1启停控制	MCA4–D01	控制柜没电，DO点未做测试
4	B3–C2–2	7#集水坑泵2启停控制	MCA4–D02	控制柜没电，DO点未做测试
5	B3–C2–2	2#集水坑泵1启停控制	MCA2–D01	与S/B–E–B3–1启停控制线接反
6	B3–C2–2	S/B–E–B3–1启停控制	MCA3–D03	与2#集水坑泵1启停控制线接收
7	1F–B2–1	吊顶式风机11启停控制	GCA1–B–D01	控制柜没电，DO点未做测试
8	1F–B2–1	吊顶式风机24启停控制	GCA1–B–D02	控制柜没电，DO点未做测试
9	1F–B2–1	吊顶式风机12启停控制	GCA2–B–D01	控制柜没电，DO点未做测试
10	1F–B2–1	吊顶式风机13启停控制	GCA3–B–D01	控制柜没电，DO点未做测试
11	1F–B2–1	吊顶式风机14启停控制	GCA4–B–D01	控制柜没电，DO点未做测试
12	1F–C2–3	吊顶式空调机组18回风温度	GCA1–B–AI3	传感器未安装
13	1F–C2–3	吊顶式空调机组18过滤网淤塞报警	GCA2–B–DI6	传感器未安装
14	1F–C2–3	吊顶式空调机组18送风温度	GCA2–B–AI3	传感器未安装
15	1F–C2–3	吊顶式空调机组17过滤网淤塞报警	GCA3–B–DI4	传感器未安装
16	1F–C2–3	吊顶式空调机组17回风温度	GCA3–B–AI1	传感器未安装
17	1F–C2–3	吊顶式空调机组17送风温度	GCA3–B–AI2	传感器未安装
18	1F–C2–4	吊顶式空调机组19水阀反馈	GCA1–B–AI4	空调初始值为5.74，无法关为零
19	1F–C2–4	吊顶式空调机组21	GCA3–B–AI4	水阀供电，控制信号，反馈信号均正常，水阀不转动
20	1F–C2–4	吊顶式空调机组21	GCA3–B–A01	水阀供电，控制信号，反馈信号均正常，水阀不转动
21	1F–C2–4	吊顶式空调机组19过滤网淤塞报警	GCA1–B–DI4	传感器未安装
22	1F–C2–4	吊顶式空调机组19回风温度	GCA1–B–AI1	传感器未安装
23	1F–C2–4	吊顶式空调机组19送风温度	GCA1–B–AI2	传感器未安装
24	1F–C2–4	吊顶式空调机组22回风温度	GCA1–B–AI3	传感器未安装
25	1F–C2–4	吊顶式空调机组20过滤网淤塞报警	GCA2–B–DI4	传感器未安装
26	1F–C2–4	吊顶式空调机组22过滤网淤塞报警	GCA2–B–DI6	传感器未安装
27	1F–C2–4	吊顶式空调机组20回风温度	GCA2–B–AI1	传感器未安装
28	1F–C2–4	吊顶式空调机组20送风温度	GCA2–B–AI2	传感器未安装
29	1F–C2–4	吊顶式空调机组22送风温度	GCA2–B–AI3	传感器未安装

图 9-13　单体设备调试记录

3. 网络通信调试

配置监控工作站、DDC工作站的网络参数。

配置CAN总线上的网关，RS485总线上的电表、温控器的参数。

确保所有通信畅通无阻。

远程手动功能调试。

4. 监控功能调试

人机界面监控功能调试。

自动控制功能算法调试。

5. 管理功能调试

人机界面报表功能、权限管理调试。

系统连续运行稳定性调试。

9.4.3　系统功能验收

单体设备调试合格后，进行系统联合试运行。连续试运行 120h 正常后，由业主组织进行项目验收。验收中针对系统功能做检测复核，填写记录如图 9-14。

同方泰德国际科技（北京）有限公司
TongFang Technovator Int.(BeiJing)Co.,Ltd

技术部工作表格v2 JS-01-009

现场服务记录单

项目名称	成都　　　大厦		服务人		服务时间	2013-01-27
使用单位	成都　　　大厦		联系人		联系电话	

□ 安装指导　　□ 调试　　□ 检测　　✔ 验收　　□ 保修　　□ 收费服务　　□ 其他：

服务内容：
成都　　　大厦楼控系统功能验收

	检测内容	规范条款 (GB 50339—2013)	检测结果记录	结果评价 合格	结果评价 不合格	备注
主控项目	暖通空调监控系统的功能	17.0.5		√		
	公共照明监控系统的功能	17.0.7		√		
	给排水监控系统的功能	17.0.8		√		
	能耗监测系统能效能耗数据的显示、记录、统计、汇总及趋势分析等功能	17.0.10		√		
	中央管理工作站与操作分站功能及权限	17.0.11		√		
	系统实时性	17.0.12		√		
	系统可靠性	17.0.13		√		
一般项目	系统可维护性	17.0.14		√		
	系统性能评测项目	17.0.15		√		

服务满意度	☑ 很满意	□ 满意	□ 一般	□ 不满意
产品满意度	□ 很满意	☑ 满意	□ 一般	□ 不满意

客户意见与建议：

请复核问题汇总记录所记录问题对照情况。

签字：
日期：2013.1.27

注：1 技术部人员提供现场服务时需请使用单位填写服务记录单，并作为费用报销的依据。

北京海滨区同方科技广场A座A22层(100083)　　　电话/传真：010-82399339　　　WWW.techcon.thtf.com.cn

图 9-14　系统功能验收记录

9.5　中央空调计量收费

9.5.1　系统简介

中央空调计量收费系统是大厦物业管理人员对于各楼层空调计量与收费的管理系统。

该系统主要用于显示采集器传输上来的用能数据，包括电表数据和温控器能耗数据。从而实现对用能的实时计量和收费的管理。数据库采用轻量级的 MySql，便于安装与部署。系统功能架构见图 9-15。

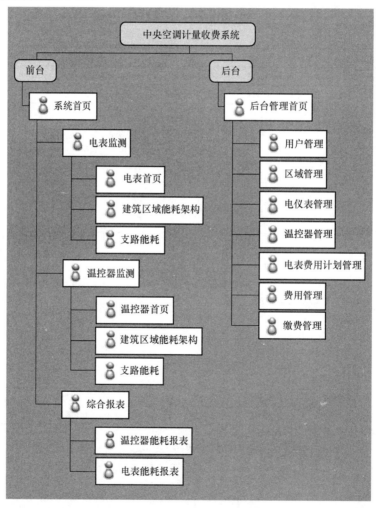

图 9-15　中央空调计量收费系统架构

9.5.2　功能说明

1. 首页

中央空调计量收费系统首页主要用于显示实时传输上来的用能数据和每月份的电费，

并实现对用能的实时计量和收费的统计。首页给用户显示本月电表与温控器能耗图，用户可以选择查看方式，如饼状图、柱状图、曲线图。页面下方列出电表和温控器能耗相关数据。

2. 电表相关

1) 电表首页

电表首页显示整栋大厦所有电表数据的柱状图，可以选择查看能耗或费用，提供树形选择框列出各个区域和区域下的电表，并且可以选择日期，按年、月或日查看，页面下方列出电表相关数据。

2) 电表建筑区域能耗架构图

建筑区域能耗架构图将所有电表按区域划分，然后显示每个建筑区域的能耗及费用。

3) 电表支路能耗

电表支路能耗页面将以柱状图的形式列出所选的支路数据，包括能耗及费用等，提供树形选择框列出各个区域和区域下的支路，并且可以选择日期，按年、月或日查看。

3. 温控器相关

1) 温控器首页

温控器首页显示整栋大厦所有温控器数据的柱状图，可以选择查看能耗或费用，提供树形温选择框列出各个区域和区域下的温控器，并且可以选择日期，按年、月或日查看，页面下方列出温控器相关数据。

2) 温控器建筑区域能耗架构图

建筑区域能耗架构图将所有温控器按区域划分，然后显示每个建筑区域的能耗及费用。

3) 温控器支路能耗

温控器支路能耗页面将以柱状图的形式列出所选的温控器支路数据，包括能耗及费用等，并且可以选择日期，按年、月或日查看，支持下拉框选择查看整个大厦数据、只看公司数据或是查看某个公司及其下属所有温控器。

4. 报表

1) 电表能耗报表

可以选择查看建筑区域或支路报表，选择需要查看的区域和/或电表，可以按年、月或日查看需要的报表数据，并可以将看到的数据导出为 Excel 文档。

2) 温控器能耗报表

可以选择查看建筑区域或支路报表，选择需要查看的区域和/或温控器，可以按年、月或日查看需要的报表数据，并可以将看到的数据导出为 Excel 文档。

5. 后台管理

1) 用户管理

以用户类型区分是否可以登录后台管理。

以用户的形式登录系统，用户的登录密码做加密处理，用户能访问的菜单由后台资源与角色进行相关的权限控制。

2) 区域管理

区域的增删改查，添加区域时应有区域面积等信息。

3）设备管理

设备的增删改查，设备分为两种类型，电表和温控器，可有导入设备信息 excel 功能以方便设备信息的录入。

4）费用管理

分为电费用管理与温控器费用管理。其中电费用管理，只需要录入电价等信息即可。温控器费用管理默认按平米收费，需录入每平米收费单价。也可以按实际能耗收费，需要用户选择。

以每平米收费则在界面中显示日期、公司名称、区域面积、每平米价格和总费用等信息。

以录入价格方式管理则在界面中选择相应日期时间段，输入总价或单价进行添加，在界面中显示日期、公司名称、总能耗、单价和总费用等信息。

5）缴费管理

根据之前在费用管理中录入的时间段和费用等信息，选择相应的时间段，查询出每个公司需要缴纳的总费用，并提供按照一定的格式导出包含所有公司的缴费通知单的 Word 文档，以方便用户进行打印。

在已缴费用管理中通过下拉框选择之前在费用管理中录入的时间段来查看所选时间段内的缴费情况，列出公司名称、能耗、应缴费用、已缴费用和未缴费用等信息，并且有添加缴费记录、编辑和删除所选缴费记录的功能，同时可以将数据导出为 excel 文档。

9.5.3 人机界面

第 9.5.2 节介绍的各功能的人机界面分别见图 9-16～图 9-25。

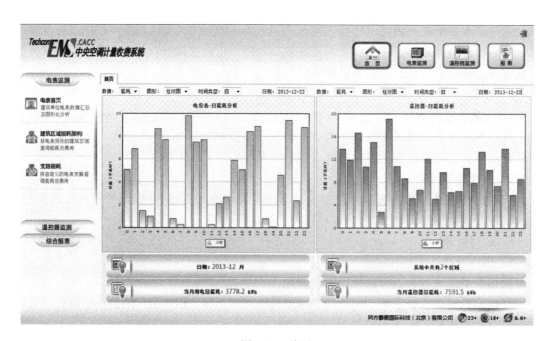

图 9-16 首页

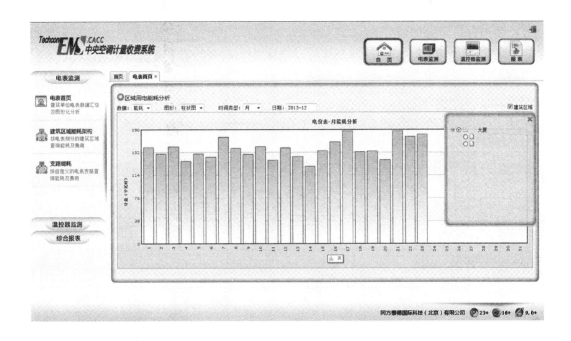

图 9-17　电表首页

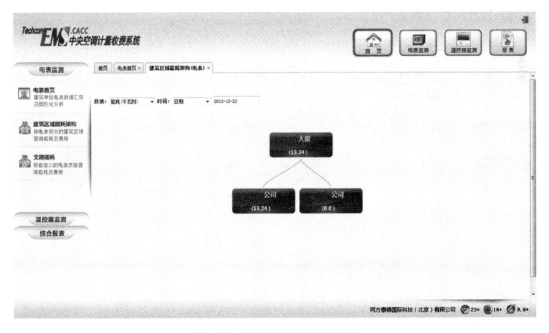

图 9-18　电表建筑区域能耗架构

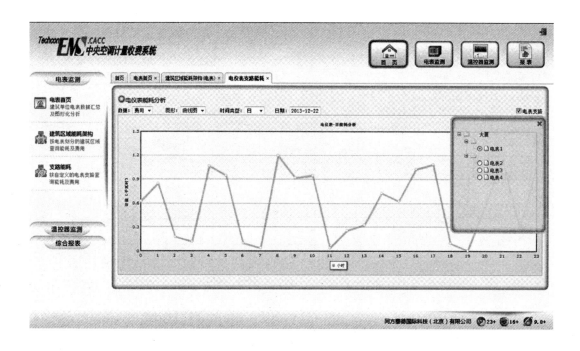

图 9-19　电表支路能耗

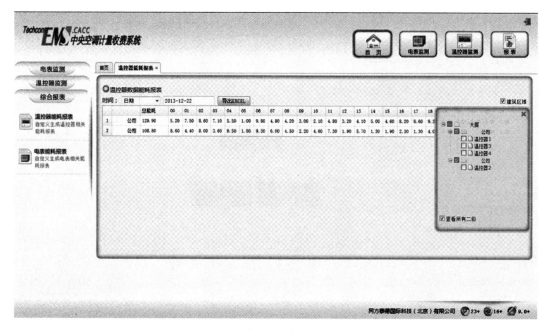

图 9-20　报表

图 9-21　电表费用计划管理

图 9-22　费用管理——按单位平米收费计划

图 9-23　费用管理——按单价总价收费计划

图 9-24 缴费通知单

图 9-25 缴费管理

第 10 章 案例 C：变风量系统自控项目

10.1 项目综述

10.1.1 项目概况

案例 C 地处北京市，为 120m 高的写字楼，场地面积约 16000m²，建筑面积约为 112700m²，地上总建筑面积 80000m²，其中写字楼地上面积 45500m²，公寓地上建筑面积 34500m²；地下建筑面积 32700m²。

地下室 B3 平时为汽车库，战时为人防物资库，局部人防外区域为制冷机房和水泵房；B2 层为汽车库、中水机房等设备机房；B1 层为餐厅（燃气厨房）、自行车库、热力交换站及变、配电用房，B1 夹层为自行车库；地上 1♯ 塔楼联裙房为办公，2♯/3♯ 两栋商务酒店；办公塔楼首层为大堂、展览室、休息区以及消防控制及设备用房，2F 为报告厅，3F 起为办公区，4F～14F 及 16F～18F 为大开间办公区（单层建筑面积 1758m²，层高 4.5m，架空地板为 150mm 高），15F 为避难层、电子信息机房及设备用房，19F～23F 为高管办公区，24F 为控制中心，屋顶层为电梯机房、水箱间等机电用房。

本建筑 1♯ 塔楼主楼 3～23 层采用变风量空调系统，监控和管理的对象包括：VAVBOX 箱 763 套，变风量空调机组 40 台，幕墙风机 480 台。同时 BAS 中央管理软件需集成变配电系统及电梯系统。

10.1.2 难点与挑战

本案例采用幕墙风机代替传统的空调系统排风机，需要根据特定条件自动选择开启或关闭的台数与位置。变风量空调系统的自动控制本来就相当复杂，本案又在风平衡的控制上格外增大了难度：需要进行排风总量和总送风量的计算；新风量的控制不仅要考虑室内二氧化碳浓度的最低限值，还要考虑室外焓值的变化尽可能利用免费制冷。各台 VAVBOX 的风量、温度和阀位，各区域幕墙风机的开启情况等，众多末端数据的读取和计算极其繁琐。

10.1.3 解决方案

本项目的监控系统为三层网络架构，包括：管理网络层（由服务器和工作站组成），控制网络层（由网络控制器组成）和现场网络层组成（由控制器、执行器及传感器组成）。考虑到变风量空调系统的特点，某个区域内的若干变风量箱都要与为其提供冷气的空调机组通信，而各末端设备之间则几乎没有相互沟通的需求，因此采用三层架构，区域控制器与所辖各末端控制器以主从方式通信，在节省建设成本、提高信道通信效率方面更有优势。

为解决变风量空调系统的新风量和风平衡控制，设计自控算法包括以下主要内容：（1）根据季节、室内外焓值和对应空调区域 VAV 末端的状况，开启对应的幕墙风机以保证室温；（2）风量平衡是指新风量与排风量平衡，以保证空调区域的微正压。本项目通过排风量和总送风量的累计计算，调节新风阀的开度以达到平衡；（3）最小新风量主要是保证室内的空气品质（IAQ），对室内人员的舒适感和身体健康都有着直接的意义。本项目采用二氧化碳变送器测量回风管中的二氧化碳浓度并转换为标准电信号，送入调节器控制新风阀的开度，以保证系统所需要的最小新风量；（4）在室外温湿度适宜时，加大新风量，尽可能免费制冷以节约能耗。通过室外温湿度和回风温湿度变送器读取的温湿度信息，计算出实时的室内外焓值信息，并以此控制新风阀的开度。

由于算法（2）～（4）均含有对新风阀开度的调节，因此需要通过优先级判断来执行。算法（3）的优先级最高，而（4）的优先级最低。

监控系统的硬件点数共 9336 点，采用 1050 台 Honeywell Spider 系列控制器和 WEBs 软件实施，实现对多末端数据的读取，并利用其软件平台的开放性，采用 java 语言进行编程，既可实现多末端数据的处理，也提高了编程的效率。

10.2　功能设计

10.2.1　变风量空调系统（含呼吸式幕墙）

1. 被控对象说明

本项目办公区域 3F～23F 采用变风量（VAV）空调系统，由空调机组、变风量末端装置（风机动力型 FPB 及单风道型 VAV BOX）、控制元件及送、回风口等装置组成。一次回风全空气变风量的空气处理机组 AHU，均设置有混合段、进风粗效过滤、中效平板静电过滤杀菌除尘段、热水盘管、冷水盘管、加湿段和送风机段。

办公区域在每层核心筒外的空调机房设置两台变频式空调机组，按南、北区域划分。运行时，空调机组从本层外墙百叶取新风，与回风混合后，经冷、热盘管处理，以固定的送风温度和变化的送风量送入设在室内的变风量末端装置，再通过该装置经软风管及风口送入室内。VAV 箱附近设独立的吊顶回风口，采用无序回风方式，利用吊顶空间回风，在靠近机房处由回风总管接至 AHU 机组。主动式内呼吸幕墙通风系统单元的吊顶风机将幕墙腔体内的热空气就近排出到室外。

VAV 箱按空调内、外区分别选用，均带液晶温控器。外区大部分选用并联型风机动力型 FPB，而西侧会议室为串联型 FPB，均带热水再热盘管；内区选用单风道节流型 VAV BOX。当室内空调负荷发生变化时，FPB 会自动改变送入房间的一、二次风的比例而 VAV BOX 则改变一次风送风量，来满足室内设定温度的要求。该部分监控由 VAV BOX 末端控制器完成。

空调机组 AHU 则根据低负荷时送风量的下降，通过变频调速以减少风机运行能耗，达到节能目的。其中风机变频采用定静压控制策略，在送风系统管网的最不利处（约为直管段总长 2/3～3/4 处）设置静压传感器，保持该点静压值的前提下，通过调节风机频率来改变空调系统的送风量。该部分监控由监控系统的通用控制器完成。

主动式内呼吸幕墙通风系统，通过单元风机将幕墙腔体内的热空气就近排出到室外。

2. 监控功能描述

此项目要求实现对变风量空调系统的监测、安全保护、远程控制及自动控制功能。

监控对象包括：40 台变频式空调机组，480 台呼吸式幕墙风机，763 台 VAV 末端，以及空调系统的其他参数。

1）变频式空调机组

监测功能描述：

信息点	安装位置	采样方式		数据				显示		记录	
		周期性	数变就发	类型	范围	精度	状态说明	位置	允许延时	周期	时长
送风机手/自动转换开关	送风机电控柜	—	手动/自动	通断量	{0，1}	—	0，手动 1，自动	机房界面	10s	每次变化	3年
送风机故障状态	送风机电控柜	—	正常/故障	通断量	{0，1}	—	0，正常 1，故障	机房界面	10s	每次变化	3年
送风机启停状态	送风机电控柜	—	启动/停止	通断量	{0，1}	—	0，停止 1，启动	机房界面	10s	每次变化	3年
送风机频率反馈	送风机电控柜	—	1Hz	连续量	0～50Hz	0.2Hz	—	机房界面	30s	900s	3年
送风机前后压差	空调机组	—	有气流/无气流	通断量	{0，1}	—	0，无气流 1，有气流	机房界面	10s	每次变化	3年
冷水阀开度反馈	空调机组	—	1%	连续量	0～100%	1%	—	机房界面	30s	900s	3年
热水阀开度反馈	空调机组	—	1%	连续量	0～100%	1%	—	机房界面	30s	900s	3年
过滤网堵塞报警	空调机组	—	干净/堵塞	通断量	{0，1}	—	0，干净 1，堵塞	机房界面	10s	每次变化	3年
防冻报警	空调机组	—	正常/报警	通断量	{0，1}	—	0，正常 1，报警	机房界面	10s	每次变化	3年

安全保护功能描述：

安全保护内容	采样			触发阈值	动作	动作顺序	允许延时	记录时长
	采样点安装位置	采样方式						
		周期性	数变就发					
热水盘管防冻保护	空调机组	—	正常/报警	＝报警	关闭新风阀，全开回风阀	1	10s	3 年
					全开热水盘管	2	10s	3 年
					停止送风机	3	10s	3 年
					监控机房界面给出报警提示	4	10s	3 年
送风机故障保护	送风机电控柜	—	正常/报警	＝报警	停止送风机	1	10s	3 年
					监控机房界面给出报警提示	2	10s	3 年
送风机气流保护	空调机组	—	有气流/无气流	＝无气流	停止送风机	1	10s	3 年
					监控机房界面给出报警提示	2	10s	3 年

远程控制功能描述：

被控设备	操作位置	允许延时	记录时长
送风机	监控机房界面	10s	3 年
加湿阀	监控机房界面	10s	3 年
静电除尘	监控机房界面	10s	3 年
新风阀	监控机房界面	10s	3 年
回风阀	监控机房界面	10s	3 年
热水阀	监控机房界面	10s	3 年
冷水阀	监控机房界面	10s	3 年

自动控制功能：

本项目包含：

（1）风机频率自动控制功能，采用定静压控制算法，通过调节风机频率保证风道压力值接近风道压力设定值；

（2）幕墙风机自动控制功能，采用风平衡控制算法，根据季节和联锁的 VAV 末端自动启闭，夏天用来降低房间温度，冬天防止房间过热，过渡季配合全新风运行；

（3）新风阀自动控制功能，新风阀的开度根据风平衡控制算法确定，最小新风阀开度受 CO_2 浓度控制算法限定，夏季过渡季采用焓值控制算法以免费制冷达到节能要求。按照控制的重要程度，CO_2 浓度限值是必须保证的，其次需要保证的是风平衡，再次为节能要求。

（1）定静压控制算法：

算 法 信 息 点

信息点	物理位置	数 据			
		类型	取值范围	精度	状态说明
输入信息					
风道压力	送风总管	连续量	0～1000Pa	2.5%	—
送风机启停状态	送风机电控箱	通断量	{0，1}	—	0，停止 1，启动
输出信息					
送风机频率	—	连续量	0～50Hz	—	—

算 法 描 述

控制算法名称	定静压控制算法	
触发方式	每30s	
条件	动作	目标
"送风机启停状态反馈"为停止	令"送风机频率"＝0	—
"送风机启停状态反馈"为启动	调节"送风机频率"↑（↓）	使得"风道压力"↑（↓）→"风道压力设定值"

（2）风平衡控制算法：

算 法 信 息 点

信息点	物理位置	数 据			
		类型	取值范围	精度	状态说明
输入信息					
幕墙风机启停状态	幕墙风机电控箱	通断量	{0，1}	—	0，停止 1，启动
VAV末端实时风量	通信获得	连续量	0～2000m³/h	1%	—
送风机启停状态	送风机电控箱	通断量	{0，1}	—	0，停止 1，启动
输出信息					
新风阀开度	—	连续量	0～100%	1%	—
回风阀开度	—	连续量	0～100%	1%	—
算法中间变量					
幕墙风机运行台数	—	—	0～24台	—	—
VAV末端实时风量和	—	—	0～29000m³/h	—	—
幕墙风机排风总量	—	—	0～8400m³/h	—	—

算 法 描 述

控制算法名称	风平衡控制算法	
触发方式	每30s	
条件	动作	目标
"送风机启停状态反馈"为停止	令"新风阀开度"=0	—
"送风机启停状态反馈"为启动	调节"新风阀开度"	新风阀开度="幕墙风机排风总量"/"VAV末端实时风量和"
新风阀开度变化	调节"回风阀开度"	"回风阀开度"=100—"新风阀开度"

（3）二氧化碳浓度控制算法：

算法信息点

信息点	物理位置	数据			
		类型	取值范围	精度	状态说明
输入信息					
回风二氧化碳浓度值	回风总管	连续量	0～2000ppm	3%	—
送风机启停状态	送风机电控箱	通断量	{0, 1}	—	0，停止 1，启动
输出信息					
新风阀开度	—	连续量	0～100%	—	—
回风阀开度	—	连续量	0～100%	—	—

算 法 描 述

控制算法名称	二氧化碳浓度控制算法	
触发方式	每30s	
条件	动作	目标
"送风机启停状态反馈"为停止	令"新风阀开度"=0	—
"送风机启停状态反馈为启动"，且"回风二氧化碳浓度值"大于等于1000ppm	调节"新风阀开度"↑	使得"回风二氧化碳浓度值"↓→"回风二氧化碳浓度设定值"
"送风机启停状态反馈为启动"，回风二氧化碳浓度值小于等于800 ppm	调节"新风阀开度"↓	使得"新风阀开度"↓→风平衡控制算法输出的"新风阀开度"
"新风阀开度"变化	调节"回风阀开度"	"回风阀开度"=100—"新风阀开度"

焓值控制算法：

算法信息点

信息点	物理位置	数据			
		类型	取值范围	精度	状态说明
输入信息					
室外温度	室外	连续量	−50〜50℃	0.5℃	—
室外湿度	室外	连续量	0〜100%	2%	—
回风温度	回风总管	连续量	−10〜40℃	0.5℃	—
回风湿度	回风总管	连续量	0〜100%	2%	—
送风机启停状态	送风机电控箱	通断量	{0, 1}	—	0，停止 1，启动
输出信息					
新风阀开度	—	连续量	0〜100%	—	—
回风阀开度	—	连续量	0〜100%	—	—
算法中间变量					
室外焓值	—	—	—	—	—
回风焓值	—	—	—	—	—

算 法 描 述

控制算法名称	焓值控制算法	
触发方式	每30s	
条件	动作	目标
"送风机启停状态反馈"为停止	令"新风阀开度"＝0	—
"送风机启停状态反馈"为启动，且"季节模式"为夏季，且"室外焓值"小于回风焓值	采用允许的最大新风阀开度	充分利用新风冷量
"送风机启停状态反馈"为启动，且"季节模式"为夏季，且"室外焓值"大于回风焓值	新风阀开度仍采用风平衡和二氧化碳算法的计算结果	解除焓值对新风阀开度影响
"新风阀开度"变化	调节"回风阀开度"	"回风阀开度"＝100−"新风阀开度"

注：算法中提到的最大新风阀开度，为排风机全开时为了保证风平衡允许的最大新风阀开度。由于受到外立面限制，风道无法达到全新风运行。

2）呼吸式幕墙

监测功能描述：

信息点	安装位置	采样方式		数据				显示		记录	
		周期性	数变就发	类型	范围	精度	状态说明	位置	允许延时	周期	时长
幕墙风机启停状态	电控柜	—	启动/停止	通断量	{0, 1}	—	0，停止 1，启动	机房界面	10s	每次变化	3 年

远程控制功能描述：

被控设备	操作位置	允许延时	记录时长
幕墙风机	监控机房界面	10s	3 年

自动控制功能：

幕墙风机控制算法信息点

信息点	物理位置	数据			
		类型	取值范围	精度	状态说明
输入信息					
VAV 末端运行模式	通信获得	通断量	{0, 1}	—	0，无人模式 1，工作模式
西南角房间温度	西南角墙面	连续量	−10～40℃	0.5℃	—
送风机启停状态	送风机电控箱	通断量	{0, 1}	—	0，停止 1，启动
输出信息					
幕墙风机启停命令	—	通断量	{0, 1}	—	0，停止 1，启动

幕墙风机控制算法描述

控制算法名称	幕墙风机控制算法	
触发方式	每 30s	
条件	动作	目标
在"季节模式"为夏季时，西侧和南侧有 VAV 末端处于工作模式	开启与处于工作模式的 VAV 末端对应的西侧和南侧的幕墙风机	降低房间温度
在"季节模式"为夏季时，西侧和南侧有 VAV 末端由工作模式转换为无人模式时	关闭转换模式的 VAV 末端对应的幕墙风机	—
在"季节模式"为冬季时，监测到西南角房间温度高于 24℃	开启西南角的两台幕墙风机	防止房间过热

238

条件	动作	目标
在"季节模式"为冬季时，监测到西南角房间温度低于23.5℃	关闭西南角的两台幕墙风机	—
在"季节模式"为夏季时，"送风机启停状态反馈"为启动且"室外焓值小于回风焓值"	开启全部幕墙风机	配合全新风运行
在"季节模式"为夏季时，"送风机启停状态反馈"为停止或"室外焓值大于回风焓值"	关闭东侧和北侧的幕墙风机	—

3）VAV末端

由VAV末端控制器（内置控制程序）执行全部监控功能，监控系统只需通过通信网络读取数据即可。

监测功能描述：

信息点	安装位置	采样方式		数据				显示		记录	
		周期性	数变就发	类型	范围	精度	状态说明	位置	允许延时	周期	时长
风阀开度	通信获得	—	1%	连续量	0～100%	1%	—	机房界面	30s	900s	3年
实时风量	通信获得	—	10m³/h	连续量	0～2000m³/h	5m³/h	—	机房界面	30s	900s	3年
再热水阀	通信获得	—	开启/关闭	通断量	{0，1}	—	0，关闭 1，开启	机房界面	10s	每次变化	3年
动力风机	通信获得	—	启动/停止	通断量	{0，1}	—	0，停止 1，启动	机房界面	10s	每次变化	3年
房间温度	通信获得	—	0.1℃	连续量	0～40℃	0.3℃	—	本地界面 机房界面	30s	900s	3年
运行模式	通信获得	—	工作模式/无人模式	通断量	{0，1}	—	0，无人模式 1，工作模式	本地界面 机房界面	10s	每次变化	3年

4）其他系统参数

监测功能描述：

信息点	安装位置	采样方式		数据				显示		记录	
		周期性	数变就发	类型	范围	精度	状态说明	位置	允许延时	周期	时长
风道压力	送风总管	—	1pa	连续量	0～1000Pa	2.5%	—	机房界面	30s	900s	3年
送风温度	送风总管	—	0.1℃	连续量	−10～40℃	0.5℃	—	机房界面	30s	900s	3年
送风湿度	送风总管	—	1%	连续量	0～100%	2%	—	机房界面	30s	900s	3年
回风温度	回风总管	—	0.1℃	连续量	−10～40℃	0.5℃	—	机房界面	30s	900s	3年
回风湿度	回风总管	—	1%	连续量	0～100%	2%	—	机房界面	30s	900s	3年
室外温度	室外	—	0.1℃	连续量	−50～50℃	0.5℃	—	机房界面	30s	900s	3年
室外湿度	室外	—	1%	连续量	0～100%	2%	—	机房界面	30s	900s	3年
西南角房间温度	西南角墙面	—	0.1℃	连续量	−10～40℃	0.5℃	—	机房界面	30s	900s	3年
回风二氧化碳浓度	回风总管	—	1ppm	连续量	0～2000ppm	3%	—	机房界面	30s	900s	3年

10.2.2 与其他监控系统的集成

本项目要求实现对变配电管理系统和电梯系统的集成数据监测功能。已设有专门的变配电管理系统和电梯管理系统完成相应的监控功能，建筑设备监控系统通过 OPC 接口，与相应专业系统的主机数据通信即可读取需要集成的数据，并在人机界面上显示出来。即监控系统只做监视，不做控制；具体的控制由专业系统完成，监视显示的数据来源于专业系统，而不再增设传感器。

1）变配电管理系统集成

每一块电表的监测功能描述：

信息点	安装位置	采样方式		数据				显示		记录	
		周期性	数变就发	类型	范围	精度	状态说明	位置	允许延时	周期	时长
输入有功电能	通信获得	300s	—	连续量	0~∞kWh	0.01 kWh	—	机房界面	30s	900s	3年
输入无功电能	通信获得	300s	—	连续量	0~∞kWh	0.01 kWh	—	机房界面	30s	900s	3年
总功率因数	通信获得	300s	—	连续量	0~1	0.01	—	机房界面	30s	900s	3年
AB线电压	通信获得	300s	—	连续量	0~1000V	0.1V	—	机房界面	30s	900s	3年
BC线电压	通信获得	300s	—	连续量	0~1000V	0.1V	—	机房界面	30s	900s	3年
CA线电压	通信获得	300s	—	连续量	0~1000V	0.1V	——	机房界面	30s	900s	3年

2）电梯系统集成

在人机界面显示信息包括：电梯所在楼层，电梯上行及下行状态，电梯运行状态。

监测功能描述：

信息点	安装位置	采样方式		数据				显示		记录	
		周期性	数变就发	类型	范围	精度	状态说明	位置	允许延时	周期	时长
上下行指示	通信获得	—	上行/下行	通断量	—	—	0，下行 1，上行	机房界面	30s	900s	3年
所在层数	通信获得	5s	—	状态量	-3~27层	—	—	机房界面	30s	900s	3年
运行状态	通信获得	—	正常/故障	通断量	—	—	0，正常 1，故障	机房界面	30s	900s	3年

10.3 系统配置

10.3.1 设计说明

监控系统采用集散式控制结构，由管理服务器、工作站，网络管理控制器、现场控制器，现场层传感器、执行机构，管理总线、现场层总线，以及网络通信设备构成。

BAS 控制中心设在地下三层冷冻机房控制室。控制室配置服务器、管理工作站、网络控制器和交换机，实现对整个 BAS 的控制与管理。变配电和电梯监视系统，通过第三方通信接口方式接入 BAS 中央管理软件，以上专业系统提供 OPC 协议。控制室由强电专业提供配电箱，配电箱提供两路电源。

现场层总线采用 BACnet 通信协议。地上 3～23 层每层各设置一条总线。所有总线由地下三层 BAS 控制室经 BAS 线槽敷设至本层弱电竖井，经由竖井内的 BAS 线槽引至各层弱电竖井，各层的总线由本层弱电竖井出发，穿 JDG 电缆保护管或桥架，连接至各现场控制器。

现场控制器就近设置在被控设备附近，实现对被控设备的自动控制。各楼层 DDC 控制器箱就近取电。控制箱采用明装，壁挂方式安装，设备箱底边距地 1.2 米。具体安装可以根据现场条件确定。

10.3.2　系统图

图 10-1 为截取的部分系统图，包含楼层显示，每层的控制器数量，控制器通信连接方式及走向，集成接口的连接方式等。

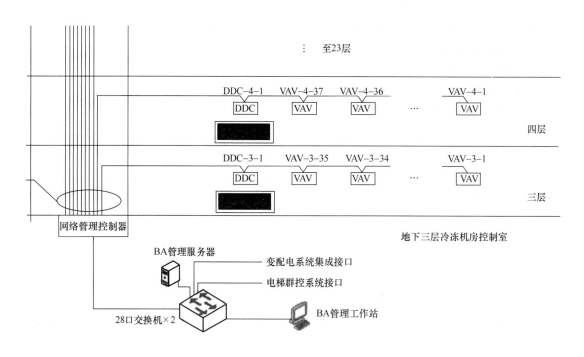

图 10-1　系统图

10.3.3　监控原理图

选取空调机组和变风量末端的监控原理图，分别列于图 10-2 和图 10-3。

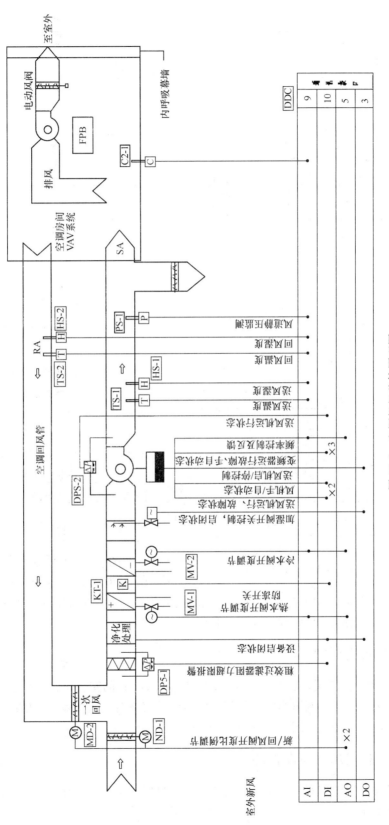

图 10-2 空调机组监控原理图

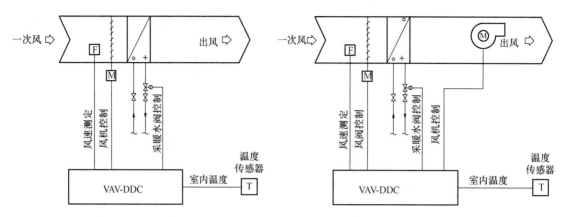

图 10-3（a）　单风道变风量末端监控原理图　图 10-3（b）　串联式风机动力型变风量末端监控原理图

注：内区变风量末端无再热盘管，也没有采暖水阀控制

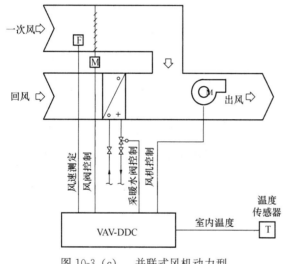

图 10-3（c）　并联式风机动力型
变风量末端监控原理图

10.3.4　监控点表

根据功能要求和监控原理图确定监控点表，表 10-1 为标准楼层 5 层的两台空调机组、幕墙风机及 VAV 末端监控点表，包括 DDC 箱编号，设备类型，强电箱编号，设备数量，点位名称，各种点位数量，接线设备，控制器型号及数量，电缆编号，电缆型号，电缆穿管需要的管径，管线的敷设方式及桥架大小等。

10.3.5　平面图

图 10-4 为标准楼层 5 层的平面图，包含 VAVBOX 的安装位置，温控面板的安装位置，VAV 控制器间通信线的走向等；图右侧的表格对应监控点表中的线型和线号，每一根线都可以在平面图上找到对应的编号。

10.3.6　机房大样图

图 10-5 为标准楼层 5 层的机房大样图，包含 DDC 箱的安装位置，传感器和执行器的安装位置，强电箱和空调机组的位置等；图右侧的表格对应监控点表中的线型和线号，每一根线都可以在机房大样图上找到对应的编号。

10.3.7　监控机房平面布置图

监控机房（即中控室）位于地下三层的冷冻机房，是一个独立的房间。监控机房内的平面布置图见图 10-6，包含机柜、操作台等设备的位置。

表10-1

标准层（5层）监控点表

DDC箱编号	设备类型	强电箱	设备数量	点名	DI	AI	DO	AO	接线设备	控制器型号	数量	电缆号	电缆型号	穿管管径	敷设桥架
DDC-5-01	变风量空调机组AHU-5F-01	5APEf1	1	风机运行、故障、手自动状态	3				常开无源干接点（强电箱）			Z0501-01	RVVP6*1.0	JDG20	
				风机启停控制			1		常开无源干接点（强电箱）			Z0501-02	RVVP6*1.0	JDG25	
				风机变频器运行故障手自动状态	3				常开无源干接点（强电箱）			Z0501-03	RVVP6*1.0	JDG25	
				风机变频调率反馈		1			常开无源干接点（强电箱）			Z0501-04	RVVP2*1.0	JDG20	
				风机变频调节				1	常开无源干接点（强电箱）			Z0501-05	RVVP2*1.0	JDG20	
				风机前后压差	1				压差开关			Z0501-06	RVV2*1.0	JDG20	
				送风温湿度		2			风道温湿度传感器			Z0501-07	RVV4*1.0	JDG20	
				回风温湿度		2			风道温湿度传感器			Z0501-08	RVV4*1.0	JDG20	
				加湿阀控制				1	常开无源干接点（强电箱）			Z0501-09	RVV2*1.0	JDG20	
				风道静压检测		1			风道静压传感器			Z0501-10	RVVP3*1.0	JDG20	
				冷水阀调节				1	电动调节阀			Z0501-11	RVVP3*1.0	JDG20	
				热水阀调节				1	电动调节阀			Z0501-12	RVVP3*1.0	JDG20	
				热水阀前后压差				1	电动调节阀			Z0501-13	RVVP3*1.0	JDG20	
				过滤网前后压差	1				压差开关			Z0501-14	RVV2*1.0	JDG20	
				静电净化过滤器	1				常开无源干接点（强电箱）			Z0501-15	RVV4*1.0	JDG20	
				防冻报警	1				防冻开关			Z0501-16	RVV4*1.0	JDG20	
				新风阀控制				1	调节式风阀执行器			Z0501-17	RVV2*1.0	JDG20	
				回风阀控制				1	调节式风阀执行器			Z0501-18	RVV4*1.0	JDG20	
				二氧化碳空气	1				常开无源干接点（强电箱）			Z0501-19	RVV4*1.0	JDG20	
DDC-5-02	变风量空调机组AHU-5F-02	5AC1	1	风机运行、故障、手自动状态	3				常开无源干接点（强电箱）			Z0501-20	RVVP6*1.0	JDG25	CT100*100
				风机启停控制			1		常开无源干接点（强电箱）			Z0501-21	RVVP6*1.0	JDG25	
				风机变频器运行故障手自动状态	3				常开无源干接点（强电箱）			Z0501-22	RVVP6*1.0	JDG25	
				风机变频调率反馈		1			常开无源干接点（强电箱）			Z0501-23	RVVP2*1.0	JDG20	
				风机变频调节				1	常开无源干接点（强电箱）			Z0501-24	RVVP2*1.0	JDG20	
				风机前后压差	1				压差开关			Z0501-25	RVV2*1.0	JDG20	
				送风温湿度		2			风道温湿度传感器			Z0501-26	RVV4*1.0	JDG20	
				回风温湿度		2			风道温湿度传感器			Z0501-27	RVV4*1.0	JDG20	
				加湿阀控制				1	常开无源干接点（强电箱）			Z0501-28	RVV2*1.0	JDG20	
				风道静压检测		1			风道静压传感器			Z0501-29	RVVP3*1.0	JDG20	
				冷水阀调节				1	电动调节阀			Z0501-30	RVVP3*1.0	JDG20	
				热水阀调节				1	电动调节阀			Z0501-31	RVVP3*1.0	JDG20	
				热水阀前后压差				1	电动调节阀			Z0501-32	RVVP3*1.0	JDG20	
				过滤网前后压差	1				压差开关			Z0501-33	RVV2*1.0	JDG20	
				静电净化过滤器	1				常开无源干接点（强电箱）			Z0501-34	RVV4*1.0	JDG20	
				防冻报警	1				防冻开关			Z0501-35	RVV4*1.0	JDG20	
				新风阀控制				1	调节式风阀执行器			Z0501-36	RVV2*1.0	JDG20	
				回风阀控制				1	调节式风阀执行器			Z0501-37	RVV4*1.0	JDG20	
				二氧化碳空气	1				二氧化碳传感器			Z0501-38	RVVP4*1.0	JDG20	
	幕墙风机	无	24	风机运行状态	24				常开无源干接点（强电箱）	PUB64385	10	Z0501-41~88	RVV4*1.0	JDG20	
				风机启停控制			24		常开无源干接点（强电箱）				RVV2*1.0	JDG20	
	二氧化碳监测	无	2	二氧化碳浓度		2			二氧化碳传感器			Z0501-39~40	RVVP4*1.0	JDG20	
	小计		37		44	20	30	10	104						
5FVAV1~37	VAV单风道机		18	风阀开度、风量显示、风机、水阀状态等					强电箱送到相应配电	PUB64385			8760	JDG20	无
	VAV电联动风机型		1	风阀开度、风量显示、风机、水阀状态								Z0501-90	KVV3*1.5	JDG20	
	VAV并联风机机+再加热盘管		18	风阀开度、风量显示、风机、水阀状态											
	温控面板		37	房间温度、设定温度等					温控面板对应到应VAV控制			Z0501-91~127	RVVP2*1.0	JDG20	无
	小计		37		0	0	0	0	0	PVB4022AS	37	Z0501-91~89	8760	JDG20	CT100*100

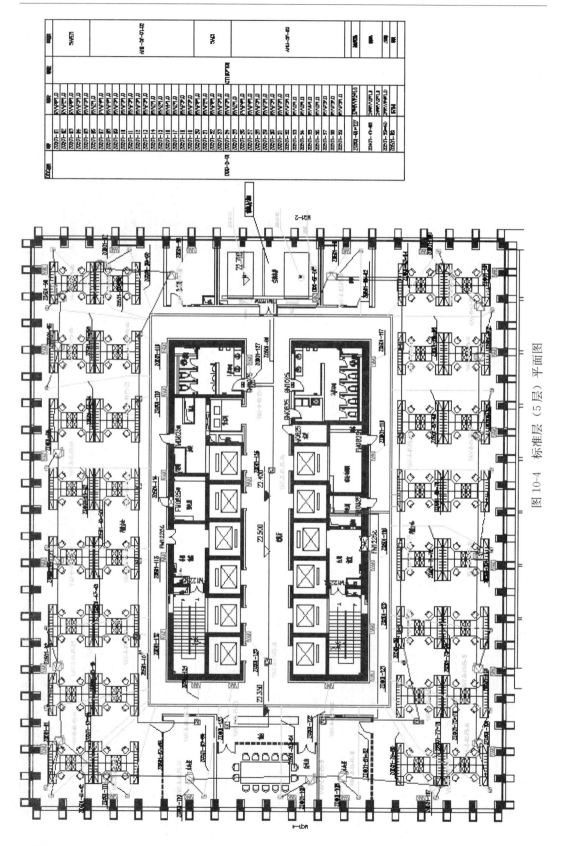

图 10-4 标准层（5 层）平面图

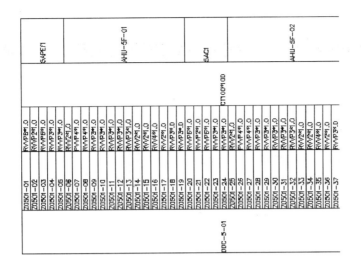

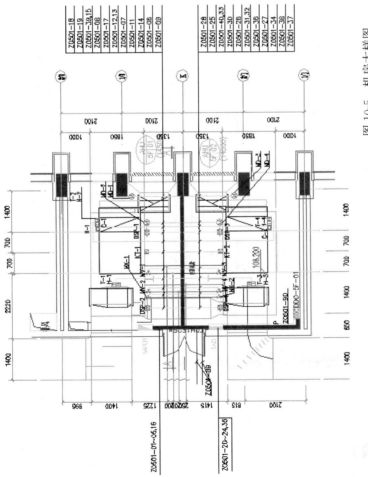

图 10-5 机房大样图

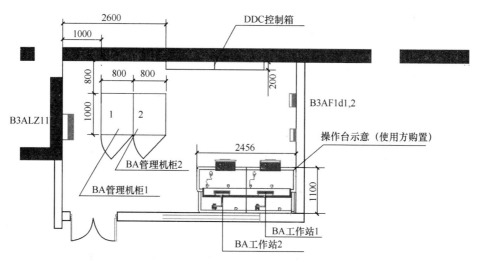

图 10-6 监控机房平面布置图

10.3.8 控制箱内布置图

图 10-7 为标准层 5 层的 1 号控制箱内设备布置图, 包含箱体的大小、控制器的数量、位置和端子排列等。

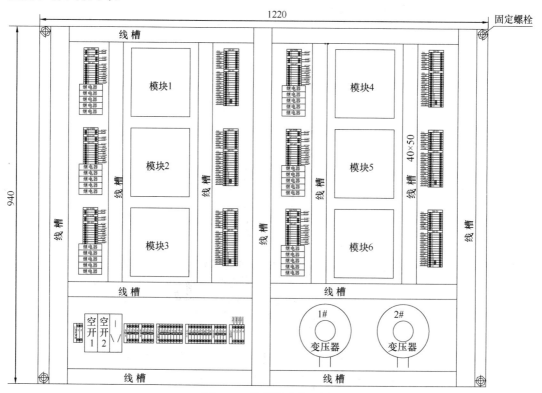

图 10-7 控制箱内布置图

10.3.9 接线端子表

图 10-8 (a) 和图 10-8 (b) 分别为标准层 5 层控制箱第 1 号和第 2 号模块的接线端子

接线端子表

端子类型	M 1 - AO									M 1 - DO									
端子编号	1	2	3	4	5	6	7	8	9	继电器1		继电器2		继电器3		继电器4		继电器5	
端子编码	AC24V+	AO 1	COM	AC24V+	AO 2	COM	AC24V+	AO 3	COM	3	4	3	4	3	4	3	4	3	4
辅助连接																			
被控设备名称	01新风阀调节			01冷水阀调节			01热水阀调节			01风机启停控制		01加湿阀启停控制							
电缆编号	Z0501-18			Z0501-11			Z0501-13			Z0501-02		Z0501-09							
强电箱号										5APEf1									
电缆型号	RVVP4*1.0			RVVP3*1.0			RVVP3*1.0			RVV2*1.0		RVV2*1.0							

端子类型	M 1 - DI								M 1 - UI														
端子编号	1	2	3	4	5	6	7	8	1	2	3	4	5	6	7	8	9	10	11	12		
端子编码	DI 1	COM	DI 2	COM	DI 3	COM	DI 4	COM	UI 1	COM	UI 2	COM	UI 3	COM	UI 4	COM	UI 5	COM	UI 6	COM		
辅助连接																						
被控设备名称	01风机运行状态		01风机故障状态		01风机手自动状态		01风机压差		01过滤网堵塞报警		01防冻开关		01送风温度		01送风湿度		01冷水阀开度反馈		01热水阀开度反馈			
电缆编号	Z0501-01				Z0501-06				Z0501-15		Z0501-17		Z0501-07				Z0501-12		Z0501-14			
强电箱号	5APEf1																					
电缆型号	RVVP6*1.0				RVV2*1.0				RVV2*1.0		RVV2*1.0		RVVP4*1.0				RVVP3*1.0		RVVP3*1.0			

	工程名称	楼宇自控系统	图名	DDC-5-01A	审核		工程编号	
				1号模块接线图	制图		图号	

(a)

接线端子表

端子类型	M 1 - AO									M 1 - DO									
端子编号	1	2	3	4	5	6	7	8	9	继电器1		继电器2		继电器3		继电器4		继电器5	
端子编码	AC24V+	AO 1	COM	AC24V+	AO 2	COM	AC24V+	AO 3	COM	3	4	3	4	3	4	3	4	3	4
辅助连接																			
被控设备名称	01回风阀调节			01风机频率控制						01静电净化控制									
电缆编号	Z0501-19			Z0501-05						Z0501-16									
强电箱号				5APEf1						5APEf1									
电缆型号	RVVP4*1.0			RVVP2*1.0						RVVP4*1.0									

端子类型	M 1 - DI								M 1 - UI														
端子编号	1	2	3	4	5	6	7	8	1	2	3	4	5	6	7	8	9	10	11	12		
端子编码	DI 1	COM	DI 2	COM	DI 3	COM	DI 4	COM	UI 1	COM	UI 2	COM	UI 3	COM	UI 4	COM	UI 5	COM	UI 6	COM		
辅助连接																						
被控设备名称	01静电净化运行状态		01变频器运行状态		01变频器故障状态		01变频器手自动状态		01回风温度		01回风湿度		01风机频率反馈		01风道静压检测		01回风道二氧化碳传感器					
电缆编号	Z0501-16		Z0501-03						Z0501-08				Z0501-04		Z0501-10		Z0501-39					
强电箱号	5APEf1		5APEf1																			
电缆型号	RVVP4*1.0		RVVP6*1.0						RVVP4*1.0				RVVP2*1.0		RVVP3*1.0		RVVP4*1.0					

	工程名称	楼宇自控系统	图名	DDC-5-01A	审核		工程编号	
				2号模块接线图	制图		图号	

(b)

图 10-8 接线端子表

(a) 1号模块接线端子表；(b) 2号模块接线端子表

表，包含控制箱编号和控制器编号，接线排端子与箱内控制器端口的连接对应，点位需要连接的电缆编号及类型等。该图内的点名、电缆编号和类型与前面的监控点表互为参照。

10.3.10 控制算法表

图 10-9 为标准层 5 层空调机房控制器的控制算法配置表。

某建筑楼宇控制系统控制算法表

楼层	DDC箱号	控制器编号	控制对象	控制算法
5层	DDC-5-1A	1号控制器	5层1号空调机组	风平衡控制算法，焓值控制算法
		2号控制器	5层1号空调机组	变风量控制算法，二氧化碳控制算法
		3号控制器	5层2号空调机组	风平衡控制算法，焓值控制算法
		4号控制器	5层2号空调机组	变风量控制算法，二氧化碳控制算法
		5号控制器	1-5号幕墙风机	幕墙风机控制算法
		6号控制器	6-10号幕墙风机	幕墙风机控制算法
	DDC-5-1B	1号控制器	11-15号幕墙风机	幕墙风机控制算法
		2号控制器	16-20号幕墙风机	幕墙风机控制算法
		3号控制器	21-24号幕墙风机	幕墙风机控制算法

图 10-9 控制算法配置表

10.3.11 设备材料表

表 10-2 为整个系统的主要设备材料表，包含系统服务器、工作站、DDC 箱、控制器、传感器、VAVBOX、管线等设备材料。

主要设备材料表　　　　　　　　　　　　　　　　表 10-2

序号	设 备 名 称	型 号	数量	单位
中控室设备				
1	服务器	R510	1	台
2	工作站＋UPS电源	M4300＋A902L	1	台
3	服务器系统软件	WEB-S-AX-100	1	套
4	OPC 集成接口	DR-OPC-CL-AX	1	套
5	交换机	DES-1210-28	2	台
6	打印机	LaserJet 1020 Plus	1	台
现场设备				
1	网络控制器	WEB-600	24	台
2	控制器	PVB4022AS	763	台
3	控制器	PUB6438S	200	台
4	DDC 控制箱	定制	40	台
5	风道温湿度传感器	H7080B2103	80	台
6	压差开关	DPS400AB-PLUS	80	台
7	风道二氧化碳传感器	C7232A5820	40	台
8	压差变送器	DPTM500	40	台

序号	设　备　名　称	型　　　号	数量	单位
9	调节型风阀执行器	CN7220	80	台
10	防冻开关	FT6961-18	40	台
11	室外温湿度传感器	H7508A1042	2	台
12	温控面板	TR70	763	台
13	线缆	RVVP6 * 1.0	5153	米
14	线缆	RVVP4 * 1.0	9000	米
15	线缆	RVVP3 * 1.0	24900	米
16	线缆	RVVP2 * 1.0	9800	米
17	线缆	RVV4 * 1.0	24291	米
18	线缆	RVV2 * 1.0	68643	米
19	线缆	KVV3 * 1.5	2200	米
20	线缆	8760	14461	米
21	线缆	六类网线	200	米
22	金属管	JDG20	9687	米
23	金属管	JDG25	1070	米
24	软管	20软管	1920	米
25	软管	25软管	200	米
26	桥架	100 * 100	2217	米

10.4　施工、调试和试运行

10.4.1　施工安装

监控系统的施工安装应按照第10.3节的设计要求和图纸进行，本项目中重点强调的内容摘录如下。

1. VAVBOX 安装说明

VAV BOX 的施工需严格按照设计要求及《通风与空调工程施工质量验收规范》GB 50243实施。此外，仍需满足以下要求：产品存放时不要拆除原包装，并注意防潮、防尘；搬运、吊装过程中受力点不可以在一次风进风管和控制电气箱处；箱体的安装位置需根据现场情况，使 DDC 控制箱便于接线、检修，封闭吊顶需要设置检修口；VAV BOX 进风圆管外加的保温材料需要避开执行器和风阀的主轴，不影响箱体的运行和维修；VAV BOX 的驱动风阀需在驱动器释放后能在0~90度范围内灵活转动；室内温控器的安装位置需能代表该房间的温度，并不受其他热源的影响。

2. 其他设备的接线说明

传感器和执行器等现场设备的接线端子和注意事项详见图10-10。

××× 大厦楼控设备现场接线标准表

序号	设备名称	备注	设备接线端子号	线缆颜色	DDC控制柜	电缆型号	注意
1	室外温湿度传感器	电源端子	1		AC24V+	RVVP4*1.0	传感器上端子2 3用线短接
			2		COM		
	NTC20K	温度反馈	4		UI*		
	0-10V	湿度反馈	6		UI*		
2	风道温湿度传感器	电源端子	24V		AC24V+	RVVP4*1.0	传感器上端子5 6用线短接
			V-		COM		
	NTC20K	湿度反馈	RH		UI*		
	0-10V	温度反馈	7		UI*		
3	水道温度传感器 NTC10K	热电阻	1		UI*	RVVP2*1.0	
			2		COM		
4	水道压力传感器 4~20MA	DC24V	端子1		AC24V+	RVVP2*1.0	2.5MPa
			端子2		UI*		
5	过滤器压差开关 （调到280）	接常开点	2		UI*DI*	RVV2*1.0	
			3		COM		
6	风机压差开关 （调到80）	接常开点	2		UI*DI*	RVV2*1.0	
			3		COM		
7	防冻开关 （调到5度）	接常开点	Common		UI*DI*	RVV2*1.0	
			2		COM		
8	水浮球传感器	接常开点	棕线		UI*DI*	RVV2*1.0	
			黑线		COM		
9	水流开关	接常开点	COM		UI*DI*	RVV2*1.0	
			NC		COM		
10	开关型风阀执行器	公共端子	2		COM	RVVP4*1.0	
	开关型	开控制	3		继电器常开端子		
		关控制	4		继电器常闭端子		

图 10-10　现场设备接线标准表

10.4.2　调试

1. 调试准备

调试前应编制调试大纲，包括下列内容：

1）调试目标：完成楼宇控制系统相关设备的单点调试，通过联合调试完成系统制定的控制策略，保证系统顺利开通。

2）调试内容：VAV 系统调试工作包括设备单机试运转、系统无负荷调试、系统带负荷调试。

3）调试工具：笔记本电脑，万用表，通信卡，风速仪，毕托管，对讲机，数据传输线，短接线，两根 20m 临时通信线，电笔，插排，梯子，各种改锥和钳子等。

4）进度计划：按照工程完工的时间要求，制定相应的时间表，并严格按照时间表进行调试工作安排。

5）调试人员安排：调试小组设一个负责人，全面负责调试的开展和工作间协调工作。调试分成两个分组，职责是在调试负责人的指导下，带领所属分组进行系统的调试。同时设一个硬件指导和检查工程师，对现场硬件问题进行指导和检查。

调试准备工作：

1）熟悉资料：

系统调试前，调试人员首先熟悉变风量空调系统全部设计资料，包括图纸和设计说明，充分领会设计意图，了解各种设计参数，系统的全貌。

2）了解控制产品：

了解工程选用控制器的类型和内部参数设置，设备供电的方式，可接入信号的输入和输出类型。

3）指导并检查校对接线情况，包括串并联风机，再热水阀，以及风阀执行器的安装。

4）对每层所有控制器地址进行编码，并指导工人进行拨码工作。

5）调试前进行抽样检查，包括设备和传感器的接线以及控制器的地址拨码等。

控制程序编写：在调试开始前，编写完成相关的控制器程序。

2. 监控功能调试

1）空调机组调试

在数据库软件添加控制器并更改设备 ID 编号。

使用程序下载工具对已有 ID 编号的控制器进行程序下载。

下载完成后，通过数据库软件从控制器内部读取控制点位并进行点动、传感器点位测试和显示数据查看，包括的点位有：风阀控制，水阀控制，风机控制，风机频率控制，温湿度值显示，风道压力显示，二氧化碳显示，过滤网压差测试，风机气流压差测试，防冻开关测试等。

为了检查温度传感器显示数值的准确度，可先停止机组，并记录相关位置传感器的显示数值，拔出传感器，使用红外测温枪对传感器所在位置进行测温，如所测温度与实际相差一度都可认为是正常的。

2）VAV 末端调试

首先保证每个 VAV 控制箱都已断电，然后从 1 号 VAV 控制器开始上电，上电前要用万用表测量电压是否合格，合闸以后，用数据库软件进行搜索，搜到以后在数据库软件内进行设备添加，添加完毕后进行设备 ID 编号更改。如果控制器没有上线，需要检查供电和通信线。

边调试边在平面图纸和现场箱子上标记 VAVBOX 位置和型号。在数据库添加控制器并更改 ID 完成后，使用下载工具对已有 ID 编号的 VAV 控制器进行程序下载。下载时要根据末端类型选择对应的程序下载。

下载完成后，通过数据库软件从控制器内部读取控制点位并进行设备点动和显示数据查看，包括的点位有：风阀控制，再热水阀控制，并联风机控制，串联风机控制，温度值显示。

在系统单点调试发现的故障排除后，进行系统无负荷联合调试。联合调试为所有末端设备处于工作状态，系统设定好相关运行参数，依次测试模拟全年运行中可能出现的各种工况。

3. 系统集成调试

要求被集成系统厂家提供详细的地址名称对照表；测试中央工作站服务器与被集成系统服务器的网络连接是否正常；对中央工作站服务器进行 OPC 客户端配置；在数据库添

加 OPCServer 并进行配置，见图 10-11；在数据库中连接 OPCServer 成功后，即可批量读取和添加集成数据；根据厂家提供的地址名称对照表，将已添加的集成数据进行重新编辑；将编辑好的数据添加到人机界面。

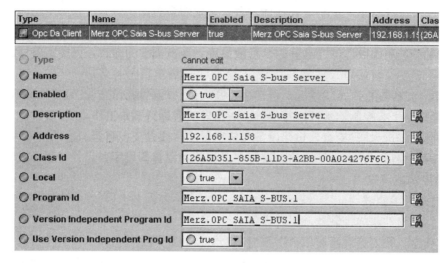

图 10-11　OPC 配置说明

4. 数据库

因该项目有历史数据存储要求，因此数据库容量需要计算后确定。需要存储的数据大概为 8500 点，平均每 5 分钟存储一次，保存时间为 3 年，根据第 5.4.3 部分介绍的计算方法，保存数据需要的存储空间为 115.26G。选用服务器的存储容量满足此要求。

图 10-12　系统选择界面

5. 人机界面

调试完成后，在中控室监控计算机上可供运行人员监视和操作的人机界面摘录部分见图 10-12～图 10-17。

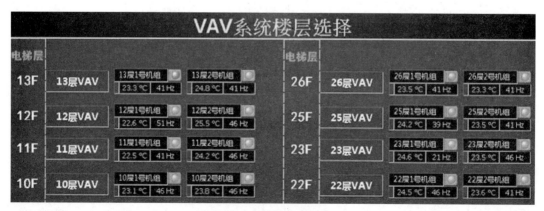

图 10-13　楼层选择界面

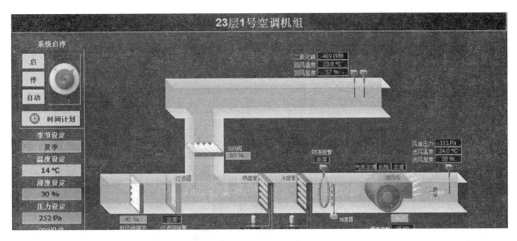

图 10-14 空调机组运行界面

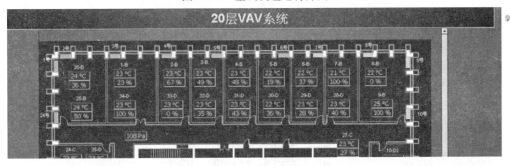

图 10-15 VAV 末端查看界面

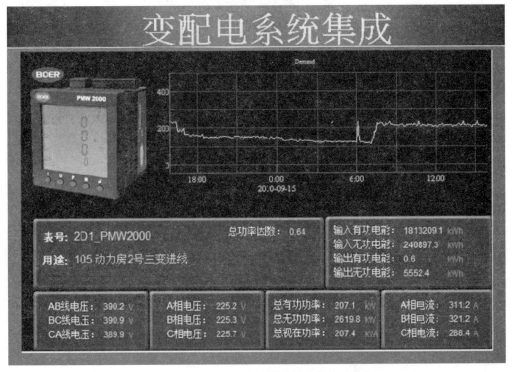

图 10-16 变配电监测系统集成界面

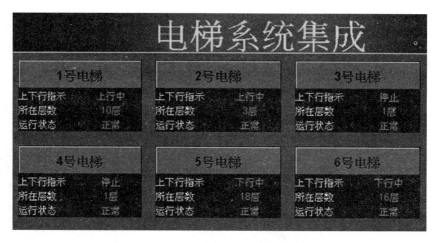

图 10-17　电梯监测系统集成界面

6. 调试记录

VAV 系统的末端控制器和除末端设备外的调试记录表格分别见图 10-18 和图 10-19。

XXX大厦VAV末端调试记录

5层	地址	风阀	水阀	风机
1	401	正常	正常	正常
2	402	正常	正常	正常
3	403	正常	正常	正常
4	404	正常	正常	正常
5	405	正常	正常	正常
6	406	正常	正常	正常
7	407	正常	正常	正常
8	408	正常	正常	无
9	409	正常	正常	无
10	410	正常	正常	正常
11	411	正常	正常	正常
12	412	正常	正常	正常
13	413	正常	正常	正常
14	414	正常	正常	正常
15	415	正常	正常	正常
16	416	正常	正常	正常
17	417	正常	正常	正常
18	418	正常	正常	正常
19	419	正常	正常	正常
20	420	正常	正常	正常
21	421	正常	正常	正常
22	422	正常	无	无
23	423	正常	无	无
24	424	正常	无	无
25	425	正常	无	无
26	426	正常	无	无
27	427	正常	无	无

图 10-18　VAV 末端控制器调试记录

10.4.3　试运行

在施工安装和系统单点调试等分项工程验收合格，且系统已模拟全年运行中可能出现的各种工况联合调试后，开始进行系统试运行。试运行方式为系统在当前季节工况下连续运转 120 小时。图 10-20 和图 10-21 分别为试运行中标准层 5 层的压力和温度传感器历史曲线。

×××大厦VAV系统除末端设备调试记录					
序号	调试项目	项目子系统	调试单位	调试数量	调试内容 监控内容	调试结果
1	建筑设备监控系统	空调机组	台	52	送风温湿度	正常
					回风温湿度	正常
					风机状态	正常
					风机故障	正常
					风机手动	正常
					风机启停控制	正常
					风机频率	正常
					过滤网堵塞报警	正常
					加湿控制	正常
					静电除尘	正常
					防冻报警	正常
					盘管水阀调节	正常
					新风阀	正常
					风机频率控制	正常
					风机频率反馈	正常
					二氧化碳浓度	正常
					风道压力传感器	正常
					回风阀	正常
		幕墙风机	台	480	运行状态	正常
					启停控制	正常
		中央控制站	个	1	监控管理功能	完成要求
					显示记录测量数据、运行状态故障报警的功能	
					控制和管理命令、参数设定	
					统计、报表、存储、图形显示、报表打印等	
					操作人性化、人机界面简便、清楚易懂等	

图 10-19 VAV 系统除末端设备外的调试记录

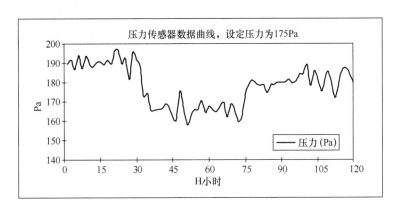

图 10-20 5层压力传感器历史数据曲线

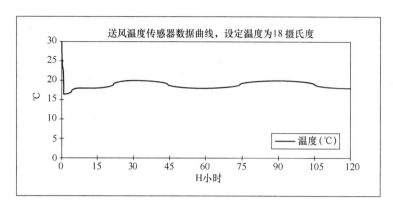

图 10-21　5 层温度传感器历史数据曲线

10.5　检测和验收

系统检测和验收由业主相关专业负责人组织，包括业主相关专业技术负责人，总包相关专业技术负责人，监理、物业相关专业负责人，弱电施工方项目经理、调试工程师等参加。采用抽样的方式进行系统功能检测和验收，空调机组抽样检测 8 台，末端抽样检测 153 台，幕墙风机抽样检测 96 台，变配电监测系统点数抽样检测 50 点，电梯监测系统集成检测全部 18 个点。

10.5.1　系统检测

本项目中不同监控对象需要检测的功能和对应的检测方法如下：

1. 变风量空调机组

1）测试功能：自动执行开机程序。按照预设逻辑开启和关闭机组。

测试方法：点击系统启动按钮，机组及相关设备将自动启动。

2）测试功能：根据时间程序自动对送风机进行启停控制，或者远程/就地进行启停控制。

测试方法：设置时间表，机组将按照时间自动启动。

3）测试功能：根据风道静压值，调节风机变频器的频率

测试方法：更改风道静压设定值，机组频率将自动调节。

4）测试功能：根据送风温度自动调节冷热盘管上的电动调节阀开度；根据回风湿度自动启闭加湿阀。

测试方法：更改送风温度设定值，水阀将自动调节；更改回风湿度设定值，加湿阀将自动开启。

5）测试功能：过滤网报警。

测试方法：现场对过滤网气流开关进行短接测试。

6）测试功能：冬季停机时，热水阀保持最小开度，当产生防冻报警信号时，自动加大热水阀开度，提高盘管温度，关闭机组，防止冻坏盘管。

测试方法：季节调到冬季，现场短接防冻报警，可见相关变化。

7）测试功能：新风阀及回风阀根据二氧化碳浓度及季节自动调节。

测试方法：改变二氧化碳及季节设定值，可见调节变化。

2. VAV 末端

测试功能：末端设备根据当前模式及温度设定值自动启动相关设备。

测试方法：通过上位机设置好需要检测的 VAV 末端参数，在现场通过设置面板温度即可看到风阀调节、风机启闭和水阀开关。

3. 幕墙风机

测试功能：设备可根据当前季节和邻近 VAVBOX 是否开启来自行启闭。

测试方法：通过设定季节参数和启动检测幕墙相邻的 VAV 末端，即可看到幕墙风机自动开启。

4. 温控面板

测试功能：可以显示室内温度和用户设定温度，可以手动调节设定温度。

测试方法：使用温枪检测面板所在区域温度，并对照面板显示温度，相差一度以内都可认为正常；通过面板手动设置温度，观察面板设定温度是否变化。

5. 变配电系统集成

测试功能：实时显示集成的变配电参数。

测试方法：找到需要检测的数据，与变配电系统处电话联系，核对数据是否一致。

6. 电梯系统集成

测试功能：实时显示集成的电梯参数。

测试方法：找到需要检测的数据，与电梯系统处电话联系，核对数据是否一致。

10.5.2 验收

检测记录见表 10-3。检测合格后，由业主组织工程验收。

建筑设备监控系统工程检测记录 表 10-3

	工程名称			编号		
	子分部名称	建筑设备监控系统		检测部位		
	施工单位	·		项目经理		
	执行标准名称及编号	智能建筑工程质量验收规范 GB 50339—2013				
	检测内容	规范条款	检测结果记录	结果评价 合格	结果评价 不合格	备注
主控项目	变风量空调系统的功能	17.0.5	略	√		
	VAV 末端的功能	17.0.5	略	√		
	幕墙风机的功能	17.0.5	略	√		
	温控面板的功能	17.0.5	略	√		
	变配电系统集成的功能	17.0.6	略	√		

续表

	检测内容	规范条款	检测结果记录	结果评价		备注
				合格	不合格	
主控项目	电梯系统集成电梯上下行、所在楼层、故障报警等显示功能	17.0.9	略	√		
	中央管理工作站与操作分站功能及权限	17.0.11	略	√		
	系统实时性	17.0.12	略	√		
	系统可靠性	17.0.13	略	√		
一般项目	系统可维护性	17.0.14	略	√		
	系统性能评测项目	17.0.15	略	√		

检测结论：

监理工程师签字　　　　　　　　　　检测负责人签字
（建设单位项目专业技术负责人）
　　年　　月　　日　　　　　　　　年　　月　　日

注：1　结果评价栏中，左列打"√"为合格，右列打"√"为不合格；
　　2　备注栏内填写检测时出现的问题。

10.6　运行维护工作

项目投入使用后，还需要根据客户使用情况对监控系统中的参数进行设定和调整。后期的运行维护工作主要包括：

1. 按照用户上下班或指定的时间，设置设备开启的时间表。

2. 按照现阶段用户反馈的温度需求和室外温湿度，适当调整送风温度设定值。

3. 针对用户反映的使用状况，每天需记录在相关的表格中，物业可根据表格的数据，适当调整用户末端的风量需求，例如感觉过冷的可以适当降低最小风量，感觉过热的适当提高最大风量。

4. 对于出现异常的末端，如风阀开度为 0、100%、显示温度超过限值范围和温控面板状态异常的，都需要记录并向厂家进行报修。

5. 对于楼控系统及其相关设备的故障，也需要记录，例如强电设备故障，传感器故障，水阀故障，风阀故障，空调设备故障等。记录的故障需要及时提交各相关厂家。

6. 每天分时段记录空调系统送风温度和室外温度，用来确认每天送风温度是否合理，并为将来运行空调机组，设定合适温度提供参考数据。

7. 冬季运行时，只需切换季节模式调整送风温度设定值，其他运维方式不变。

第四篇 新技术简介与展望

电子技术、信息技术和通信技术的发展给建筑设备监控系统的创新发展带来了新的机遇，通过对这些新 ICT（information and communication technologies）技术的利用，可以实现更加人性化、智能化、简单化的建筑设备监控系统，为建筑设备监控系统的推广提供了更大的动力，为建筑设备监控系统的有效应用搭建了更广阔的平台。本篇从扁平化自组织的 TOS 系统平台、无线无源传感通信技术和大数据技术三个方面，介绍最新 ICT 技术在建筑设备监控系统中的应用尝试与未来展望。

第 11 章　TOS 智能建筑系统平台

三十年前，单片机大幅降低了计算机成本使得数字通信得以推广，互联网还处在萌芽阶段；而各种工业总线蓬勃发展，并因其可靠性实时性高的优点被移植用来实现建筑设备监控。三十年后的今天，我们每个人几乎随时都联在互联网上，享受着百度、微信、淘宝给我们生活方式带来的转变；而谈到建筑控制系统，我们甚至还在用着当年的总线技术（如第 1.3.3 介绍）。虽然总线的通信速率等通信技术有大幅提高，但控制系统架构和三十年前相比几乎没有太多变化，建筑设备监控管理依然有这样那样的问题，人们一直畅想的自动化、智能建筑并没有普及实现。

建筑是人工作生活的主要空间，我们80％的时间都待在建筑里。相比于百度、微信、淘宝，建筑控制似乎更有理由基于 IT 技术得到根本的改变，成为改变人类生活模式的又一个重要领域。TOS（Things' Operating System），是江亿院士、姜子炎博士及其团队提出的一种全新的、面向"物"的、扁平化自组织的智能平台技术。在过去 6 年时间内，通过与暖通空调、自动化、公共安全、计算机、应用数学、人因工程等领域专家学者的共同研究，论证并逐步完善了其理论体系，并初步在实际工程得到应用。本章将介绍这一技术诞生过程中的思考、平台技术的特点，以及部分典型应用，希望能为建筑设备控制行业的技术发展带来新的思路。

11.1　对现有建筑设备控制系统的思考

11.1.1　现有系统架构下工程实施的关键问题

第二篇介绍的《建筑设备监控系统工程技术规范》是一本"功能导向"的工程技术规范。《规范》要求建筑设备监控系统在设计时要细化"功能"，明确地给出远程监控、控制调节、报警等逐项功能描述，并特别强调了验收环节，要求根据设计时定义的各项"功能"逐项验收，建筑机电系统建设流程（从设计到实施完成）如图 11-1 所示。针对目前常见的楼宇自控系统技术，这样的要求是必须的。否则建筑监控系统工程建设将没有依据，转而变为以控制产品销售为主导，必然造成监控系统在建成后无法满足控制管

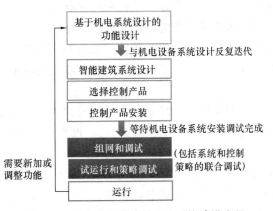

图 11-1　面向功能的建筑机电系统建设流程

理要求。相信按照规范内容落实必能有效改进工程质量，提高工程水平。

然而，在一些节能诊断改造和运维管理系统升级项目中，我们逐渐发现这样的问题：1）建筑开发商不是未来的使用者，甚至在此阶段还不可能知道未来的使用者是谁；即使他们认真设计功能也未必符合未来使用者的运维管理的需求。2）随着商业建筑经营策略变化、租户改变导致建筑空间分割的变化等，"功能"一定会发生变化；而且这种变化总会不定期的发生，并且很难准确预料。总之，建筑控制管理功能的变化几乎是不可避免的，并总是在不断变化着。

为了保证新增功能的实现，《规范》描述的做法是：根据功能的变化，重新修订、新增功能需求设计，进而根据新的功能设计校核、新增、调整控制系统配置，再根据新的系统配置设计补充施工和调试，最后对功能进行验收，即重复图 11-1 中的流程。由于新增功能或功能修订可能会与其他原有功能共享相同的 DDC、中央站、集成软件，因此在验收时应对所有相关功能都再进行一次验收，以避免新增功能破坏原有功能的情况。在现有的监控系统上，这是保证工程质量的唯一途径。

但是，站在业主的角度来看，上述从功能设计到验收的流程，可能意味着相当多的人力、时间和资金成本。在日常建筑运维管理过程中，不定期的重复上述建筑监控系统的建设工作，对业主来说可能是很大的负担。业主要么选择减少自动控制管理功能的变化，但会牺牲建筑运维效率；要么为了避免新功能对旧系统的影响，索性新增一套系统（比如分项计量系统），但会增加硬件成本；要么放弃自动控制，依靠较低的人力成本，回到手动控制模式。我们在对国内建筑控制系统的调研中，发现大量项目在运行 3 年左右都恢复到手动控制或半自动控制状态，上述分析可能是这一现象的一种解释。

如此看来，"建筑控制管理功能不可避免的变化"与"系统建设的高人力成本"构成了一对矛盾。多年来，这对矛盾让业主困惑犹豫该如何用建筑监控系统实现高效建筑运维管理，这也严重阻碍了建筑控制行业的发展。

11.1.2　组网调试人力成本高

在现有建筑监控系统建设过程中，最消耗人力、时间成本的环节应该是组网和调试阶段。

"组网"是在布线和 DDC 安装完成后，包括对照设计文档给每个信息点设定全局地址，对各个信息点逐个校验从传感器/执行器到 DDC 接入端口的连接，校验 DDC 各个端口到中央集成软件的通信通道可靠性，校验各个信息点名称、地址等是否准确符合设计文档；进一步，还需要校验信息点与控制逻辑、中央监控软件等软件之间的可靠绑定的情况，保证控制策略能够正确接收到需要的测量和反馈信息，同时能够将控制指令准确传递到相应的执行器。

组网工作繁琐枯燥，非常容易出错。笔者在实际工程中就见到过许多组网错误的案例，比如 AHU 控制中 DDC 通道没有连接被控区域的温度传感器，而连接了其他区域的温度传感器；或者按照设计的新风控制策略，本应监测房间（回风）二氧化氮浓度控制新风量，却错误的绑点到送风二氧化碳传感器。这样的问题必然导致自动控制过程问题，但却并不是显而易见能够被发现的。许多工程项目，在控制系统投入运行多年后才发现这些问题。

　　仔细核对信息点的组网工作是一项非常耗费人力的工作。一方面，由于DDC等设备常常连接多个传感器、执行器设备，并且传感器、执行器和DDC等设备的安装位置往往又不在同一个相互可见的空间，查找、校验单个信息点的工作常常都需要花费大量的时间和人力；另一方面，被控机电设备系统常常由于现场施工条件等发生设计或方案变更，相应的组网工作往往需要重复进行以适应被控系统的变化，并保证每个信息点的接入都准确无误；最后，组网工作量随着系统规模增长成倍增长。可以想象只有少数

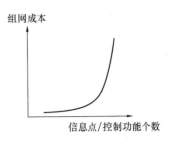

图 11-2　组网成本随信息点
规模变化示意图

几个信息点的系统组网，只要在这少数几个信息点间进行相互校核就可以了，而在成百上千甚至过万信息点规模的系统中，工作量呈指数增长，如图11-2所示。

　　调试包括实施控制程序的撰写、调试，自动控制策略试车等等，是另一项更艰巨的工作。首先，建筑控制系统是跨专业的交叉领域，粗略划分至少包括IT专业（自动化、通信、电子、计算机、软件工程等）和机电专业（暖通空调、变配电、照明、给排水、电梯、公共安全等）。隔行如隔山，这两类学科的基础知识不同，专业语言不同，思维方式不同，他们之间的协调意味着较高的沟通成本；而同时掌握两类专业知识的人才相对稀缺，尤其是真正能对各专业知识都精通理解的工程人员更是稀少，跨学科专业人才也意味着较高的工资成本。其次，调试的对象是自动控制过程，在很多控制策略尤其是全局优化运行策略中，这需要深入的理解工艺过程，建立被控设备系统模型。在现有系统架构下，这不仅仅要求在各级控制中心收集系统信息，还需要建立如空调系统冷冻水管网结构体、建筑空间拓扑模型（用于安防疏散等）等。这样的建模工作，需要精通被控系统专业的高级工程人员才能完成。最后，每个建筑都是不同的。对于远程监控和局部控制这样简单的控制问题，组网和调试工作虽然繁琐，其工作流程和程序也许可以复制；但对全局性优化问题，往往需要因地制宜地深入设计和反复尝试才能实现。这不仅要求精通工艺专业的人员，还需要他们为具体项目专门花费大量时间，这意味着极高的二次开发投入。我们能够在各种专业期刊上看到大量论述建筑全局优化控制算法的文献，却鲜有在实际工程中看到这些算法的应用，二次开发成本高也许是其中的原因。

11.1.3　系统架构是根本的原因

　　既然组网和调试工作人力成本高，我们为什么非要做组网和调试？

　　在过去的三十年中，相关领域的学者从各个角度谈到建筑控制技术，致力于改善现有建筑控制系统的各种问题。例如，BACnet和LonWork的推广试图打破不同控制系统提供商之间的通信技术壁垒；EIB总线、工业以太网、Zigbee、Zwave等技术试图改进建筑控制系统的通信技术，使之敷设成本更低、速度更快、通信设备更开放；各种集成技术和软件接口技术（如Tridium的Niagara Framework）试图解决在中央站实现跨专业子系统集成的问题等等。基于这些研究，建筑控制系统的性能得到了极大的改善，我们所采用的专项通信或软件技术并不落后于主流IT技术，组网调试也在一定程度上得到了优化。但是组网调试工作却不能被从根本上避免，特别是对全局优化控制问题，仍需要行业专家针对具体工程进行大量细致的二次开发调试才有可能实现。于是，建筑行业的应用现状依然

是：无论国内外，大部分建筑监控系统都不够"智能"。我国大部分系统都处在手动、半自动和局部自动控制的水平；我们在美国的调研发现，虽然他们的系统大多自动运行，但其能耗却远高出我国不自动运行的同类建筑。

在前人的研究工作中，控制系统架构很少被涉及。我们逐渐认识到也许这正是建筑控制系统的根本问题。

典型的建筑控制系统架构由管理层、控制层、现场层等三层组成，见图 1-1。现场层通过 DDC 的 I/O 接口或扩展 I/O 模块连接各种传感器、执行器；控制层为各种 DDC 或 PLC，其主要功能时采集现场层数据，执行局部控制逻辑完成局部闭环控制；管理层为子系统服务器、中央站、集成软件服务器，连接着各个子系统，承担着收集数据，满足与管理人员的人机交互，完成全局、跨系统的协调优化控制的任务。各个控制设备厂商提供的系列产品架构有所不同，但都采用与图 1-1 类似分级-树状系统结构。各级中央控制器是这一系统的中枢，所有控制管理任务都要依靠中心协调完成。

建筑控制系统是借鉴工业控制系统发展起来的，这种架构设计也来自于工业控制系统。三十多年前，建筑控制对象只集中在冷机、空调等少数机电设备系统上，与工业控制类似；而经过三十多年的发展，建筑控制与工业控制越来越不同：

1）工业控制对象通常集中在一条生产线上，控制任务目标明确；建筑控制对象动辄涵盖十几项设备子系统，相互交织的分布在各个建筑空间，控制目标因"人"而异；

2）工业控制客户追求"精确控制"和"实时控制"，而建筑业主更追求"高效管理"和"节能运行"；

3）工业用户接受高投入，因为控制系统可以带来高产出，而建筑业主只希望通过控制系统来"节省"，似乎并不愿太多的投入；

4）工业控制系统功能一旦确定，尤其在建成后很少变化，而控制管理功能在日常运维中经常变化，几乎不可避免。

因为建筑控制与工业控制完全不同的特点，源自工业控制的这套系统架构也许并不契合建筑控制的需求，而也许正是这种不合导致我们在用现有系统架构时不得不进行大量费时费力的组网调试工作。因此，我们有必要转换角度，完全站在建筑的角度分析建筑被控系统的特点，以及建筑运维管理中的任务需求。进而从建筑控制管理特点出发，提出建筑控制系统的架构。

11.2　对建筑、机电设备系统及其控制管理的新认识

11.2.1　建筑由空间组成

建筑可以看成是由不同功能的空间拼接而成。不同于工业控制以追求设定值为主要控制目标，建筑控制以满足人的需求为首要目标。而人在建筑中的活动是以"空间"为单元进行的。办公室、会议室、大堂、电梯间、走廊、洗手间、楼梯间、停车场等，都是人活动的空间。这些空间按照他们的空间位置关系拼接成了整个建筑。

空间内部的不同类机电设备间的相互影响，远甚于在不同空间的同类机电设备之间的

影响。建筑空间中分布安装着照明、空调、电源插座、门禁、可调节围护结构（电动窗帘、电动窗等）等各种机电设备，其作用首先是为了满足人的安全舒适要求。在同一个空间中，不同类机电设备因其服务的是同一群人所在的共同空间而彼此影响，联系紧密；相对的，不同空间中，即使同属一套机电子系统的设备反而可能没什么相互影响。例如，在同一个空间中，窗帘的开合影响室外自然采光，从而影响照明设备运行；窗帘的开合还会影响进入室内的太阳辐射量，从而影响空调能耗；照明设备开启也会增加空调负载；安防系统检测到室内无人，上述所有机电设备都可以关闭等等。在不同的房间中，虽然同属照明系统，两盏灯的开关状态对彼此几乎没有影响。

建筑空间及其内部机电设备配置存在"共性"。我们发现在进行机电设备系统设计时，各种设备按照空间的分布存在某种"模数"。例如，空调设计时，办公建筑通常按照 90~150W/m² 估算空调冷负荷；如果末端设备选用风机盘管，那么在 20~50m² 的空间中，配置 1~2 台常见风机盘管就可以了；照明设计时，也有根据单位平方米安装功率，计算灯具安装密度的设计方法；在一个不太大的建筑空间，人的活动导致空间内的空气充分混合，因此只需要测量一个温度、湿度参数就可以反映该空间的空气参数；等等。建筑空间共性的存在，来自于人在建筑空间中活动模式的共性，正是人在建筑中活动模式决定了空间内部各类机电设备间的协作关系。

除了建筑空间以外，建筑中还存在若干为所有建筑空间末端设备提供"源"的设备系统。如冷热源站，为各个建筑空间提供冷热源；变配电站为末端提供电源；新风机组为各个末端提供清洁空气；生活热水循环泵为所有空间提供热水等等。这些"源"设备系统的运行目标首先是为了满足所有末端的需求，是为各个建筑空间运行服务的。

综上，站在建筑控制的角度看，建筑系统模型如图 11-3 所示。建筑由许多相似的空间模块拼接而成，它们按照空间拓扑关系连接成网状机构。冷热源站等提供"源"的设备系统从某个空间接入系统，为所有末端空间提供某种"源"的支持。

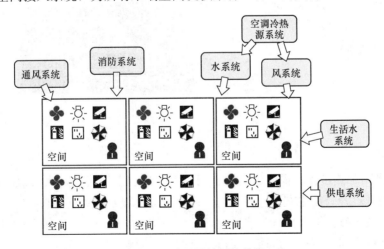

图 11-3　建筑被控系统模型

11.2.2　建筑被控物理过程大都符合"扩散方程"

虽然各个建筑空间模块内部机电设备相互联系更紧密，但并不意味着各个空间模块之间是相互独立的，各个空间之间也存在着相互影响。例如某房间的温度变化会导致向临室传热的变化；对玻璃隔断的房间，照明设备的开启也会影响到临室的照度；VAV 末端风阀的变化，会影响到风道的压力，进而影响到末端送风量；空调箱或风机盘管水阀的调节会导致水系统支路压力变化，进而影响其他支路压力变化以及冷冻水泵的运行状态等等。正是由于这些相互影响的存在，在传统架构下，才强调中央进行集成，以便建立全局模型完成全局优化控制。

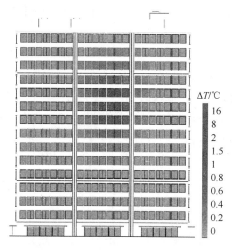

图 11-4　建筑传热过程

然而仔细分析这些物理过程的特点，我们会发现它们都符合"近距离影响大，远距离影响小"的特点，即某个空间模块对整个系统的影响通常只局限在其附近的一些空间模块。

图 11-4 是建筑热过程的模拟结果。可以看到，当局部某个房间快速升温，只有周边几个房间温度随之增长明显，较远的房间几乎没有影响；图 11-5 是火灾发生时烟气扩散和温度变化的模拟结果，同样只有在火源位置房间和周边房间的烟气浓度和温度快速升高，较远的房间没有变化；图 11-6 是闭式水系统中，支路流量变化对其他支路影响的分析。图中显示的是各个支路相互影响指标矩阵。对角线表示各个支路流量变化对自身的影响，矩阵中其他元素表示支路变化对其他支路的倾向。我们将邻近的支路在矩阵中排列在一起。从分析结果可以看到，当支路流量变化时，受影响较大的都是其附近的支路。

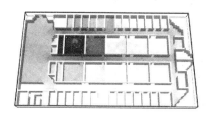

图 11-5　火灾发生时，烟气浓度和温度分布

表 11-1 列出了热过程、辐射过程、电网、水管网、空气流动、人员流动以及声音等建筑中常见物理过程的描述方程。当我们将这些物理过程方式对空间求导，二阶导后面的高级项都可以被忽略。可以理解为这些物理过程是按照空间位置"扩散"的，某一点的变化都只会显著影响周边节点，再通过周边节点的变化影响更远的节点。

在对这样的物理过程进行实时控制时，真的一定要在中央站进行全局优化吗？如果每个空间模块都是"智能"的，通过模块与相邻模块间的相互协商和数据沟通，类似于智能生物群落的自组织协作，很可能也可以解决全局优化控制问题（蜜蜂、蚂蚁构建巢穴，鸟群编队都是在没有总控的情况下，依靠个体间的自组织找到问题的最优解决方案）；同时

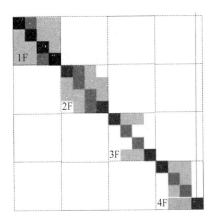

图 11-6 闭式水系统中，支路流量变化对其他支路的影响

由于只在局部交互数据，避免了全局数据收集、传递的过程，很可能实时性比集中控制方式更好；最重要的，如果每个空间只需要和邻近节点交互协商就可以解决全局问题，那就避免了传统的组网问题。系统不需要再设立中央站以及在中央站上重新建立表 11-1 中的各个物理过程的模型，而只需要让每个空间模块能够辨识出其邻近的空间模块就可以了。基于 IT 领域自组网技术的研究，不难找到空间模块自动识别的方法。即使靠手工配置空间邻居关系，一方面，对某个空间配置工作只在少数几个节点的规模下进行；另一方面，空间或管道的辨识并不像"建模"那样需要专业知识，人人都有能力完成，因而组网配置成本一定远低于传统系统。

建筑物理过程分析   表 11-1

物理现象	过程（微差分）方程	时间阶数	空间阶数	线性
传热	$\alpha \dfrac{\partial t}{\partial \tau} = \nabla(\lambda \nabla t) + q_{\mathrm{v}}$	1	2	✓
辐射	$J = \sigma T^4$	0	0	✗
电网	$RI = V_{\mathrm{s}}$（回路） $GV = I_{\mathrm{s}}$（节点）	0	1	✓
水管网	$\begin{cases} AG = Q \\ A^{\mathrm{T}}P = \Delta H \\ \Delta H = S \mid G \mid G + Z - DH \end{cases}$	0	1	✗
气流	$\begin{cases} \dfrac{\partial \rho}{\partial t} + \nabla \cdot (\rho \overline{V}) = 0 \\ \dfrac{\partial}{\partial t}\rho \overline{V} + \nabla \cdot (\rho \overline{VV}) = \rho \overline{F} - \nabla p + \nabla \cdot \overline{\tau} \\ \dfrac{\partial E}{\partial t} + \nabla \cdot ((E + p)\overline{V}) = \rho \overline{F} \cdot \overline{V} + \nabla \cdot (\overline{\tau} \cdot \overline{V}) + \nabla \cdot (\kappa \nabla T) \end{cases}$	1	2	✗
人流网	$N(\tau) - N(\tau - \Delta \tau) = Af(\tau)$	1	1	✓
声音	$\dfrac{\partial^2 u}{\partial \tau^2} - a^2 \nabla^2 u = f_{\mathrm{t}}$	2	2	✓

11.2.3 控制调节和监控管理

即使建筑控制系统能够保证节能、可靠的全自动运行，建筑运维管理人员依然需要对建筑系统的"控制权"。这种控制权是对建筑监控系统的一种管理需求，来自于建筑业主和运维人员作为建筑拥有者的权利和管理人员的责任。然而，建筑业主又希望建筑监控系统能完成大部分的工作，一方面由于他们并不是建筑机电系统控制调节方面的专家，另一方面出于对降低运维过程的人力成本投入的希望。因此，理想的建筑监控系统应能自动完成控制调节，这样不需要运维管理人员的参与系统也能安全可靠运行；同时建筑监控系统又为用户提供接入界面，使管理者能随时随地的获取建筑运行信息并在可靠的权限管理机制下直接向机电设备系统发出运行指令。

仔细对比一下建筑监控系统的两类任务：控制调节和监控管理。控制调节包括：1）调整机电设备系统的运行，使之高效运行满足建筑环境需求；2）故障响应以保证建筑安全，用户人身安全，以及各个机电设备的安全；3）优化控制，以及降低系统运行能耗，延迟设备寿命。监控管理指满足运维人员的管理需求，包括：1）让用户能够随时随地的获取建筑运行数据；2）在做好权限管理的前提下，传达用户对设备和环境运行状态的设定指令；3）记录建筑运行历史数据，供用户进行数据分析；4）向用户通知各种故障报警信息，使用户能够做出故障报警善后响应。

我们发现这两类功能需求截然不同：

1）控制调节的对象是建筑内的各种机电设备，而监控管理的服务对象是人。

2）根据上一节对被控对象物理过程的分析，针对建筑设备系统的控制可以只在邻近空间模块或设备之间，局部并发地进行；而监控管理往往需要将所有数据汇聚传输到人所在的监控界面。

3）为保障安全运行，保证优化控制效果，控制调节对系统实时响应要求较高，而由于监控管理主要是由人完成的，很难要求人像机器一样严格忠于职守，实时关注监控界面，因此反而实时要求没有那么高。

建筑监控系统显然应以控制调节为优先实现的首要任务，兼顾管理任务，以便更智能地"辅助"运维管理人员，实现建筑的高效运维管理。传统建筑监控系统在中央站集成所有子系统的模式，满足了用户在中央站界面上监视所有建筑运行数据，手动修改设备的运行状态的管理需求；然而，在执行全局优化控制任务时，往往需要将信息收集到中央站进行处理，再经过各级 DDC 传递给终端执行器，控制算法的实时性有可能难以保障，尤其是在较大规模的系统中和对于公共安全等实时性要求较高的控制任务。新的建筑监控系统架构应避免这样的问题。

11.2.4　灵活性和可扩展性需求

如在前文所提到，建筑控制管理任务会随着商业建筑经营策略变化、租户改变导致建筑空间分割的变化等，经常发生改变。建筑控制系统需要能适应这种变化，因此应足够灵活、并可扩展。在工程项目中，建筑监控系统由业主投资建设，由集成商负责建设设施，最终移交给物业管理部门运维使用。建筑控制管理的变化大多是在运维管理阶段发生的，因此所谓"灵活"和"可扩展"其实是物业管理部门的需求。

传统建筑监控系统在控制管理功能发生改变时，虽然总线技术、集成软件接口技术也具备可扩展性，但是新功能的添加需要熟悉控制系统的专业工程师完成从设计到组网调试的全部工作。物理管理部门配置的工程师通常是物业管理人员和建筑机电设备工程师，虽然他们熟悉管理模式和被控设备系统，但他们并不熟悉建筑监控系统，因此没有能力自己完成功能升级改造。一旦有控制管理功能升级需求，物业管理部门就需要引入控制公司承担该项目。这意味着一系列招投标、技术沟通、验收工作，即大量的时间、人力成本投入。因此，现有架构虽然从技术上来说具备灵活性和可扩展性，但是对建筑管理部分来说却是不灵活的。

建筑运维管理需要的是一种针对建筑管理和机电设备专业的灵活性和开放性。与传统模式相比，这种改变类似于从传统手机到智能手机的变化。传统手机任何功能都是手机制造商预制好的，用户的任何需求都只能期望下一代手机产品的升级；而智能手机功能是由用户根据自己的需要个性化定制的，手机功能的升级和改变不需要任何 IT 专业人士的帮助，在保持手机硬件不变的情况，随时通过添加、删除不同应用软件来实现功能的升级。建筑控制管理功能的升级期望的正是这样一种模式。

11.3　扁平化自组织的 TOS 智能建筑平台技术

基于上述对建筑及其机电设备系统控制管理任务的新认识，我们依照建筑空间构成的三维网格状网络结构，仿照智能生物群落的协作机制，重新定义了建筑控制系统的架构及其控制管理机制。新架构具备以下特点：

1）面向空间，扁平化的系统结构；

2）针对各种建筑模块（如建筑空间模块）的运行参数标准数据集，这是新系统能够实现灵活开放、即插即用的基础；

3）自组网，各个节点自动识别出系统拓扑关系；

4）自组织控制，通过与邻居节点相互协作完成全局优化控制任务；

5）面向建筑及建筑设备专业工程师的友好开发工具；使得暖通空调、物业管理等非 IT 专业的工程师能够在不需要掌握太多 IT 知识的情况下，DIY 出预期的控制逻辑和应用软件。

11.3.1　面向空间、扁平化、自识别的系统架构

新系统的架构示意图如图 11-7 所示。依照建筑空间的三维网格状结构，新系统也采

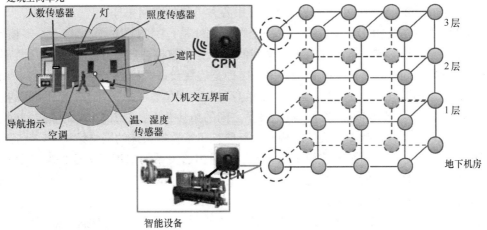

图 11-7　TOS 系统架构图

用相同的系统结构，并且网格结构与建筑空间结构一致。构成系统的所有节点通过与相邻节点相连接入系统，原则上，系统规模可以无限拓展。所有节点都是平等的，整个系统没有中心。系统运行时，节点之间进行自组织控制，通过相邻节点间的协商交互，实现全局优化控制，全局监管等控制管理任务。

支持新架构实现的核心是一套针对建筑应用开发的操作系统 TOS。这套操作系统中固化建筑运行参数的标准数据集；具备历史数据的分布式数据库功能；固化了 100 种以上并行计算算法，提供了开放的接口供应用软件调用这些并行计算算法；具有强大的多任务并行处理和优化调度能力；具备与周围节点自组网能力，能够实现与相连节点的各种自组织控制任务；具备多维度的信息安全机制，以及建筑管理权限控制机制。

图 11-8　CPN 接口图

TOS 嵌入在我们称为 CPN（Computing Processing Node）的硬件中，分布在每个建筑空间或"源"设备中。每个 CPN 硬件提供两类通信接口，如图 11-8 所示。Ⅰ类通信接口用来与相邻的 CPN 通信，实现相邻节点间的协作计算。所有的 CPN 同类Ⅰ类结构连接成一个系统平台，它们共同构成了一台计算存储能力强大、并可无线拓展的多核计算机，只不过各个计算内核被分布在建筑的各个空间，Ⅰ类通信接口的连线其实是多核计算机中的数据和地址总线。Ⅱ类通信接口用来与室内机电设备或"源"设备（系统）通信，是 CPN 联接构成平台的对外接口。机电设备通过这类接口调用 TOS 提供的各种计算功能，从而实现建筑控制管理的各项任务。Ⅱ类通信接口采用常见、开放的通信技术，如 Wifi，BlueTooth，Zigbee，RS485 等等，并开放应用层数据描述标准，以方便各种控制设备接入系统。对比传统架构我们可以认为，传统中央站计算机改为新架构下的 CPN 构成的多核、分布计算机。由于 CPN 分布在建筑各个空间，并且每个 CPN 都提供Ⅱ类对外接口，新架构下，软硬件设备和应用可以在建筑的各个角落接入"中控计算机"。

基于第 11.2.2 节对建筑控制任务的分析，我们认为建筑实时控制调节任务都可以依靠局部自组织协作完成，因此在新架构下，CPN 不需要全局通信地址。每个 CPN 的Ⅰ类通信接口提供 6 个通道，分别表示"上"、"下"、"左"、"右"、"前"、"后" 6 个方位。CPN 按照空间方位连接，可以实现三维世界中各种可能的空间拓扑。

与其他信息系统相比，新系统的另一个特别之处是：CPN 间的连线除了是多核计算机的地址数据总线，同时也是建筑物理模型的一部分。被控建筑系统的模型包括两部分，一方面是每个房间或设备本身的模型，另一方面是连接设备管网或空间网络模型，传统工程中所谓"组网"，在很大程度上也是绑定信息与其空间位置关系的工作。CPN 间的连线反映的正是 CPN 所在空间或"源"机电设备之间的拓扑关系。随着 CPN 的安装和网络的敷设，建筑系统拓扑模型随之天然的构建并存储在建筑监控系统的网络结构中，无需在任何"中央站"再进行任何组网建模工作。由于空间相邻关系的辨识不需要任何专业知识，所见即所得，这样的组网工作相比在中央站由专业工程师反复绑点校核才能完成的传统模式，实施周期和成本大幅降低。

CPN 有两种方式嵌入在建筑中。对应建筑空间，CPN 可以像电源插座或网线接口那样，随着综合布线分布安装在每个建筑空间。只要知道建筑空间的分布，就可以完成

CPN 的安装和线路敷设，而不需要机电设备系统的设计和控制管理功能设计。室内机电设备可以通过 CPN 提供的 II 类接口即插即用的接入 CPN，如图 11-7 中建筑空间单元所示；控制管理应用软件可以在运行过程中依据用户需求随时下载更新到 CPN 构成的"多核计算机"中。对应各种"源"设备，如冷机、锅炉、水泵、电梯、新风机组、变配电站等，CPN 可以嵌入到这些设备原有的控制器中，如图 11-7 中智能设备所示。嵌入了 CPN 的"源"设备可以按照所在机电系统的拓扑连接关系与相应的某个空间节点连接，从而接入系统网络。如图 11-9 中冷机水泵节点与末端空间节点的连接方式。

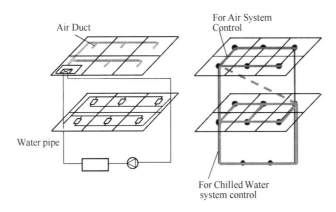

图 11-9　源设备节点与末端空间节点的连接示意图

综上，基于 TOS 的控制系统采用了一种与传统系统完全不同的架构：

1）新架构中没有上位机的概念，所有 CPN 都是平等的；

2）中央站计算机被分布在建筑各个空间、计算存储能力可灵活拓展的、多核计算机所代替；所有 CPN 都可以提供通过 I 类接口连接监控软件，实现传统中央监控的功能；

3）CPN 内置标准建筑运行数据集，CPN 连接网络反映建筑空间和设备网络模型，从而在系统安装过程中就自动实现了系统组网过程；

4）机电设备可以通过 CPN 提供的接口灵活接入系统平台，控制管理功能可以通过向系统下载各个应用软件来实现功能的升级和维护。

11.3.2　描述建筑系统运行的标准数据集

建筑控制领域常用通信技术只有 Modbus，Zigbee，LonWorks，BACnet 等少数几种；市场上有各种协议转换器支持不同协议间的转换；这些通信标准或协议已规定了从物理层到应用层关于数据通信的各项内容。然而，在很多实际工程中依然存在大量协议转换的工作，即使是都采用 BACnet 等开放通信标准的两个设备，依然有可能因具体数据描述的某个字段的定义不同而难以直接通信。其原因是，这些标准通信技术只保证数据能够可靠的在设备间传输，但收发双方用数据描述建筑运行参数的格式不同，导致双方依然难以互相理解。因此，新架构兼容所有常用通信技术，却严格规定了建筑运行参数的描述方法。

传统建筑控制架构认为构成系统的基本元素是传感器、执行器、控制器等等。由于每个建筑都是不同的，上述这些元素对应建筑空间和设备的组合方式不同，并且取决于人的创造性设计，因此在构建控制系统时总需要针对实际工程做定制化的二次开发。新架构以建筑空间或"源"机电设备为构成建筑系统的基本单元，因此我们严格规定了空间和各类"源"机电设备的标准运行数据集。

以办公建筑空间为例：我们假想一个 $20\sim50m^2$ 的建筑空间。在这样的一个空间中，通常会有不超过 16 路灯，不超过 16 个插座，不超过两个空调末端设备（可以是风机盘管，变风量箱，辐射吊顶，多联机末端，分体机，甚至可能会有 $1\sim2$ 单独的风扇或水泵），4 个门和相应的门禁管理，8 个窗以及相应的窗帘；在这样的空间内安装一组温湿度、CO_2 浓度、PM2.5 等传感器就足以反应建筑环境状态；需要一套人数或是身份识别传感器；最多需要 1 套烟感/温感传感器和 1 套消防装置；需要一套人机交互装置。这是一个办公建筑空间的标准模块。在标准空间中，各种设备种类和数量是确定的，相应的围绕各种设备和传感器的测量、反馈、设定值、能耗、故障报警、出厂和维保信息的种类和数量也是确定的。我们给每个信息设置在标准空间中的唯一的编号，并规定其数据的单位、精度等描述方法，同时给出对建筑空间几何信息的标准化描述，从而形成了空间单元运行参数标准数据集。站在整个系统的角度，信息编号加上所在区域的名称（CPN 的名称）就可以定位到具体信息。

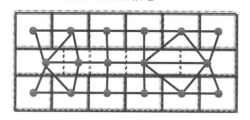

图 11-10　建筑空间节点的连接示意图

图 11-10 将建筑空间划分为标准空间单元组合的示例。图中实线是建筑的围护结构，虚线是标准空间单元的划分，节点及其连线为各个标准空间单元对应的 CPN 节点及其组成的网络。

办公室、会议室、走廊、洗手间等各种建筑空间都可以用上述标准空间模块去近似，用建筑空间运行参数标准数据集的某个子集来规范化的描述其运行数据。对照建筑空间，我们可以划分建筑空间模块对应的区域，而将整个建筑视为由多个标准空间单元组成，如图 11-10 所示，进而将整个建筑监控信息系统，看做由相应的各个空间的运行参数标准数据集组合而成。运行数据标准集嵌入在每个 CPN 中，并且是开放的。机电设备无论采用何种通信技术，只要符合运行数据标准描述方法，就可以接入新系统。

同样，针对制冷机组、锅炉、水泵、冷却塔、换热器、空调箱、电梯、变配电柜等各种"源"设备，我们也定义了相应的运行参数标准数据集，以便各种机电设备实现和系统的即插即用。

11.3.3　自组织优化控制

新架构下，控制调节和管理任务都采用自组织的方式实现。在控制过程，CPN 是平等的，每个 CPN 自主计算或决策，然后将临时结果与周围邻居 CPN 交换，再结合邻居的决策修改自身的计算结果。以这种方式 CPN 之间进行迭代，直到 CPN 之间达成某种一致协定。控制计算完成，每个 CPN 都获得针对各自局部设备或参数的指令或设定值。

我们与暖通空调、公共安全以及自动化领域的专家学者合作，在过去的研究中论证了自组织计算对大部分建筑领域常用计算和优化算法的准确性和收敛性，分析了对典型建筑节能、建筑安全的控制管理应用都是可行的。这里通过介绍两种自组织控制算法，希望读者能够对自组织控制有初步感性的认识。

1. 安全疏散

理想的安全疏散，应该基于危险发生位置以及人在建筑空间中的分布，优化疏散路线，给出疏散指导，如图 11-11 所示。而实际上，由于建筑空间分割，空间连通情况，以及出口位置都有可能随着建筑使用而变化，中控软件中的模型需要随着空间变化及时调整才能保证疏散准确，需要持续的研发投入，实际工程中很少采用基于实时采集的危险报警信息和人数信息进行智能疏散，大部分的项目中，建筑内疏散指示标识是根据消防规范、基于疏散经验静态设置的。

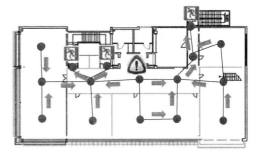

图 11-11　自组织安全疏散算法

自组织疏散算法，是由各节点平等协作完成的。每个节点中的算法及其与邻居协商的机制是一致的。建筑空间变化只需要增加或删除节点，而不需要修改软件，就可自适应建筑的变化。疏散算法大致分成报警和寻找最短路径两步。

任何一个 CPN 接收到所在空间的危险报警，都开始触发报警过程。报警过程中，每个节点的处理机制都一样：将危险信息发送给除信息来源节点以外的其他邻居。这样，连接在系统中的所有节点都会按照距离危险源由近及远的顺序知道危险来临。

当安全出口空间知道危险降临时，由该空间 CPN 率先发起寻找最短路径的计算。此过程中，同样每个 CPN 的处理机制都相同：CPN 实时根据本空间总人数和空间几何尺寸逃向各个邻居的时间 Δt_i，累加上各个邻居传来的逃生到出口的时间 $t_{0,i}$，得到向各个邻居方向逃生到安全位置的累计时间 $t_i = t_{0,i} + \Delta t_i$；从中选取最短时间作为本节点到安全位置的疏散时间 $t = \min\{t_i\}$ 通知所有邻居，并将相应的邻居方向作为对本节点所在空间内用户的疏散指导方向；如果邻居疏散时间发生变化，重复上述过程以获得新的最快疏散时间和方向。所有 CPN 都定期重复上述计算，以保证疏散指示能根据火势蔓延和人员分布及时优化。

2. 并联冷机节能控制

冷机能耗通常占建筑能耗的较大比例，因此冷机节能是建筑控制的重要课题。在许多大型商业建筑中通常有多台冷机；为了与负荷匹配，各台冷机的制冷量可能不同；并且冷机的台数和能力配置因工程而异。为了实现冷机并联控制，通常需要空调领域工程师根据项目中冷机的具体配置情况定制开发相应的控制策略。

图 11-12 和 11-13 是冷机台数自组织控制的举例。初始状态下，对应图 11-12 中的冷机组合性能曲线，在 3420kW 冷负荷时，chiller2 和 chiller3 开启，分别承担负荷 1710kW。为了追求运行效率，chiller2 不满足现状发起优化计算，希望由其他冷机帮他承担一部分负荷以达到 100% 理想情况下的最高效率值。随着迭代计算，预期效率从相对最高效率的 100% 调整到 91%，最终开启 chiller2~4，每台冷机承担 1140kW 计算收敛，而冷机的运行能效从原来的 6.5 可以提高到 7.2。

理论上，如果知道各个冷机在各种可能工况下的性能曲线，就可以得到各种冷机开启

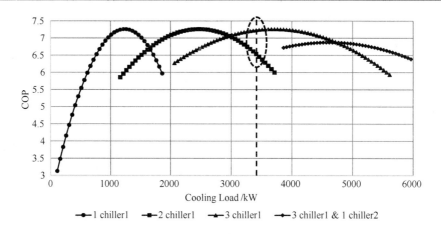

图 11-12　冷机台数组合的运行性能曲线

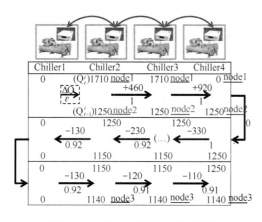

图 11-13　冷机台数组合控制策略

组合下的综合效率；根据测量或预测的负荷需求，综合考虑冷机运行安全，就可以选择最高效的开启组合。如图 11-12 所示，当负荷为 3420kW 时，开启两台冷机和开启三台冷机都可以满足冷量需求，但三台冷机并联运行的效率更高，因此应选三台冷机。然而，实际工程项目中，出于包含核心技术的目标，冷机设备提供商往往只提供典型工况下的性能曲线，上述控制策略就难以可靠实现。

自组织控制提供了另一种思路，如果图 11-13 所示：我们将 CPN 嵌入到冷机中，作为冷机自带控制器的一部分。冷机之间由 CPN 的 Ⅱ 类接口连接成一个链。在控制过程中，任何冷机都可以发起优化计算，每个 CPN 的计算算法都是相同的。CPN 根据接收到的冷量需求和预期的效率（相对效率），判断本冷机是否应该开启：如果开启后能达到预期效率，同时能够满足一部分冷量需求，则暂时判断需要开启本冷机，否则暂时判断关闭本冷机（这一计算过程中需要用到冷机的性能曲线。但由于 CPN 是冷机设备的一部分，就不存在核心知识泄密的问题）。CPN 将输入冷量需求减去本冷机预计承担的冷量，转发给下个冷机。如果所有冷机完成上述计算后，没有满足冷量需求，则说明在预计的效率下没有合理的冷机开始组合，需要调整效率预期。发起计算的 CPN 从预计最高效率开始，逐步降低效率预期重复上述自组织计算过程，直到找到能满足需求的可行解。计算完成，所有冷机最终确定自身是否该开启或关闭，然后触发机电设备动作。

在上述过程中，冷机间交互的只是冷量需求和效率预期，没有涉及任何性能曲线。既保护了冷机制造商的核心技术，又实现了并联冷机的优化控制。

11.3.4　开放的开发工具

新架构设计的一项初衷是让建筑设备、建筑管理专业的工程师能够不受组网、编程等

IT 专业技能限制，灵活的编辑控制管理策略甚至应用软件，从而使他们的建筑领域专业知识真正用在建筑控制管理中，做到对建筑设备及管理专业的灵活开放。

通过对建筑节能、安全领域典型控制管理问题的研究，我们发现所有的控制问题都可以归结为各种"计算"问题。广义的"计算"包括从简单的加减乘除、逻辑运算，到复杂的优化算法等数学工具，再到管网计算等建筑专业计算。或简单或复杂的控制管理任务不过是各种计算按照某种逻辑跳转关系排列而成的计算任务序列。建筑设备和管理专业工程师也许不熟悉计算机编程，但却一定熟悉工程上常见的任务列表或任务流程图。如果我们将所有可能用到的基础计算都设计为可以在新架构上免配置、即插即用运行的任务模块，那么所谓控制策略和管理应用软件，不过是调用这些模块编制任务序列而已。

实现以上想法的基础是在 TOS 技术平台上落实各种计算。TOS 系统架构的特点是自组网和自识别。这一特点是解决传统架构中组网成本高的关键。为了保持这一特点，在新架构上的计算只能采用全新的"无中心"模式，要求：1) 节点必须不知道全局信息、只知道本地和局部信息；2) 算法由各个节点共同完成，并且每个节点算法必须一致，以保证仅通过增加/删除影响，不需要改变软件就可以实现算法的自适应。在此约束条件下，我们通过与数学专业专家学者的合作，从加减乘除开始，进而讨论求解矩阵运算，求解线性方程组问题，再到讨论各种优化算法问题，从理论、仿真和实验验证几方面论证了各种计算的可行性、准确性、收敛性，在不同拓扑下随系统规模变化的扩展性等等。在此基础上，形成了由基本运算、优化算法、专业算法三级算法库共同构成的计算函数库，如图 11-14 所示。

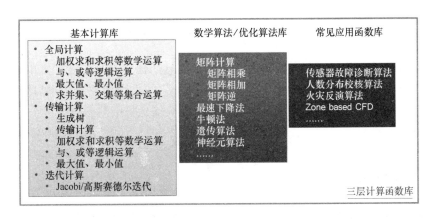

图 11-14 三级计算函数库

图 11-15 是通过编辑任务流程图实现建筑控制策略"编程"的示意图。工程师可以 1) 建立各个策略的编辑界面；2) 将策略需要用到的计算函数从库中拖拽到编辑画面中，根据具体的控制问题从运行参数标准数据集中选取相应的数据作为函数的输入输出，以及满足何种条件的 CPN 发起这样的计算；3) 通过绘制箭头编辑各个计算任务之间的逻辑流转顺序，并且可以编辑箭头上的条件描述实现条件跳转和逻辑分支。

举例来说，前一节提到疏散算法就是由循环执行两个计算任务构成的任务序列，如图

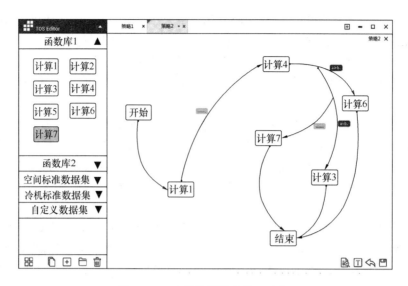

图 11-15 建筑控制策略编程示意

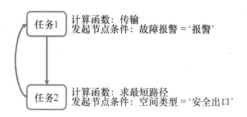

图 11-16 安全疏散控制策略的"程序"

11-16 所示。第一个计算任务是传输计算，用以将信息广播到整个系统中，由已产生安全报警的 CPN 发起；第二个计算任务是求最短路径，空间类型为"安全出口"的 CPN 发起。"安全报警"和"空间类型"都是为建筑空间标准信息集中的参数。

11.4 总结和展望

TOS 智能平台技术是我们基于对现有建筑控制技术问题的认识，完全站在"建筑"的角度（包括建筑及其机电设备本身和管理建筑的人），思考控制系统的一次尝试。

通过 TOS 平台技术的应用，我们希望能对建筑控制领域的一些问题得到改善：

1）功能导向的建筑控制系统不再被系统架构所束缚

现有架构下高成本的组网配置工作，使得每次功能的调整都需要建筑业主、集成商、服务提供商共同大量的努力才能真正达到预期的目的。新架构通过标准化的建筑单元模型以及自组织、即插即用的组网机制，使 TOS 计算平台的建设与功能实施可以分成两个相对独立的阶段，如图 11-17 所示，从而使功能的调整不再受到控制系统的限制。希望这能提升建筑监控系统的建设和改造效率。

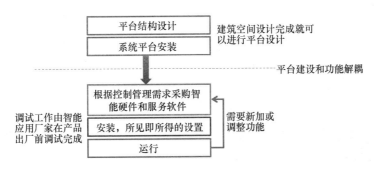

图 11-17 TOS 建筑控制平台支持的建筑控制系统设计建设流程

2）便捷的维护和更广阔的服务选择空间

TOS 平台技术试图通过建立与空间结构一致或近似的系统平台使控制系统结构变得所见即所得，从而使系统平台更易被理解，使系统平台的维护变得简单。同时，TOS 通过自组织、即插即用的组网模式希望将工程师们从繁琐和枯燥无味的传统组网绑点工作中解放出来，提供控制管理应用软件下载的方式，鼓励开发者研究更多、更专业的应用，从而为建筑运维提供更广阔、更专业的选择。在新技术架构下，功能应用可以被固化成应用软件，由于应用软件可以自动适应各种建筑及其机电设备系统，将节能、管理经验得以在不同项目中复制。针对某种运维管理的明确需求，管理者也可以有更多的选择。

3）人人都可做楼控

暖通专业等机电设备专业每年都会产生大量讨论设备控制、节能运行的文章，但是在实际工程应用中往往碍于有限的网络、编程专业知识技能而难以落实；笔者在参与的多项对既有建筑节能改造、系统集成项目中，发现许多物业的管理人员对项目充满热忱，对于该如何控制管理有很多想法，但是却必须在控制公司的帮助下才可能实现。TOS 平台技术通过自组网和大量经过理论验证的并行计算算法，希望能降低控制应用开发的壁垒，使真正理解建筑设备及其有运维经验的机电专业工程师，以及任何对建筑控制有想法的人都能在新系统上实现其想法。

TOS 智能平台技术的设计初衷是实现建筑中机电设备系统的控制管理。建筑内的这些"物"的特点是：1）安装位置固定，空间信息是其运维管理的关键信息；2）接收和发送信息内容确定，交互对象确定；3）数据短小，但通常会周期性的持续通信；4）近距离影响大，远距离影响小。因此，TOS 平台被设计成面向空间的系统结构；自组网；具备强大的网络计算能力。跳出建筑的范围，我们会发现城市市政基础设施也具备上述"物"的相同特点。因此 TOS 平台技术也许可以用在市政基础设施的管理中。图 11-18 是在城市中以地块为基本空间设置 CPN，连接成网状城市基础设施运行平台的示意图。

综上，本章介绍了 TOS 建筑控制系统平台技术的设计思路和技术特点，希望能给传统建筑控制领域带来新的思考，新的机遇，新的发展。

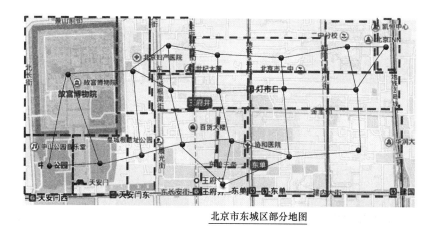

北京市东城区部分地图

图 11-18　应用在城市市政管理，空间区域划分和 CPN 的部署

第12章 无源无线传感通信技术

电子技术的发展使得物品智能化的成本大大降低，任何一个设备都可以容易地、低成本地开发成为智能设备，这促成了物联网概念的形成与物联网技术的应用尝试。由于物联网系统中联网物体数目众多，有线电力供给和有线通信成为限制物联网推广应用的瓶颈。因此，电池供电和无线通信是目前物联网应用普遍采用的技术手段。然而，由于电池电力容量有限，需要定期更换电池，其电池成本和更换电池的人力成本也不容忽视，因此，在有些物联网应用中不得已采用了有线电源供电和无线通信的有线无线混合模式。要想彻底解除限制物联网推广应用的瓶颈，需要研发无源无线传感通信技术。

12.1 无线通信技术在建筑中的应用

目前，无线通信技术已经较为成熟，在建筑中常用的无线通信技术有 WiFi、ZigBee、433M 和蓝牙等，详见第 1.3.5 部分的介绍。

无线通信技术在建筑设备监控系统中的应用刚刚兴起。在公共建筑领域，全部采用无线通信的楼宇自控系统尚未见成熟的实际工程应用，在研究领域，有较多的应用探讨。例如，利用用户的移动终端的 Wi-Fi 连接进行用户定位，用于用户管理[60-61]、基于用户位置的暖通空调系统控制[62]、室内人员的紧急疏散引导[63-65]等。

在智能家居领域，由于智能化系统以户为单位，规模比公共建筑智能化系统小得多，所以更容易开发和推广应用，无线通信技术在智能家居领域的应用呈现出百花齐放的繁荣局面，很多生产厂家推出了各种基于无线通信的智能家居解决方案。图 12-1 显示了 Wi-Fi

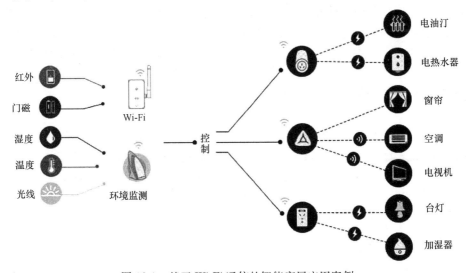

图 12-1 基于 Wi-Fi 通信的智能家居应用案例

通信技术在智能家居中的一个应用案例。该系统由基于 Wi-Fi 通信的传感系统和执行系统组成，传感系统包括温度、湿度、照度、红外人员传感器、门窗磁传感器，执行系统包括电热油汀、电热水器、电灯、加湿器等的通断电控制、电动窗帘的动作控制、电视、空调器等的红外遥控的通信转换等。

鉴于 ZigBee 通信技术的特点和优势，近年来 ZigBee 技术在建筑设备监控系统中的应用也如雨后春笋一般蓬勃发展。与 Wi-Fi 技术在智能家居中的应用类似，ZigBee 技术首先在智能家居领域得到了广泛的应用，大量的生产厂商推出了基于 ZigBee 技术的智能家居产品，如图 12-1 所示的智能家居系统，也有大量基于 ZigBee 技术的解决方案。

12.2　能量采集技术

传感通信网络的无源功能的实现可以通过使用能量采集技术来实现。能量采集（Energy Harvesting）技术是指采集环境中广泛存在的微弱能量将其转化为电能的技术。物联网的推广应用使得大量的设备需要无线联网和无线供电，而使用电池供电的话，电池成本很高，市政电力的价格约为 1 元/kWh，而普通一次性干电池的价格约合 500 元/kWh。不仅电池成本高，定期更换电池的人力成本也不容忽视。电子技术的发展产生了超低功耗的电子设备，这使得不使用电池供电而通过采集环境中的微弱能量进行工作成为可能。因此，能量采集技术引起广泛重视。2011 年英国商业创新与技能部的报告指出[66]，能量采集（Energy Harvesting）与合成生物学（Synthetic Biology）、高能效计算（Energy-Efficient Computing）、石墨烯（Graphene）一起为未来四大战略性研究领域，到 2020 年能量采集技术的市场规模将达到 40 亿美元，是非常值得期待的技术。

能量采集技术的产品化最早可以追溯到一个世纪以前。20 世纪初，当无线电广播刚刚开始时，收音机为矿石收音机，矿石收音机不需要电源，利用无线电波的微弱能量就可以接收并播放无线电波广播，只不过声音很小，只能供一个人贴近耳朵使用。1917 年在法国研制出利用压电素材探测德国潜艇的声呐仪。1920 年在英国中产家庭中推广的全燃气厨房中，除了有燃气灶、烤箱等传统厨房设备之外，还配置有收音机，当时的收音机就是采用燃气燃烧时温差发电来驱动。20 世纪 70 年代，CMOS（互补金属氧化物半导体）的发明及推广应用，使得电子设备的耗电量大大降低，出现了光伏电池驱动的计算器及手表。20 世纪 80 年代到 20 世纪 90 年代，日本的厂商推出了多款利用手腕活动驱动的手表、利用皮肤温度与环境温度的温差发电驱动的手表等，引领了当时的能量采集技术的发展。

常见的可采集并转换为电能的微弱能量包括光能、电磁波、热能、振动能等。图 12-2 显示了四种常见的环境微弱能量采集技术，包括通过光伏电池采集环境光能（能量密度 $10^{-5}\,\mathrm{W/cm^2}$）、采集无线电波能量（能量密度 $10^{-6}\,\mathrm{W/cm^2}$）、利用温差发电采集热能（能量密度 $10^{-5}\,\mathrm{W/cm^2}$）、采集振动能（能量密度 $10^{-5}\,\mathrm{W/cm^2}$）[67-69]。

下面介绍一下在建筑设备控制中常见的几种无源设备的案例。

12.2.1　无源自动水阀

图 12-3 显示了一种由日本厂商发明的利用水力发电实现无需外接电源的自动水阀，

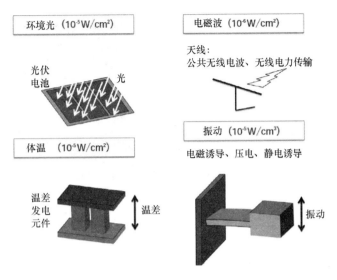

图 12-2　常见能量采集方式及能量密度[67-69]

用于洗手盆、小便器的自动出水。当红外传感器感受到人在使用时，控制水路电磁阀开启，水即可流出，水流动的同时驱动水力发电机发电，将发出的电力蓄存在备用电池中。

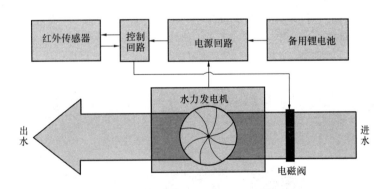

图 12-3　利用水力发电的无源自动水阀[70]

12.2.2　无源无线开关

图 12-4 显示了一种无源无线开关，这种开关使用按下开关的按压力发电，发出开、关的无线信号，不需要配线材料费、人工费，设置位置也非常灵活，因此备受欢迎。这种无源无线开关与有源无线开关的不同之处在于其通信协议特殊。对于有源无线开关，接收器接收到发出的信号后，会返回一个信号，有源无线开关如果没有收到返回信号，就认为信号接收失败，会继续发出信号，直至收到返回信号或者超过规定的发送次数。而无源无线开关仅在按下开关的瞬间才能获取能量，之后没有能量对接收器的返回信号进行判断和再次发送信号。作为判断接收器是否正常接收并正确动作的替代，按下开关的人承担了这一任务，当按下开关后相应的设备没做出需求的响应时，人会继续按下开关，直到设备动作正确。通过人的这种判断和动作，实现了无线开关的低电力需求和无源功能。

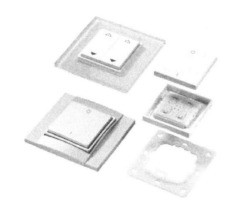

图 12-4　一种无源无线开关的实物照片[70]

12.2.3　无源室内环境传感器

对室内温度、湿度、照度、CO_2 浓度的监测有利于空调、照明、通风设备的优化节能控制。无源无线传感器因没有配线需求和更换电池的需求，因此大大方便了传感器的设置，减少了配线成本及人工成本。目前的无源室内环境传感器基本采用光伏发电驱动的方式。图 12-5 显示了一种无源无线温度、湿度、照度、CO_2 浓度传感器，该传感器 10 分钟发送一次测量数据信号，耗电功率为 $5\mu W$，采用光伏电池驱动，一天如果能有 100lux 的光照射 8 小时以上的话，就可以正常动作，如果从电池满充状态进入全黑环境，可以连续工作两个月。

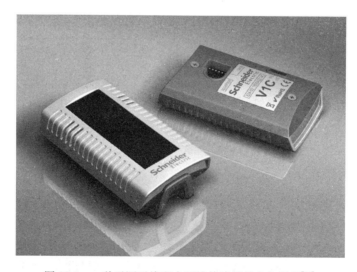

图 12-5　一种无源无线室内环境传感器的实物照片[70]

12.2.4　无源散热器控制器

欧洲的供暖系统基本都是集中供暖，每组散热器处均设置有根据室内温度控制水阀开关的控制器，控制器的供电由温差发电提供，由于散热器热水与室内空气之间存在稳定的较大温差，可以利用这个温差通过热电素材发电，驱动传感器、执行器动作。图 12-6 显示了德国开发的一种基于温差发电的散热器控制阀。

图 12-6　热电素材（左）和热电发电驱动的无源散热器控制器（右）[70]

12.2.5　管道内无源无线传感器

空调系统经常需要测量管道内空气的温度、湿度、CO_2 浓度等参数。这些参数的测量可以采用无源无线的方式实现。图 12-7 显示了一种无源无线管道内空气参数测量的解决方案，该装置在管道内设置蜘蛛网状支架，在支架上设置传感器，利用位于管道中央的风力发电机发电，驱动传感器测量空气参数及以无线方式发送测量数据。

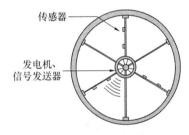

图 12-7　管道内无源无线传感器[70]

12.2.6　无源智能玻璃

图 12-8 显示了一种无源智能玻璃，可以通过通电控制玻璃的颜色和透明度，由于控制用电力消耗很小，可以通过光伏发电的形式提供电力，实现智能玻璃的无源化控制。

图 12-8　无源智能玻璃[71]

12. 2. 7　无源智能安防窗

图 12-9 显示了一种无源智能安防窗，窗框和窗扇分别装有磁石和磁力传感器，可以检测到窗户的开关状态，通过无线通信将窗户状态发送给安防控制器。磁力传感器的动作由光伏发电提供能源，实现无源无线的窗户状态监测与通信。

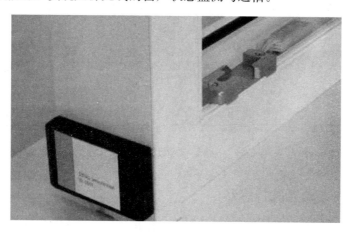

图 12-9　无源智能安防窗[72]

12.3　小结

本章无源无线传感器网络相关的无线技术和无源技术，介绍了六种利用能量采集技术实现无源通信与控制的实际应用案例。受到成本等因素的制约，目前使用能量采集技术的无源无线产品尚不能推广普及。今后随着技术的发展、应用经验的积累，使用能量采集技术的无源无线产品成本会越来越低，推广普及的门槛也会逐步降低，考虑到节能性、经济性、安全性、舒适性、便利性等多种因素，使用能量采集技术的无源无线产品的推广普及非常值得期待。

第 13 章　大数据技术在建筑中的应用

自从英国数据科学家维克托·迈尔－舍恩伯格（Viktor Mayer-Sch·nberger）于 2008 年提出大数据（Big Data）的概念，这一概念迅速被大众接受并在各行各业进行了应用尝试，并取得了可观的成果。本章讨论了大数据技术在建筑设备控制中可能的应用及能够收到的效果，并介绍一些应用案例。

13.1　大数据的概念

对于"大数据"（Big data）的概念，不同的机构给出了不同的定义。比较通用的几种定义如下：

Beyer 和 Douglas 给出了这样的定义："大数据是需要新处理模式才能具有更强的决策力、洞察发现力和流程优化能力的海量、高增长率和多样化的信息资产。"[73]

国际数据公司 IDC 提出大数据具有 4 个 V 的特征，即 volume（数据规模大）、variety（数据类型多）、velocity（数据生成速度快）、value（价值密度低）。[74]

IBM 的数据科学家提出大数据的另外的 4V 特征，如图 13-1 所示[75]。IBM 提出的大数据的 4V 特征与 IDC 提出的 4V 特征的前 3V 相同，IBM 提出的第 4V 为"veracity"，即数据的不确定性。

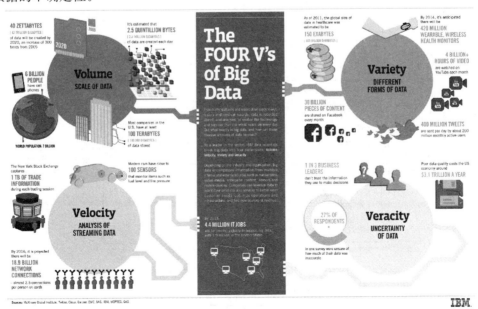

图 13-1　IBM 提出的大数据的 4V 特征[75]

13.2　大数据技术在建筑设备控制中的应用

大数据的概念得到各行各业的认可，在商业、金融、电子商务、新闻媒体、医疗、教育、工业制造、城市规划等多个领域均有应用，并取得一定成效。然而在建筑设备控制领域，研究与应用尚少，有待进一步拓展。

大数据技术在建筑设备控制领域的应用顺序如图 13-2 所示。一般来说，大数据分析可以分为四个步骤：数据浏览、数据分区、知识挖掘、后挖掘，然后将通过大数据分析得到的经验在实际建筑中应用。在不同的数据分析阶段，采用不同的数据处理手段，达到阶段性的目的。

大数据技术在建筑设备控制领域的应用能够带来的价值总结于图 13-3 中。大数据技术的应用可以分别给建筑业主、用户和建筑设备制造商、供应商带来一系列的价值。对与

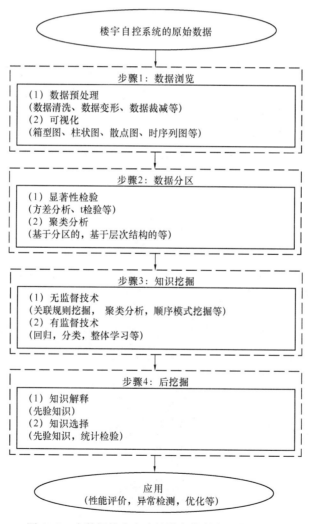

图 13-2　大数据技术在建筑设备控制中的应用步骤

建筑业主、用户来说，通过能耗数据、室内环境数据等数据的分区分析、显著性检验、聚类分析等，可以帮助建筑业主、用户清楚地掌握建筑的性能、能耗等级以及检测与诊断建筑设备运行过程中出现的故障；通过关联规则挖掘等知识挖掘技术，可以帮助建筑业主、用户通过专家系统提高建筑能效，通过预测能源需求与费用、挖掘建筑的节能潜力，对人类的可持续发展做出贡献。对建筑设备制造商、供应商来说，通过关联规则挖掘等知识挖掘技术，可以帮助确定产品开发方向，使之与用户需求相匹配，以及预测什么时候该进行设备维护与售后服务，防患于未然。知识挖掘之后的分析，可以帮助建筑设备制造商、供应商实现设备的交叉性检查与预测性控制、提高服务效率、发现新商业模式等。

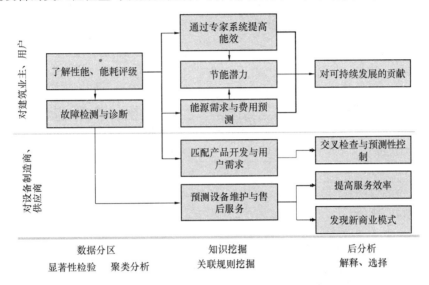

图 13-3　大数据技术在建设设备控制中的应用能够带来的价值

大数据分析与应用技术，主要可以分为两个方面，一是数据关联，二是数据融合。数据关联是大数据分析的主要手段，通过聚类分析、关联规则挖掘等技术手段，来发现事物间的相关关系，并不解释其因果关系，关注的是"是什么"，而不是"为什么"[76]。数据融合则是对不同结构类型的数据进行融合分析，得到以前单类别数据应用得不到的新效果。下面分别从数据关联与数据融合两个方面介绍几个大数据技术在建筑设备控制中的应用。

13.2.1　数据关联

数据关联的优势在于不必具有专业领域的先验知识，将原始数据直接交给数据处理软件，通过各个数据间的关联关系的大小，找到一些规律、发现一些问题。例如谷歌通过对30亿条检索数据的关联分析，成功预测流感发病率及发病地区；沃尔玛通过对销售数据的关联分析，发现啤酒和婴儿尿布的关联度大，通过将啤酒与婴儿尿布的摆放位置就近布置从而大大提高销售量，等等案例，都是对大数据关联分析的应用。

在建筑设备监控领域，数据关联可以用来发现一些新的规律。例如表 13-1 显示了对某建筑的一个房间的环境与设备数据进行关联分析的结果，表中 lights 表示灯具，AC 表示空调器，human _ num 表示室内人数，out _ humi 表示室外相对湿度，CO_2 表示室内二氧化碳浓度，time 表示时间，Power 表示耗电功率，in_humi 表示室内相对湿度。将所有数据按关联度大小排列，取关联度最大的前六项数据列于表 13-1 中。从关联度大小可以看出数据 A 与数据 B 的相关度的大小。例如第一条数据显示灯具关闭、空调开度为 0.3～0.8 与室内平均人数小于 0.5 关联度最大，这说明室内基本没人时，室内的灯是关着的、空调的开度也较小。这样的关联分析结果，可以帮助建筑管理人员分析建筑设备的运行与控制是否合理，有哪些改进的余地。

建筑环境与设备数据的关联分析

表 13-1

数据 A	数据 B	AB 同时发生的概率	A 为条件 B 发生的条件概率	关联度
{lights=OFF,AC=[0.3,0.8]}	{human_num=<0.5}	0.007982583	1.0000000	5.446640
{out_humi=<60,CO2=>800}	{human_num=>=6.5}	0.005805515	1.0000000	5.320463
{CO2=<500,lights=OFF}	{human_num=<0.5}	0.029027576	0.6363636	5.313795
{time=0−8AM,CO2=<500}	{human_num=<0.5}	0.029027576	0.9756098	5.313795
{AC=[0.3,0.8],Power=<100}	{human_num=<0.5}	0.007982583	0.9166667	4.992754
{in_humi=>50,Power=>400}	{human_num=[3.5,6.5)}	0.027576197	0.8085106	3.315856

13.2.2　数据融合

大数据分析另外一类非常重要的应用是数据融合，即将不同类型的数据、异构的数据、结构化和非结构化的数据等联合应用，会产生比单一类型数据应用更大的收益。

在建筑环境与设备控制中，视频数据与室内环境与设备数据是结构类型完全不同的两类数据。视频数据是非结构化的视频流数据，而建筑环境与设备是结构化数据，这两类数据的融合，可以产生新的效益。比如我们可以利用视频数据，识别室内人数，进而将人数或人员密度信息跟建筑设备控制系统相结合，能够起到优化设备控制、节省设备能耗的效果。控制系统能够根据人数信息，按实际需求提供新风量、照明等，避免定风量、长明灯等带来的能耗浪费。下面以基于人数识别的室内环境预测性控制为例介绍数据融合技术在建筑环境与设备控制领域的应用。

13.2.3　人数识别方法

探测或估计室内人数的方式有许多种，国内外学者也对其进行了很多研究。目前常用的识别人数的手段包括：二氧化碳浓度估计、视频摄像头探测、红外线技术探测、无线和蓝牙技术识别、声音识别、电梯轿厢重量传感器估计、考勤机记录等。此外，随着计算机技术的进步，一些基于数据的人数预测方式也越来越多地被学者们所研究应用，如结合多种传感器的历史数据训练人数变化模型、马尔科夫方法预测人数模型等。以下将对几种人数识别方式及其典型应用进行简单介绍。

（1）根据二氧化碳浓度估计人数

二氧化碳浓度作为一种较易测量的室内环境参数，能在一定程度上反映出室内的通风量和通风有效性及其他污染物的浓度[77]，因此，将二氧化碳浓度作为评价室内空气品质的指标,是一种较为简易、有效的方式。同时,人体呼出的二氧化碳量在一定的活动量下是较为稳定的(如在办公等很轻的活动量下,人体呼出二氧化碳量约为 $0.3L/min^{[77]}$),因此,可以利用室内二氧化碳浓度变化的规律来估算室内人数。

诸多学者针对二氧化碳估算人数进行了相关研究。文献[78]通过测量一间教室中送风、排风的二氧化碳浓度来计算教室内人数,并根据所得人数实时改变室内二氧化碳浓度设定值,从而控制新风量,其人数估算精度在±2人左右。文献[79]则在一间实验室中布置 5个二氧化碳传感器,通过对风量、传感器延迟的修正,得到估算人数的误差在 20% 左右。Sun 等研究者利用香港一幢超高层建筑的空调系统中的二氧化碳传感器对楼内人数进行估计,并由此控制变风量系统的新风量,所得的人数估计值与实测值的趋势吻合较好,并且与原先运行的定新风量控制策略相比,基于人数调节新风量的控制策略能够节省约 55% 的全年新风处理能耗[80]。但是,也有学者提出了使用二氧化碳估算人数的缺陷,如 Gruber 等人在其研究中指出,由室内人数变化引起的二氧化碳浓度改变是存在延迟的,对于需要准确、迅速地估计人数的场合,这种延迟性则会导致较大的偏差,因此需要更为复杂的算法来补偿[81]。另外,多数针对二氧化碳浓度估算人数的实验研究均是在有稳定通风量的条件下进行的,而在很多实际场合,用户会采取开门、开窗等自然通风形式来改善室内空气质量,此时由于自然通风风量的不确定性,使得利用二氧化碳浓度估算人数的方式变得不再可行。因此,在通风量可知且较稳定的情况下,测量二氧化碳浓度可作为一种简便、廉价的估计人数的方法,但由于应用条件较为苛刻,一般不能在实际运行中单独使用。

(2)视频摄像头探测人数

随着计算机图像识别技术的发展、视频监控设备成本的降低,通过摄像头来识别人员行为、数量也已经成为一种较为典型的方式。Saleh 等研究者在其论文中综述了目前常用的利用计算机图像识别技术估计人员密度的方法[82]。文中将视频数人的方法分为两类,一类为直接方法,将人分为个体进行识别,能够得出人员具体数量,适用于人员密度较小的场合;另一类为间接方法,将多人作为一个整体,主要针对人员密度的估计,适用于人群较为密集的情况。Wang 等人在其研究中对一间办公室的人数进行了估计,将办公室分为数个区域,利用视频摄像头信息获取其中部分区域的人数信息,由此估计其他区域的人数,进而估算办公室总人数,这种方法能够取得 73% 的准确度[83]。文献[84]中利用建筑的视频监控系统,通过机器学习算法训练识别人体的头、肩部位的特征,从而进行人员计数,该方法在人数较少的情况下,能够达到 95% 的精度,而在人数较多的情况下则有 85% 的精度。文献[85]针对建筑内通道场景和室外开阔场景分别采用不同的视频计数算法,前者采用目标检测和识别,能够达到 95% 的精度;后者则采用样本训练的方式统计人员密度,准确度也能达到 90%以上。Erickson 等人则在某建筑的两个房间和房间之间的走廊中布置 16 个无线摄像头节点,通过摄像头网络对两个房间的人数变化规律进行统计,并由此优化空调系统的控制策略,该方法取得了 80% 的人数统计精度[86]。Benezeth 等人则在识别室内人员的研究中,采用背景差分、特征识别相结合的算法,对办公室、走廊等不同场景下的人员活动进行识别统计,其识别精度最高能达到 97%[87]。由这些研究可知,视频摄像头和计算机图像技术识别统计人数的方式实时性较高,且在人员密度较低(如办公室等场景)、图像识别算法得到优化的前提下,能够得到较高的精度,但也会受到诸多限制,例如摄像头可能受制于视线范围,若房间内存在较多隔断遮挡,会降低视频人数统计效果;在光线不充足的情况下,普通摄像头的拍摄质量大大降低,而安装带有夜视功能的摄像头则会增加成本;另外,视频摄像可能会产生用户隐私方面的问题[88]。

(3)红外线技术识别人数

红外线技术由于其技术简单、成本低廉,在公共建筑、居民小区等场合多作为安防报警的常用手段。常见的红外探测技术分为两种,一种为被动式,另一种为主动式。被动式红外探测技术主要利用的是人体37℃左右恒温,因此辐射的红外波段也较为稳定的这一特性。由此开发出了热释电红外传感器,它能够探测出由人体红外辐射带来的环境热量变化,并将热信号转换为电信号以供使用,因此被动红外探测器也是一种常见的运动传感器。但是,室内热量的变化会受到多种干扰,如热气流、电子设备、宠物等等,因此被动式红外探测技术存在较高的误报率。文献[89]通过设计热释电红外传感器、最优化探测器布置与识别算法,进行了利用被动式红外技术识别人体和动物的实验,通过对模型的训练,对人体的识别准确率最高能达到98%。文献[90]则针对多间单人办公室的场景,通过在每间办公室安装三个被动式红外探测器,组成传感器网络并进行人数统计,统计误差最低在2%以内。因此,被动式红外探测技术在探测单个人体或人员有无的情况下,通过传感器布置和识别算法的优化,能够得到较高的精度,但其不适用统计多人人数的情况。

主动式红外探测技术则利用的是红外线发射、接收的原理。一组主动式红外探测器通常由发射端和接收端构成,若两端之间有物体通过,则发射端发射的红外线被阻挡,接收端未接收到红外信号,于是将产生相应的电信号。利用这一原理,主动红外探测技术常被用于居民小区的周界入侵报警系统。而通过采用两组主动红外探测器,也可实现人员的计数,其大致原理如图13-4所示。两组探测器相隔一定距离,安装在建筑、房间出、入口处,当有人经过时,计数器便可通过信号A和B的发生先后来判断人员的行动方向,从而达到人员进出计数的目的。文献[91]中便采用主动式红外探测器,并开发、优化神经元算法来统计商场客流量。文中对单人通过及多人并行的情况分别进行了分析研究,结果表明,在单人通过的情况下,该系统的识别准确率高达99%;而当并行人数逐渐增多,识别精度将逐渐下降,2人并行时,精度可达97%,而当6人并行时,识别率降低至71%。因此,主动式红外探测技术相比于被动式技术,能在一定程度上获得较好的人员计数效果,但受到信号传递、响应时间等的影响,在多人同时通过时,计数效果会有所降低。

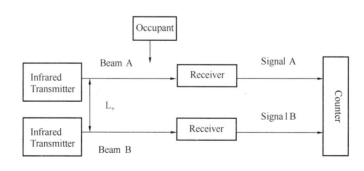

图13-4　主动红外探测器人员计数原理

(4)无线技术统计人数

近年来,随着智能手机、平板电脑等便携式电子设备的流行,Wi-Fi、蓝牙等无线通信技术也得到了极大的发展,在此基础上,也开发出许多应用,例如利用无线信号与网络进行人员定位等。因此,有研究者希望能够通过无线通信技术进行人数的统计。无线技术对人员定位的实现目前主要有两种方式,一种是基于用户无线通信设备的扫描探测方式,另一种则是无需用户设备的感知方式。前者的主要原理为使用专门的设备扫描一定区域内可被探知的 Wi-Fi 或蓝牙设备,以此来估算该区域内的人数,如图 13-5 所示。如 Weppner 等人利用蓝牙扫描设备,对足球赛、啤酒节等大型户外活动进行人数统计,取得了约 75% 的识别精度[92]。但他们的研究基于大多数手机用户的蓝牙功能默认为打开的观察,然而对于用户偶尔将手机的 Wi-Fi、蓝牙功能关闭的情况,这种主动扫描的方式可能存在误差。无需用户设备的方式则在原理上类似于上文所述的主动红外探测技术,它通过感知人体对无线发射器、接收器之间信号的阻挡和干扰来定位、统计人数。如 Xi 等人[93]及 Depatla 等人[94]的文章中,利用一对无线信号接发装置,对在其间行走的人员进行了定位统计研究,前者的统计结果在室内场景下,98% 的误差在 2 人以内,而在户外环境下,70% 的误差在 2 人以内;而后者的结果在实际人数最多为 9 的情况下,统计误差在 2 人以内。

图 13-5　扫描用户设备以统计人数

(5)其他方式估计人数

除了上述较为传统的人数估计方法外,也存在一些较为新颖的识别人数的可能方式,如声音识别、考勤机记录、电梯轿厢传感器估计、个人电脑使用监测等。

声音识别的方式主要是利用人产生的各种活动的声音特征来感知是否有人存在。如 Zhu 等人在其研究中,通过记录真实声音和网络收集声音样本的手段,来识别用户正在使用何种电气设备,希望达到预测用能情况的目的[95]。Jia 等人的研究则利用用户手机和笔记本电脑中的麦克风话筒来识别不同房间内的声音特征,从而判断房间内是否有人,判断准确率达到了 97% 以上[96]。虽然利用声音特征来识别房间人员有无具有很高的可行性,但是在统计人数方面仍然不易实现。

考勤机在现代办公中的应用已越来越广泛,可方便记录、管理工作人员的出勤状况。因此,考勤机在一定程度上可作为记录室内人数的手段。但在较精确地识别人数的场合,需要考勤机记录用户的每一次出入,显然对于用户来说,这是一项繁琐的工作,因此考勤机在记录人数方面存在限制。

电梯轿厢传感器则主要利用压力传感器感知电梯轿厢内的重量变化以估算上下电梯的人数,可用于估计人员数量在建筑垂直方向的变化,但并不能很好地适用于建筑水平方向、建筑各房间内部的人员数量识别。

现代办公已离不开个人电脑,因此一些研究者尝试通过监测个人电脑的 IP 地址、键盘鼠标使用情况等手段来估计人数,在整幢办公楼层面下,估计准确率能够达到 80%,但受制于监测不到一些不使用电脑的用户,针对某些楼层的估计精度只有 40%[97]。

（6）多种传感器数据训练人数模型

上文中所述的识别人数的方式,主要都是基于单一的传感器或设备手段实现的,因此使用场合、条件等都受到一定限制。随着数据挖掘、机器学习等技术的不断发展,有研究者提出,可充分利用现代建筑中各式各样的传感器、执行器,在多维数据基础上来分析人数信息、训练人数模型。如在文献[98]中,通过在居民住宅中安装被动红外探测器以及门开关传感器,结合两者数据得到住宅中人的活动规律,并将其作息规律植入住宅温控器中,以调节空调系统的运行。Dong 等人则在一间开放式办公室中构建一套传感器网络,综合温度、湿度、光照、二氧化碳、噪声及被动式红外运动传感器等数据,发现与人数关联最明显的参数为室内二氧化碳浓度和噪声强度,并由此得出办公室人数预测模型,取得了约 75% 的准确率[99],但由于研究场景为开放式办公室,识别人数的精度并不高;文献[100]采用类似的多传感器网络方法,人数识别精度高达 98%,但其应用场合为单个小房间,多个房间的情况,则需要在各个房间中均安装成套的传感器;文献[88]则通过收集到的多传感器历史数据与人员数据进行关联,用机器学习的方式训练人数模型,文中在单人办公室和多人办公室的场景下,均取得了最高约 97% 的人数预测精度,并发现二氧化碳浓度、门的开关状态以及光照强度与室内人数的关联程度较大,但该方法需要三个月的历史数据方能训练出有此精度的人数模型,对不同建筑的普适性存在一定缺陷。文献[101]则将建筑的某一层分为数十个区域,利用闭路电视摄像头、被动红外运动传感器以及二氧化碳传感器进行人数识别,在建筑层面上达到了 89% 左右的人数统计精度。

由上述多项研究可知,多传感器数据训练人数模型的方式在传感器种类丰富、数据样本充足的情况下,通过合适的训练方法,能够得到较高的精度。但针对不同场合,所选用的传感器组合有所不同,且模型的训练所需时间较长,因此对于具有不同形式、不同使用方式、不同人员作息规律的建筑或房间,均需要具体设计合适的人数识别方式。

13.2.4　基于人数识别的预测控制

从上述人数识别方法的介绍可以看出,各种人数识别方法均存在一定的局限性,有其适用条件。而将基于视频的人数识别和基于 CO_2 浓度的人数识别相结合,则会提供人数识别的精度,而且两种测量手段都是建筑设备监控系统中的常用技术,比较容易获得及推广应用。而得到了人数信息之后,可以对空调设备进行基于人数的预测性控制,达到更快速的控制、更稳定的室内环境和更节能的系统运行。下面对这种视频和 CO_2 浓度相结合的人数识别方法,以及基于人数的空调系统预测性控制方法进行简单介绍。

（1）人数识别方式的确定

由上述人数识别方式综述可知，摄像头探测的方法具有实时性好、准确性较高的特点，因此采用摄像头探测作为主要的人数识别方式。为消除房间各工位之间的隔断对摄像头视线的阻挡，并尽可能地降低对用户隐私的干涉，采用了将摄像头安装在房间门口上方，通过视频统计出、入房间的人数的方法，如图13-6所示。摄像头拍摄画面如图13-7所示，其中，黄色矩形为探测人员活动的区域，绿线代表门所在位置，蓝色箭头代表给定的"进入"的方向，当有人员进出时，通过特征识别，跟踪人员头部的运动轨迹，从而判断其运动方向，实现对人员"出"、"入"的识别。摄像头拍摄得到的人员出、入数量信息被分别录入数据库中，用以计算室内人数，以供预测控制算法使用。

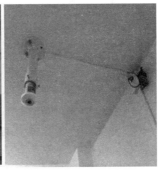

图 13-6　广州实验台摄像头安装位置

图 13-7　摄像头拍摄画面

但是，由于摄像头误检、漏检情况不可避免地存在，仅通过进出人数来计算室内人员数量将造成人数统计的累计误差，因此需要一种消除累计误差的方法。由于房间传感器系统包含二氧化碳传感器，且在通风量较稳定的情况下，利用二氧化碳浓度能够较准确地估算室内人数，因此在凌晨时段房间无人或人数极少、门窗关闭的情况下，可采用二氧化碳浓度估计人数的方法代替摄像头，从而可消除当天的视频统计累计误差，并可弥补晚间关灯、照度较低时摄像头拍摄质量差的缺陷。室内二氧化碳浓度的离散形式传递方程如式（13-1）[102]所示，式中，V 为房间体积，Q 为新风量，n_t 为 t 时刻的室内人数，k 为人体呼出二氧化碳的速率（$k \approx 0.3 \mathrm{L/min \cdot p}$），$C_0$ 为新风中的二氧化碳浓度，C_t 和 $C_{t-\Delta t}$ 分别为 t 和 $t-\Delta t$ 时刻的室内二氧化碳浓度。因此,将式(13-1)变形为式(13-2)的形式,即可使用当前和上一时刻的室内二氧化碳浓度估算室内人数。

$$V \cdot (C_t - C_{t-\Delta t}) = Q \cdot (C_0 - C_t) + n_t \cdot k \tag{13-1}$$

$$n_t = (V \cdot (C_t - C_{t-\Delta t}) + Q \cdot (C_t - C_0))/k \tag{13-2}$$

上述识别统计人数的方式,可用图 13-8 的框图来表示:当每天时间为 7 至 24 点且室内照度较高时,可使用视频摄像头记录的人数进出数据来计算室内人数;而当室内照度较低不利于摄像头拍摄,或是时间为 0 至 7 点(此时间段房间无人或人数较少且稳定、门窗关闭)时,将人数识别方式由视频数人切换至二氧化碳浓度估计人数,而当后者切换回前者时,即可利用二氧化碳方法估计的人数作为当天视频数人的清零措施或初始化值,以消除视频数人的累计误差。另外,根据视频信息与二氧化碳浓度计算人数的时间步长均为 1 分钟(即上述 $\Delta t = 1$min),但由于空调系统的启停周期为 10 分钟,并不需要过于频繁地向控制算法输入人数信息,因此基于人数的预测控制算法中,使用的是视频统计人数每 5 分钟的平均值,如式(13.3)所示,式中 Occ_i 为 i 时刻的人数,$Occ_i + inCount_{i+1} - outCount_{i+1}$ 则为($i+1$ 分钟)时刻的人数计算式,$inCount$ 与 $outCount$ 分别为这 1 分钟内视频获取的人员进与出的数量。按式(13.3)每 5 分钟计算一次室内平均人数并写入数据库,并为控制算法所使用。而由于二氧化碳浓度估计的人数主要作为初始化使用,且二氧化碳浓度传感器存在噪声,因此采用更长时间(30 分钟)的平均值。

$$Occ_t = \sum_{i=t-5}^{t-1} (Occ_i + inCount_{i+1} - outCount_{i+1})/5 \tag{13-3}$$

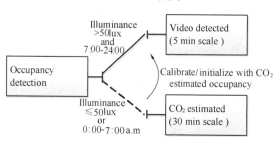

图 13-8　人数识别方式的切换

(2)基于人数的预测控制算法

基于室内人数信息的空调系统运行算法是对传统的 PID 控制器的输出进行修正来实现的。PID 控制器根据室内温湿度参数与用户给出的设定值之间的偏差,计算出空调设备的启停比,以控制一个启停周期内设备的开启时间。由于室内人数变化引起的环境参数改变存在一定的延迟性,因此传统的 PID 控制器不能对人数变化产生迅速的响应,因此需要根据人数对空调设备的启停进行优化,实现手段为:1)对于房间空调器,对原有 PID 算法给出的启停比进行修正调节:制冷季中,当室内人数比 5 分钟前有较明显的增加时,修正启停比至较大值,增大空调设备出力,以应对人数增加带来的额外冷负荷;而当人数有较明显减少时,则修正减小启停比,降低空调设备出力,起到一定的节能效果。制热季的情况则与制冷季相反,人数增加时减少空调出力,而人数减少时则需增加空调出力;2)对于新风机,直接根据实际人数与设计人数之比控制新风机启停。因此,空调设备基于人数的优化控制逻辑如图 13-9 所示,而其中空调器的启停比修正公式则如式(13-4)所示,式中,ratioAC_adj 为修正后的启停比,ratioAC_o 为原 PID 算法给出的启停比,Occ_t 和 Occ_{t-5} 分别代表由式(13-3)计算得到的 t 时刻和($t-5$ 分钟)时刻的人数,s 为房间增加一人引起的空调器负荷变化的敏感性系数,该值的确定方法由下文所述；而广州实验台新风机的启停比可直接由式（13.5）计算，其中 Occ _ max 为实验台设计的最大用户人数。

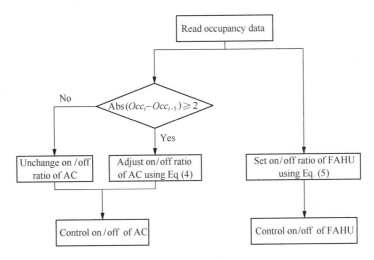

图 13-9 基于人数的空调设备控制逻辑

$$ratioAC\_adj = (1 + s \times (Occ_t - Occ_{t-5})) \cdot ratioAC\_o \qquad (13-4)$$

$$ratioFAHU = Occ_t / Occ\_max \qquad (13-5)$$

式（13.4）中的空调器负荷变化敏感性系数 s 的确定，本文使用清华大学建筑技术科学系开发的建筑能耗模拟分析软件 DeST[103] 进行了相关模拟研究。使用 DeST 软件，能够便捷地搭建实验台模型，如图 13-10 所示为房间的简化模型，白色框中即为所研究的房间；搭建模型后，根据房间实际情况设定相关模拟参数，包括地理位置、围护结构热工参数、室内热扰、人员设备及空调系统作息等，即可由软件实现对实验台全年冷、热负荷的模拟计算。

在确定 s 值时，主要通过改变模型中人员作息，以分析人员热扰对房间空调负荷的影响。首先将模型中的人员作息设定为 0，即假设房间内任何时刻均无人，并将新风量设定为 0，房间空调负荷仅受围护结构传热负荷、室内灯光设备热扰的影响，此时软件计算得出的空调负荷可作为基数，记为 Q_0；之后，保持其他所有参数不变，将人员作息设定为一大于 0 的定值 m（本文中，将 m 设为房间的最大人数，本案例中房间 A 为 10 人、房间 B 为 15 人），即假设任何时刻房间内均有 m 人，但新风量仍设为 0，此时计算出的空调负荷记为 Q_m。因此，由单个人员增加所引起的房间空调负荷变化可估算为：

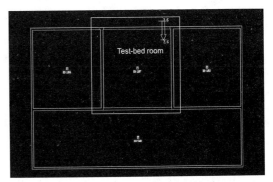

图 13-10 广州实验台 DeST 简化模型

$$s = \frac{(Q_m - Q_0)/Q_0}{m} \times 100\% \qquad (13-6)$$

将 DeST 逐时模拟结果以室外温度为横坐标、s 值为纵坐标作图，列于图 13-11 中，其中左图为房间 A 制冷季（6 月至 10 月）的模拟结果，右图为房间 B 制热季（11 月至 3 月）模拟结果。从图中可以看出的趋势是，在制冷季，随室外温度升高，围护结构带来的冷负荷增加，因此人员带来的冷负荷比例相对减少；而在制热季，室外温度越高，围护结构热负荷降低，从而人员能够带来的室内热负荷减少量则相对增加。但是，在相同室外温度下，s 值存在不同，是由于 DeST 模拟中，存在除室外温度外影响空调负荷的其他因素，如太阳辐射等。本文在后续实验中，将修正算法的 s 值取为平均值，即房间 A 制冷季 $s=2.88\%$，房间 B 制热季 $s=-3.01\%$。

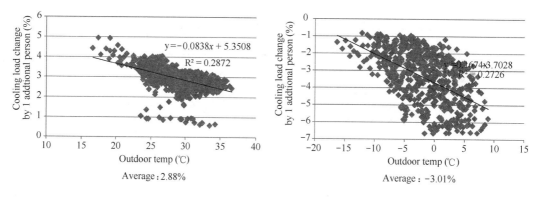

图 13-11　空调负荷敏感性系数 s 值模拟结果

（3）模拟与实验研究分析

针对基于人数的预测控制方法效果的检验，分别进行了模拟与实验的分析，以比较基于人数的控制和传统控制方法在控制效果和能耗等方面的差异。

1）MATLAB Simulink 模拟分析

使用 MATLAB Simulink 模拟的主要目的，是为了考察在基于人数的预测控制策略下，室内人数发生较大变化时房间空调器的运行情况，以分析控制策略的效果。MATLAB 模拟对象为房间 A 的制冷季，房间及空调设备的模型搭建参考文献 ［104］，并对其进行相应修改及简化，以适合房间 A 的实际情况。在模型中加入人数曲线，以模拟一天（86400 秒）之中人数的变化，如图 13-12 左图所示。因此，根据图 13-9 的逻辑流程图与式（13.4）的修正公式，得到的空调启停比修正系数曲线如图 13-12 右图所示。

以中午 12：00 左右人数突降的情况为例进行分析。在模拟时间 42800 秒时，人数由 8 人减至 3 人，由于控制逻辑每 5 分钟（300 秒）计算一次平均人数，则将在第 42900 秒时计算一次前 5 分钟内（42600～42900 秒）平均人数为 $8\times 2/3+3\times 1/3=6.33$ 人，而第 43200 秒时得平均人数为 3 人，因此在第 43200 秒时，算法得到启停比修正系数应为 $1+3\%\times(3-6.33)=0.9$，即在室内人员有较明显减少的情况下，通过提前修正启停比，减小空调出力。在人数突降时，Simulink 模拟得到的空调启停状况如图 13-13 所示，其中左图为非人数控制，右图为基于人数的控制。比较发现，在进行修正后的一个空调器启停周期（10 分钟）内，基于人数的控制下空调开启时间为 292 秒，而未进行启停比修正的控制下开启时间为 324 秒，即在人数减少的单个启停周期内，基于人数的控制能够带来约 10％的空调器节能量。

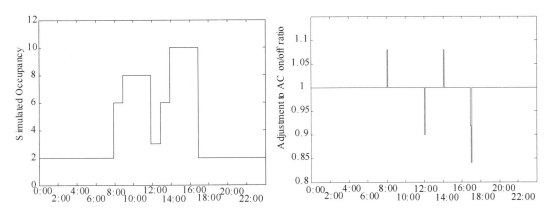

图 13-12　MATLAB 模拟人数及对应的空调启停比修正系数

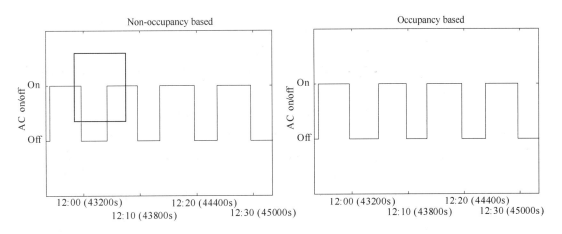

图 13-13　人数变化时空调器启停对比

　　从全天的角度分析空调能耗，在基于人数的预测性控制下，空调开启时间共 30760 秒，而非人数控制下空调开启时间共 30772 秒，两者差异可以忽略，表明在较长的时间内，由于室内人数突变的情况并不频繁，因此空调的总体能耗差异较小。

　　室内温度的模拟结果如图 13-14 所示，可见在原有控制策略和基于人数控制策略下，室内温度均维持在设定值范围内，而后者的温度波动幅度较原有策略小。由于房间 A 原有的控制策略为新风机与房间空调器使用相同的 PID 算法，因此在它们共同的启停过程中，造成的室温振荡将较为明显；而基于人数的控制算法将空调器与新风机分别进行控制，新风机的启停比取决于室内人数，在人数较为稳定的情况下，新风机的输出也相对稳定，此时仅通过空调器来应对负荷变化，使得室温的波动减小。

　　通过 MATLAB Simulink 对房间 A 的模拟，首先验证了基于人数预测修正空调启停比的策略的节能效果，同时，室内温度模拟结果表明，基于人数的控制能够减小室温的波动，有助于进一步提高舒适性。

　　2）实验分析

　　为验证人数识别方式的效果，并对比基于人数的预测控制与传统控制方式，进行了一系列的相关实验。实验中，室内环境控制系统运行在文献［105］所述的基于舒适感的模

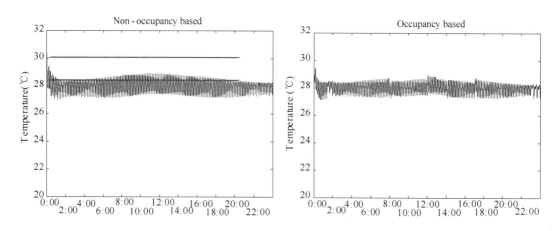

图 13-14　室内温度模拟结果

式下，而主要区别在于控制器是否采用基于人数的控制策略。

　　在房间 A 进行了一周基于人数的预测控制实验，同时记录了本文提出的识别人数方法的效果，其中某典型日的人数变化曲线如图 13-15 所示，图中橙色曲线为根据视频录像记录的实际人数变化，绿线为 0：00－7：00 间使用二氧化碳浓度估算的人数，而蓝线则为视频探测得到的人数，绿线与蓝线共同组成本文提出的方法所识别的人数。由该典型日的人数曲线可知：1）视频与二氧化碳相结合的方法所识别的人数变化趋势与真实情况较为符合；2）夜间使用二氧化碳浓度估算人数可作为视频数人初始化与消除累积误差的有效手段。若认为系统识别人数与实际人数的偏差不超过 1 为较精确识别，则综合多天的人数统计情况，视频与二氧化碳相结合的人数识别方法能取得超过 91％的识别精度。

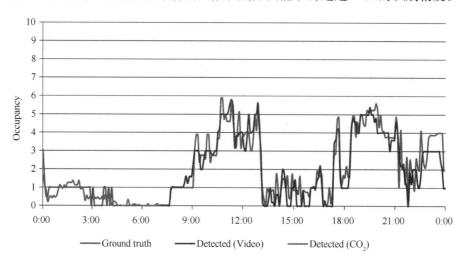

图 13-15　典型日人数变化曲线

　　在控制效果与空调系统能耗方面，图 13-16 所示为房间 A 两典型日温度、二氧化碳浓度及空调系统能耗曲线，其中左列为非人数控制，右列为基于人数的控制。在基于人数的控制方式下，室内温度偏高，其原因主要有以下两点：1）由二氧化碳浓度变化曲线可以看出用户开关门窗的行为，而由于房间空调器制冷能力有限，当用户开窗后（如图中

11：00以后），室内温度变化将受到室外温度的较大影响；2）由于新风机承担一部分冷负荷，而在基于人数的控制下，新风机启停受人数控制，当室内人数较少时（如午间12：00－14：00），新风机开启时间较少，导致室温偏高。但是，在比较基于人数与非人数控制的实验中，系统均运行在基于舒适感的控制模式下，且用户均未产生抱怨，则可以认为控制效果是令实验台用户满意的，因此基于人数的控制具有较大的节能潜力。

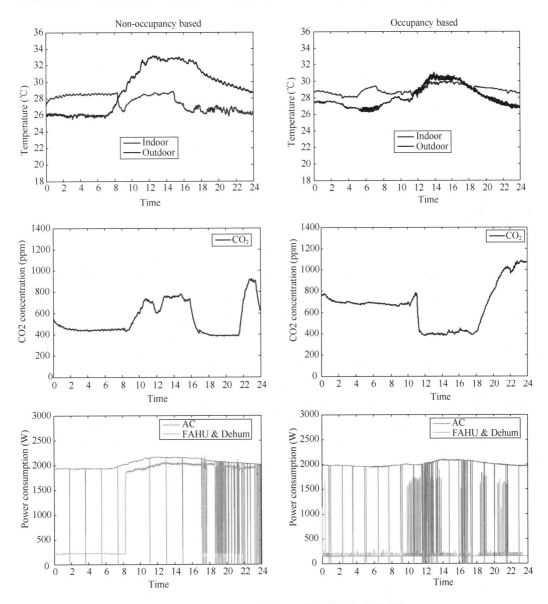

图 13-16　广州实验台典型日控制效果与能耗曲线

将基于人数控制与非人数控制的平均空调系统能耗数据列于表 13-2 内，能耗估算的方法与文献［105］所述相同。可见在房间 A，用户在室外温度较低时会打开门窗进行自然通风，开关门窗的行为导致不同控制方式下室内温度存在差异，但均能满足用户的舒适性需求。同时，空调器能耗相差较小，而主要的能耗差异在于新风机，基于人数的预测性控制下，新风机能耗仅为传统控制时的 $15\%\sim20\%$，而空调系统总能耗可降低 40%. 而在房间 B，主要依靠集中供热与空调器进行制热，因此在空调能耗方面，基于人数的预测性控制节能量不大，约为 2%。

空调系统能耗比较 表 13-2

		平均外温 (℃)	平均内温 (℃)	空调器能耗 (kWh)	新风机能耗 (kWh)	总能耗 (kWh)
房间 A	传统控制	32.9	28.4	47.9	34.1	82.0
	预测性控制	29.9	29.6	44.8	5.1	49.9
		平均外温 (℃)	平均内温 (℃)	空调器能耗 (kWh)	新风机能耗 (kWh)	总能耗 (kWh)
房间 B	传统控制	6.1	22.3	29.3	8.2	37.5
	预测性控制	5.4	22.2	28.9	8.0	36.9

13.3 小结

大数据技术开辟了数据分析与应用的新篇章。本章介绍了大数据的基本概念以及在建设环境与设备控制中的应用，分别对数据关联和数据融合两个方面的大数据应用利用案例进行了介绍。着重介绍了在数据融合方面的一个应用案例，即视频与二氧化碳浓度相结合的室内人数识别与估算方式以及基于人数的空调系统预测性控制方法。利用视频记录房间人员进出情况以进行人数统计，并使用二氧化碳浓度估算人数作为消除累计误差的手段。基于人数的空调系统预测控制策略是当人数发生明显变化时，修正房间空调器的启停比，同时根据人数控制新风系统的运行。通过模拟，验证了基于人数的预测控制算法在室内人数突降时，能在空调的下一启停周期内取得较明显的节能效果。通过实验显示了视频与二氧化碳浓度相结合的室内人数识别方式具有 91% 左右的准确度，同时基于人数控制新风机启停的策略能够取得显著的节能效果。从提高室内环境舒适性以及节省空调系统能耗的角度出发，基于人数的预测控制方法具有一定的可行性。

附录一：接口配置示例

1. 新风/空调机组接口

由于新风/空调机组的风机需要供电才能工作，配电二次回路也具有安全保护和一定的控制功能，因此通常配电箱/柜也称为电控箱/柜。本部分为明确区别，将其称为配电箱/柜，而将监控系统装有控制器的箱/柜称为（DDC）控制箱/柜。控制箱/柜与新风/空调机组配电箱/柜及新风/空调机组的责任界面、传输介质和连接方式等的示意分别见图1-1和图1-2，对以上内容的说明见表1-1，接口功能要求见表1-2，控制功能要求见表1-3。可以看出，实际工程中涉及与暖通空调设计和施工单位、空调机组供货商、建筑电气设计和施工单位、配电箱/柜成套厂商等诸多单位的协调。

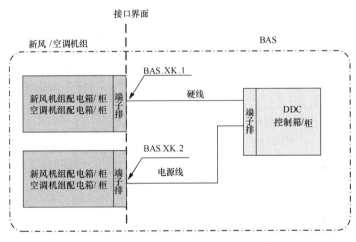

图1-1　控制箱与配电箱的接口示意

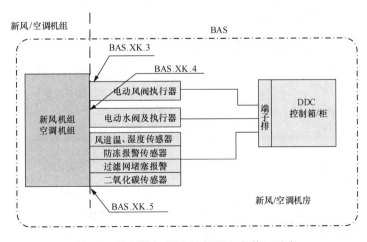

图1-2　控制箱与新风/空调机组的接口示意

新风/空调机组接口界面说明
表 1-1

编号	接口位置	新风/空调机组	配电箱/柜	监控系统（BAS）	接口类型
BAS. XK. 1	被控设备配电箱/柜端子排外侧	配合调试	提供有明确功能标识的端子排；配合调试	提供并安装控制箱/柜，并连接硬线电缆（带编号，截面1mm²）至被控设备配电箱/柜端子排外侧；负责调试	硬线
BAS. XK. 2	被控设备配电箱/柜端子排外侧	配合调试	提供有明确标识为控制器电源的端子排[1]；配合调试	提供并安装控制箱/柜，并连接带标识的电缆至被控设备配电箱/柜端子排外侧；负责调试	电源线
BAS. XK. 3	新风/空调机组的风阀驱动轴	提供相应的执行器驱动主轴[2]；配合调试		提供并安装风阀执行器，并负责连接电源和信号线缆至控制箱/柜；负责调试	设备安装
BAS. XK. 4	新风/空调机组水管道	安装水阀阀体部分[3]；配合调试		提供并安装水阀执行器[3]，负责连接电源和信号线缆至控制箱/柜；负责调试	设备安装
BAS. XK. 5	新风/空调机组	协助传感器的安装定位；配合调试		提供并安装各类传感器，负责连线至控制箱/柜；负责调试	设备安装

注：1. 为了施工方便，一般控制器箱的电源从被控设备配电箱中的电源直接引出。

2. 风阀驱动主轴直径为$\phi 10 \sim 20mm$，其长度一般要求为$\geqslant 100mm$（也可按所选产品的具体要求）。当风阀的截面积或风道压力很大时，要求风阀执行器的驱动扭矩也很大，需要选用组合阀由多台执行器并联运行，每台执行器均需提供驱动主轴。

3. 水阀和执行器在工程采购划分中大多归为监控系统范围，但其阀体安装多归为暖通专业。执行器的电源和反馈线缆施工由监控系统完成。

新风/空调机组接口功能要求
表 1-2

编号	功能要求	新风/空调机组	配电箱/柜	监控系统（BAS）
BAS. XK. 1	实现风机的监测和控制		1. 接收并执行风机控制命令； 2. 提供风机的启停、故障和手自动状态	1. 计算并发送对风机的控制命令 2. 接收风机的状态反馈
BAS. XK. 2	为 DDC 提供电源		提供符合 DDC 要求的电源 *	接受电源为 DDC 供电
BAS. XK. 3	实现风阀的监测和控制	1. 接收并执行风阀控制命令； 2. 提供风阀的阀位参数		1. 计算并发送对风阀的控制命令 2. 接收风阀的状态反馈

续表

编号	功能要求	新风/空调机组	配电箱/柜	监控系统（BAS）
BAS. XK. 4	实现水阀的监测和控制	1. 接收并执行水阀控制命令； 2. 提供水阀的阀位参数		1. 计算并发送对水阀的控制命令 2. 接收水阀的状态反馈
BAS. XK. 5	实现参数的监测	提供各类参数		接收并显示各参数

注：＊ 控制箱的电源需求为 220VAC，箱内配有变压器转换为 24VAC/DC 电源分别供给控制器、传感器和执行器，其中控制器的电功率一般不超过 100W，传感器的电功率也很小，执行器的电功率与其扭矩相关，需要核对其规格型号和数量；通常配电箱会提供一路 220VAC，10A 的电源给控制箱，完全满足使用要求。

新风/空调机组（变频）控制功能要求 表 1-3

监控内容	DI	AI	DO	AO
风机运行，故障，手自动状态	3^1			
风机启停控制			1^2	
（风机变频器运行，故障，工变频状态）	3^3			
（风机频率反馈）		1^4		
（风机频率控制）				1^5

注：1. 风机运行状态反馈信号由交流接触器的无源辅助触点引出（此接点为无源常开接点）风机故障状态反馈信号应由热保护继电器的无源辅助触点引出（此接点为无源常开接点），当热保护继电器吸合时风机应自动停止（此为安全保护功能）手动/自动状态由转换开关引出（此接点为无源常开接点）

2. BAS 提供一对无源常开接点信号引入风机的二次控制回路，用于当风机的手/自动开关处于自动状态时，自动控制风机的启停

3. 变频器运行状态，故障状态由变频器引出（此接点为无源常开接点）工频/变频状态由转换开关引出（此接点为无源常开接点）

4. BAS 监测的风机频率反馈，由变频器提供 0～10V 反馈信号

5. BAS 对风机的频率控制，由 BAS 系统向变频器提供 0～10V 控制信号其他机组中的空气过滤器状态反馈由交流接触器的无源辅助触点引出（此接点为无源常开）。当空调机组配有加湿器时，由 BAS 提供一对无源常开接点信号引入加湿器的二次控制回路，自动控制加湿器的启停。当采用高压微雾加湿器时，应由同一个控制点同时控制加湿泵及加湿阀的开关。

2. 冷水机组接口

冷冻机房是大型设备较为集中的区域，而且冷水机组与冷冻水泵、冷却水泵及相关阀门等设备的启停有一定的关联关系，通常监控系统在冷冻机房设置操作分站以便统一管理。通常，冷水机组的供电及二次回路也由自带启动柜完成；其自带控制盘完成冷机内部管路的参数监测并控制调节冷机的出力，也会提供两对干接点用于远程启动和远程状态显示；冷水机组构造示意见图 1-3。监控系统若与其实现数字通信，则需要在其自带控制盘上插入板卡，并将通信线接入监控计算机（上位机），连接示意见图 1-4。

不同品牌的冷水机组采用的通信协议不同，例如，特灵为 LonTalk，约克为 York-

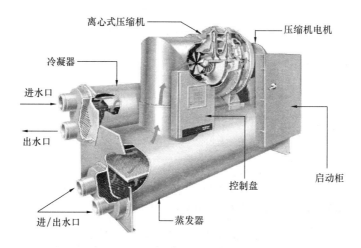

图 1-3　冷水机组构造示意

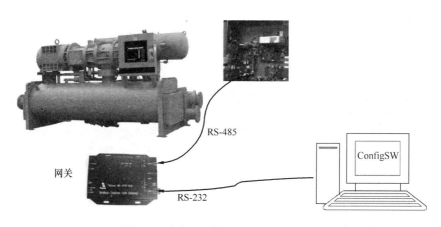

图 1-4　冷水机组与监控系统连接示意

Talk，开利为 CCN，麦克维尔为 LonTalk，顿汉布什为标准 ModBus，大金为 DIII，格力为 GVM 协议……而且大多数冷水机组也有 BACnet 协议或 ModBus 协议等不同标准协议的通信板卡。不过，目前各家冷水机组采用的通信接口都是 RS485。而监控系统的监控计算机的通信接口也都是 RS232。实际工程中，需要与冷水机组厂商确定通信协议和板卡类型。

　　监控系统的控制箱与冷水机组及其控制盘之间的责任界面、传输介质和连接方式等示意和说明分别见图 1-5 和表 1-4，接口功能要求见表 1-5，控制功能要求见表 1-6。通常制冷机房是用电量较大、用电设备集中的场所，会有一路总供电电源进入，在机房内分配给多台冷水机组、冷水泵和冷却水泵等设备，控制箱也需要提出相应的电源要求。分配给冷水机组的电源接入其自带启动柜即可，分配给水泵的电源也需要进行相应的二次回路设计，与本附录第 1 部分新风/空调机组的风机配电箱/柜原理相同，详见电机的配电箱/柜设计，不再赘述。

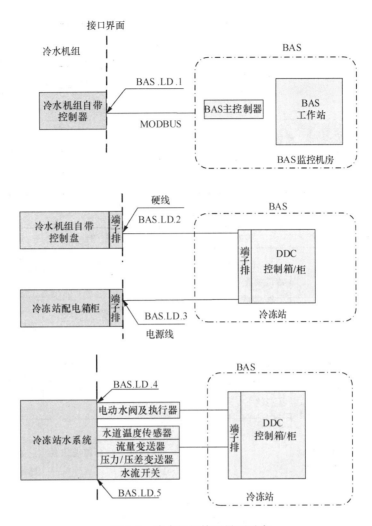

图 1-5　冷水机组接口界面示意

冷水机组接口界面说明　　　　　　　　　　　　　　表 1-4

编号	接口位置	冷水机组	配电箱/柜	BAS	接口类型
BAS. LD. 1	冷水机组自带控制器板卡	提供 RS485 端口和通信协议；配合接线和调试		负责提供 RVV4 * 1.0 通信线，并将通信线接至冷水机组自带控制器指定接口；负责调试	RS485 串口
BAS. LD. 2	冷水机组自带控制盘端子排外侧	提供有明确功能标识的端子排；配合调试		提供硬线电缆（带编号，截面 1mm² ），并连接至被控设备自带控制盘端子排外侧；负责调试	硬线
BAS. LD. 3	冷站配电箱/柜端子排外侧		提供有明确标识为 DDC 电源的端子排；配合调试	提供带标识的电缆连接至配电箱/柜端子排外侧；负责调试	电源线

编号	接口位置	冷水机组	配电箱/柜	BAS	接口类型
BAS. LD. 4	冷冻水管道	安装水阀阀体部分；配合调试		提供并安装水阀执行器；负责连接电源和信号线缆；负责调试。	设备安装
BAS. LD. 5	冷冻水管道	安装各种水道传感器；配合调试		提供各种水道传感器；负责连接电源和信号线缆；负责调试	设备安装

冷水机组接口功能要求 表 1-5

编号	功能要求	冷水机组	配电箱/柜	BAS
BAS. LD. 1	在冷水机组与 BAS 之间建立通信	1. 提供能够读取的冷机参数 2. 接收来自 BAS 的控制命令		1. 接收并显示冷水机组提供的各项参数 2. 根据需要，计算并发送冷水供水温度设定值
BAS. LD. 2	实现冷机状态的监测和控制	1. 接收来自 BAS 的控制命令； 2. 向 BAS 提供冷机运行状态		1. 计算并发送冷机启停控制命令 2. 接收冷机运行状态
BAS. LD. 3	为 DDC 控制箱提供电源		提供符合控制箱要求的电源	接受电源为 DDC、传感器和执行器供电
BAS. LD. 4	实现水阀的监测和控制	1. 接收并执行水阀控制命令 2. 提供水阀的阀位参数		1. 计算并发送对水阀的控制命令 2. 接收水阀的状态反馈
BAS. LD. 5	实现参数的监测	提供各类参数		接收并显示各参数

冷水机组控制功能要求 表 1-6

监控内容	监控点			
	DI	AI	DO	AO
冷水机组运行状态	1			
冷水机组远程启停控制			1	

注：表中的干接点信号引自冷水机组自带控制盘，即便没有数字通信接口也可实现该项监控功能。

附录二：常见品牌冷机接口信息

本附录选取了常见品牌的冷水机组，对其通信协议、接口的数据地址和信息等资料汇总，以供自控工程师和设计人员在相关的设计过程中作为参考。

1. 约克冷机

约克冷水机组常见的使用类型为螺杆机 YS 系列以及离心机 YK 系列，两种系列的机组控制器均为江森的 OPTIVIEW 控制器。其中，螺杆机的对外通信接口协议为标准 MODBUS；离心机的对外通信接口协议为 BACNET/N2/MODBUS，离心机的三种协议在出厂时可根据甲方需求来选定其中的一种。

1.1 YK 离心机系列

（1）系统输入数字量状态

Modbus 地址	Modbus 功能	点表描述
00001	02	冷冻水流开关
00009	02	压缩机启动反馈

（2）系统输出数字量状态

Modbus 地址	Modbus 功能	点表描述
00073	02	系统启动
00075	02	面板控制开关

（3）系统模拟量显示信息

Modbus 地址	Modbus 功能	点表描述	读取值示例	示例解释
46701	3	冷冻水进水温度	70	7.0℃
46702	3	冷冻水出水温度	−70	−7.0℃
46703	3	冷却水进水温度	70	7.0℃
46705	3	马达电流百分比	65	65%
46707	3	油温	70	7.0℃
46709	3	油压差	100	100KPA
46708	3	油泵压力	100	100KPA
467011	3	油箱压力	100	100KPA
46710	3	冷却水出水温度	70	7.0℃
46712	3	蒸发压力	100	100KPA
46713	3	排气温度	70	7.0℃
46714	3	冷凝压力	100	100KPA

Modbus 地址	Modbus 功能	点表描述	读取值示例	示例解释
46715	3	蒸发饱和温度	70	7.0℃
46716	3	制冷剂液位	70	7.0℃
46717	3	冷凝饱和温度	70	7.0℃
46511	3	出水温度设定点	70	7.0℃
46604	3	系统运行时间	70	小时
46604	3	系统启动次数	70	次数
47061	3	控制方式	0/1/2	本地/遥控/通信
47062	3	当前满负荷控制电流百分比	90	90％

说明：系统显示信息只支持数据的读操作，写操作无效。

（4）系统设定信息

Modbus 地址	PLC 地址	Modbus 功能	点表描述	读取值示例	示例解释
46405	D6404	3	出水温度（设定）	70	7.0℃
46406	D6405	3	满负荷控制电流百分比	105	105％
46411	D6410	3	防止重复启动时间	3600	360.0 秒

（5）报警信息及代码详解

Modbus 地址	Modbus 功能	点表描述	读取值示例	示例解释
46801	3	当前故障代码 0	详见代码	
46802	3	故障代码历史 1	详见代码	
46803	3	故障代码历史 2	详见代码	

说明：系统报警信息只支持数据的读操作，写操作无效。

以下为 6801～6803 中所显示代码的详细解释：

代码	代码详细解释	代码	代码详细解释
0	压缩机运转	13	低电流停机
1	防止重复启动	14	过电流停机
2	冷冻水流开关开，系统停机	15	马达保护器动作
3	水温超限停机	16	系统循环停机
4	排气压力过高停机	17	辅助触点闭合停机
5	吸气压力过低停机	18	警告：蒸发器压力低限制
6	油压高停机	19	冷冻水智能防冻保护
7	油压差低停机	20	智能防护，低压保护
8	油温过高停机	21	机组运行，降温需求
9	油温过低停机	22	机组未运行，电流>15％FLA
10	排气温度过高停机	23	油过滤器阻塞
11	吸气饱和温度过低停机	24	密封油压差低停机
12	启动失败，无反馈信号	25	启动柜故障

代码	代码详细解释	代码	代码详细解释
26	电流＞105％ 50秒，停机	46	—
27	排气温度过低	47	油压传感器故障
28	—	48	
29	—	49	电池电压低，立即更换
30	—	50	低油位停机
31	—	51	经济器高液位停机
32	冷冻出水温度传感器故障	52	冷却出水温度传感器故障
33	冷冻入水温度传感器故障	53	油过滤器压力传感器故障
34	蒸发压力或制冷剂温度传感器故障	54	密封油压传感器故障
35	蒸发压力或出水温度传感器故障	55	
36	冷却入水温度传感器故障	56	高压保护开关
37	吸气温度传感器故障	57	—
38	蒸发器制冷剂温度传感器故障	58	冷却水出水温度过高
39	排气温度传感器故障	59	冷却水进水温度过低
40	控制盘断电	60	日程开关机状态
41	油温传感器故障	61	假日开关机状态
42	油压或冷凝压力传感器故障	62	机组预润滑过程中……
43	蒸发压力传感器故障	63	滑阀位置＞30％无法启动
44	冷却水流开关开，系统停机	64	停机过程中……
45	冷凝压力传感器故障	65	—

说明：1. "斜黑体"部分对应的代码只在6801中有意义，在6802～6803中无意义。

2. "—"所对应的代码无意义。

1.2 YS螺杆机系列

（1）系统输入数字量状态

Modbus 地址	Modbus 功能	点表描述
00001	02	冷冻水流开关
00009	02	压缩机启动反馈

（2）系统输出数字量状态

Modbus 地址	Modbus 功能	点表描述
00073	02	系统启动
00075	02	面板控制开关

（3）系统模拟量显示信息

Modbus 地址	Modbus 功能	点表描述	读取值示例	示例解释
46701	3	冷冻水进水温度	70	7.0℃
46702	3	冷冻水出水温度	−70	−7.0℃
46703	3	冷却水进水温度	70	7.0℃
46705	3	马达电流百分比	65	65%
46707	3	油温	70	7.0℃
46709	3	油压差	100	100KPA
46710	3	冷却水出水温度	70	7.0℃
46711	3	滑阀位置	650	65%
46712	3	蒸发压力	100	100KPA
46713	3	排气温度	70	7.0℃
46714	3	冷凝压力	100	100KPA
46715	3	蒸发饱和温度	70	7.0℃
46717	3	冷凝饱和温度	70	7.0℃
46511	3	出水温度设定点	70	7.0℃
46512	3	机组重启冷冻水温度	70	7.0℃
46604	3	系统运行时间	70	小时
46604	3	系统启动次数	70	次数
47061	3	控制方式	0/1/2	本地/遥控/通信
47062	3	当前满负荷控制电流百分比	90	90%

说明：系统显示信息只支持数据的读操作，写操作无效。

（4）系统设定信息

Modbus 地址	PLC 地址	Modbus 功能	点表描述	读取值示例	示例解释
46405	D6404	3	出水温度（设定）	70	7.0℃
46406	D6405	3	满负荷控制电流百分比	105	105%
46411	D6410	3	防止重复启动时间	3600	360.0 秒
46417	D6416	3	最小负荷电流	15	15%

说明：系统设定信息支持数据的写操作。

（5）报警信息及代码详解

Modbus 地址	Modbus 功能	点表描述	读取值示例	示例解释
46801	3	当前故障代码 0	详见代码	
46802	3	故障代码历史 1	详见代码	
46803	3	故障代码历史 2	详见代码	

说明：系统报警信息只支持数据的读操作，写操作无效。

以下为 6801～6803 中所显示代码的详细解释

代码	代码详细解释	代码	代码详细解释
0	压缩机运转	33	冷冻入水温度传感器故障
1	防止重复启动	34	蒸发压力或制冷剂温度传感器故障
2	冷冻水流开关开，系统停机	35	蒸发压力或出水温度传感器故障
3	水温超限停机	36	冷却入水温度传感器故障
4	排气压力过高停机	37	吸气温度传感器故障
5	吸气压力过低停机	38	蒸发器制冷剂温度传感器故障
6	油压高停机	39	排气温度传感器故障
7	油压差低停机	40	控制盘断电
8	油温过高停机	41	油温传感器故障
9	油温过低停机	42	油压或冷凝压力传感器故障
10	排气温度过高停机	43	蒸发压力传感器故障
11	吸气饱和温度过低停机	44	冷却水流开关开，系统停机
12	启动失败，无反馈信号	45	冷凝压力传感器故障
13	低电流停机	46	—
14	过电流停机	47	油压传感器故障
15	马达保护器动作	48	—
16	系统循环停机	49	电池电压低，立即更换
17	辅助触点闭合停机	50	低油位停机
18	*警告：蒸发器压力低限制*	51	经济器高液位停机
19	冷冻水智能防冻保护	52	冷却出水温度传感器故障
20	智能防护，低压保护	53	油过滤器压力传感器故障
21	机组运行，降温需求	54	密封油压传感器故障
22	机组未运行，电流>15%FLA	55	
23	油过滤器阻塞	56	高压保护开关
24	密封油压差低停机	57	
25	启动柜故障	58	冷却水出水温度过高
26	电流>105% 50秒，停机	59	冷却水进水温度过低
27	排气温度过低	60	日程开关机状态
28	—	61	假日开关机状态
29	—	62	机组预润滑过程中……
30	—	63	滑阀位置>30% 无法启动
31	—	64	停机过程中……
32	冷冻出水温度传感器故障	65	

说明：

1. "斜黑体"部分对应的代码只在6801中有意义，在6802～6803中无意义。

2. "—"所对应的代码无意义。

2. 开利冷机

开利冷水机组常见的为离心式冷机 19XL/XR 系列、水冷螺杆式冷机 23XL/XR 系列以及风冷螺杆式冷机 30GX 系列。三种冷机对外通信接口为标准 BACNET/MODBUS 接口，用户可根据楼控系统需要选定二者之一。

Modbus 通信参数：9600，RTU，无校验，无流控制，停止位 1。公制单位。

开利定义的冷机 MODBUS 地址位从 11 开始设起，为从站。例：若有 3 台机组，则机组地址位分别为 11，12，13。

以下以参数点最多最全的 19XRV 离心机组和 30HXC 螺杆机组为例。

2.1 19XRV 离心机组

Modbus 点地址		机组内部参数点描述	是否可写	冷机内部变量名	单位或范围	备注
原值	10 倍于原值					
16384(0X4000)	16640(0X4100)	冷机控制模式	否	MODE	0，1，2	
16385(0X4001)	16641(0X4101)	冷机运行状态	否	STATUS	0～12	a
16386(0X4002)	16642(0X4102)	故障报警	否	SYS_ALM	0，1，2	b
16387(0X4003)	16643(0X4103)	机组关机/开机	是	CHIL_S_S	0，1	
16388(0X4004)	16644(0X4104)	出水温度设定点	是	LCW_STPT	℃	
16389(0X4005)	16645(0X4105)	压缩机运行时间	否	C_HRS	Hour	
16390(0X4006)	16646(0X4106)	压缩机线电流百分比	否	LNAMPS_P	%	
16391(0X4007)	16647(0X4107)	平均线电流	否	LNAMPS_A	A	
16392(0X4008)	16648(0X4108)	冷冻水进水温度	否	ECW	℃	
16393(0X4009)	16649(0X4109)	冷冻水出水温度	否	LCW	℃	
16394(0X400A)	16650(0X410A)	蒸发器冷媒温度	否	ERT	℃	
16395(0X400B)	16651(0X410B)	蒸发器冷媒压力	否	ERP	Kpa	
16396(0X400C)	16652(0X410C)	冷却水进水温度	否	ECDW	℃	
16397(0X400D)	16653(0X410D)	冷却水出水温度	否	LCDW	℃	
16398(0X400E)	16654(0X410E)	冷凝器冷媒温度	否	CRT	℃	
16399(0X400F)	16655(0X410F)	冷凝器冷媒压力	否	CRP	Kpa	
16400(0X4010)	16656(0X4110)	变频器冷却用制冷剂流量百分比	否	VFD_FOUT	%	
16401(0X4011)	16657(0X4111)	变频器转速百分比	否	VFD_ACT	%	
16402(0X4012)	16658(0X4112)	导叶开度百分比	否	GV_POS	%	
16403(0X4013)	16659(0X4113)	整流器温度	否	REC_TEMP	℃	
16404(0X4014)	16660(0X4114)	压缩机油温	否	OILT	℃	
16405(0X4015)	16661(0X4115)	压缩机油压	否	OILPD	Kpa	
16406(0X4016)	16662(0X4116)	排气温度	否	CMPD	℃	
16407(0X4017)	16663(0X4117)	压缩机轴承温度	否	MTRB	℃	

续表

Modbus 点地址		机组内部参数点描述	是否可写	冷机内部变量名	单位或范围	备注
原值	10 倍于原值					
16408(0X4018)	16664(0X4118)	电机线圈温度	否	MTRW	℃	
16409(0X4019)	16665(0X4119)	平均线电压	否	LNVOLT_A	V	
16410(0X401A)	16666(0X411A)	线功率	否	LINE_KW	KW	
16411(0X401B)	16667(0X411B)	变频器装置湿度	否	HUMIDITY	%	
16412(0X401C)	16668(0X411C)	逆变器温度	否	INV_TEMP	℃	

备注：a. Timeout=0，Ready=1，Recycle=2，Prestart=3，Start=4，Ramping=5 Running=6，Demand=7，Override=8，Shutdown=9，Tripout=10，Pumpdown=11，Lockout=12

b. NORMAL=0，ALERT=1，ALARM=2

c. Off=0，Stopping=2，Delay=3，Running=4

2.2 30HXC 螺杆机组

Modbus 点地址		机组内部参数点描述	是否可写	冷机内部变量名	单位或范围	备注
原值	10 倍于原值					
16384(0X4000)	16640(0X4100)	冷机运行状态	否	STATUS	0~4	c
16385(0X4001)	16641(0X4101)	故障报警	否	ALM	0, 1, 2	b
16386(0X4002)	16642(0X4102)	机组开机/关机	是	CHIL_S_S	0, 1	
16387(0X4003)	16643(0X4103)	出水温度设定点	是	CTRL_PNT	℃	
16388(0X4004)	16644(0X4104)	运行时间	否	HR_MACH	Hour	
16389(0X4005)	16645(0X4105)	冷机总负载	否	CAP_T	%	
16390(0X4006)	16646(0X4106)	回路 A 负载%	否	CAPA_T	%	
16391(0X4007)	16647(0X4107)	回路 A 排气压力	否	DP_A	Kpa	
16392(0X4008)	16648(0X4108)	回路 A 吸气压力	否	SP_A	KPa	
16393(0X4009)	16649(0X4109)	A1 压缩机油压差	否	DOP_A1	Kpa	
16394(0X400A)	16650(0X410A)	A2 压缩机油压差	否	DOP_A2	Kpa	
16395(0X400B)	16651(0X410B)	回路 A 饱和排气温度	否	SCT_A	℃	
16396(0X400C)	16652(0X410C)	回路 A 饱和吸气温度	否	SST_A	℃	
16397(0X400D)	16653(0X410D)	A1 排气温度	否	CPA1_DGT	℃	
16398(0X400E)	16654(0X410E)	A2 排气温度	否	CPA2_DGT	℃	
16399(0X400F)	16655(0X410F)	压缩机 A1 电流	否	CPA1_CUR	A	
16400(0X4010)	16656(0X4110)	压缩机 A2 电流	否	CPA2_CUR	A	
16401(0X4011)	16657(0X4111)	膨胀阀开度	否	EXV_A	%	
16402(0X4012)	16658(0X4112)	回路 B 负载%	否	CAPB_T	%	
16403(0X4013)	16659(0X4113)	回路 B 排气压力	否	DP_B	Kpa	
16404(0X4014)	16660(0X4114)	回路 B 吸气压力	否	SP_B	Kpa	

续表

Modbus 点地址		机组内部参数点描述	是否可写	冷机内部变量名	单位或范围	备注
原值	10 倍于原值					
16405(0X4015)	16661(0X4115)	B1 压缩机油压差	否	DOP _ B1	Kpa	
16406(0X4016)	16662(0X4116)	B2 压缩机油压差	否	DOP _ B2	Kpa	
16407(0X4017)	16663(0X4117)	回路 B 饱和排气温度	否	SCT _ B	℃	
16408(0X4018)	16664(0X4118)	回路 B 饱和吸气温度	否	SST _ B	℃	
16409(0X4019)	16665(0X4119)	B1 排气温度	否	CPB1 _ DGT	℃	
16410(0X401A)	16666(0X411A)	压缩机 B1 电流	否	CPB1 _ CUR	A	
16411(0X401B)	16667(0X411B)	压缩机 B2 电流	否	CPB2 _ CUR	A	
16412(0X401C)	16668(0X411C)	膨胀阀开度	否	EXV _ B	%	
16413(0X401D)	1666(0X411D)	冷水进口温度	否	COOL _ EWT	℃	
16414(0X401E)	16670(0X411E)	冷水出口温度	否	COOL _ LWT	℃	
16415(0X401F)	16671(0X411F)	冷却水进口温度	否	COND _ EWT	℃	
16416(0X4020)	16672(0X4120)	冷却水出口温度	否	COND _ LWT	℃	

备注：a. Timeout=0，Ready=1，Recycle=2，Prestart=3，Start=4，Ramping=5 Running=6，Demand=7，Override=8，Shutdown=9，Trippout=10，Pumpdown=11，Lockout=12

b. NORMAL=0，ALERT=1，ALARM=2

c. Off=0，Stopping=2，Delay=3，Running=4

3. 特灵冷机

特灵机组常见的也是螺杆机 RTHD 系列及离心机 CVHE 系列。其中，螺杆机 RTHD 系列，对外通信接口有两种，分别为 Lon 接口和 Modbus 接口。出厂时默认为 Lon 接口，若甲方要求为 Modbus 接口，则需要购买特灵的 DCU，经 DCU 转换后转为 Modbus 与楼控相联。对于离心机系列 CVHE 系列，对外通信接口有两种情况：若为老控制器即 UC800 之前的控制器，则通信接口为 LON 接口；若为新控制器 UC800 的则为标准的 Bacnet/Modbus 接口，用户可根据楼控系统需要选定二者之一。

以下列出楼控系统常用的接口信息。

信息点名称	BACnet 对象 [①]	Modbus RTU 地址
Active Cool/Heat Setpoint Temperature 冷却水水温设定	AI7	30010
Active Current Limit Setpoint 电流限定值设定	AI2	30005
Alarm Present 报警	BI10	30047
Approx Cond Water Flow 冷却水流量	AI14	30021
ApproxEvap Water Flow 冷冻水流量	AI12	30017

续表

信息点名称	BACnet 对象 [1]	Modbus RTU 地址
BAS Chilled Water Setpoint BAS 冷冻水水温度设定	AV1	40003
BAS Chiller Auto Stop Command BAS 冷机自动停止命令	MV1	40001
BAS Current Limit Setpoint BAS 电流限定值设定	AV2	40004
Chiller Running 冷机运行	BI1	30003
Chiller Running Status 冷机运行状态	MI1	30026
CompressorRefirgerant Discharge Temperature 制冷剂压缩机出口温度	AI36	30065
Compressor Running 压缩机运行	MI11	30055
Compressor Running Time 压缩机运行时间	AI49	30088，30089
Compressor Starts 压缩机启动	AI48	30086，30087
Cond Entering Water Temp 冷凝器入口水温	AI10	30013
Cond Leaving Water Temp 冷凝器出口水温	AI11	30014
Cond Sat Rgft Temp 制冷剂饱和冷凝温度	AI35	30064
CondensorRfgt Pressure 冷凝压力	AI28	30057
Condenser Water Flow 冷却水流开关	BI5	30020
Evap Entering Water Temp 蒸发器入口水温	AI9	30012
Evap Leaving Water Temp 蒸发器出口水温	AI8	30011
Evap Sat Rgft Temp 制冷剂饱和蒸发温度	AI34	30063
EvaporatorRfgt Pressure 蒸发压力	AI27	30056

续表

信息点名称	BACnet 对象 ①	Modbus RTU 地址
Evaporator Water Flow 冷却水流开关	BI3	30016
Front Panel Auto/Stop 控制面板自动/停止	MI8	30033
Oil Differential Pressure 油压差	AI32	30061
Oil Tank Pressure 油压	AI30	30059
Oil Tank Temperature 油温	AI33	30062

备注：① AI＝模拟输入；BI＝数字输入；MI＝多状态输入；BV＝数字值；AV＝模拟值；MV＝多状态值；NA ＝不可用

4. 顿汉布什冷机

顿汉布什机组常见的是 WCFX 螺杆冷水机组，其使用的控制器为西门子的 S7-200，对外通信接口为标准的 Modbus 协议。

RS-485 基础上的 Modbus（RTU）通信设置，设定位置在机组显示屏的"其他选项"—"远程通信参数设置"。

Modbus（RTU）通信设置：

① 波特率：4.8-38.4Kbps，默认：9600；数据位 8 位，停止位 1 位；

② 地址设为 1 和 247 之间（包括 1 和 247）的数值，默认：1，可在显示屏中设定。

③ 校验方式可与 Modbus 主设备校验相匹配。可接受的校验方式为：无校验、奇校验、偶校验，默认：偶校验；

④ 其余设定参照 MODBUS 协议要求。

变量描述	PLC 地址	MODBUS 地址	数据类型	操作属性	备注
蒸发器出水温度	VD1000	40051	浮点数（32bit）	只读	−50～120℃
蒸发器进水温度	VD1004	40053	浮点数（32bit）	只读	−50～120℃
吸气压力	VD1008	40055	浮点数（32bit）	只读	0～3000kPa
排气压力	VD1012	40057	浮点数（32bit）	只读	0～3000kPa
电源电压	VW1016	40059	整数（16bit）	只读	0～500V
冷凝器出水温度	VD1024	40063	浮点数（32bit）	只读	0～120℃
冷凝器进水温度	VD1028	40065	浮点数（32bit）	只读	0～120℃
1 号压缩机运行电流	VD1032	40067	浮点数（32bit）	只读	0～500A
2 号压缩机运行电流	VD1036	40069	浮点数（32bit）	只读	0～500A
3 号压缩机运行电流	VD1040	40071	浮点数（32bit）	只读	0～500A
1 号压缩机排气温度	VD1044	40073	浮点数（32bit）	只读	0～120℃

续表

变量描述	PLC 地址	MODBUS 地址	数据类型	操作属性	备注
2号压缩机排气温度	VD1048	40075	浮点数（32bit）	只读	0～120℃
3号压缩机排气温度	VD1052	40077	浮点数（32bit）	只读	0～120℃
目标容量百分比	VD1064	40083	浮点数（32bit）	只读	0～100％
1号压缩机启动次数	VW1068	40085	整数（16bit）	只读	0～32767 次
1号压缩机累积运行分钟	VW1070	40086	整数（16bit）	只读	0～60 分钟
1号压缩机累积运行小时	VW1072	40087	整数（16bit）	只读	0～32767 小时
2号压缩机启动次数	VW1074	40088	整数（16bit）	只读	0～32767 次
2号压缩机累积运行分钟	VW1076	40089	整数（16bit）	只读	0～60 分钟
2号压缩机累积运行小时	VW1078	40090	整数（16bit）	只读	0～32767 小时
3号压缩机启动次数	VW1080	40091	整数（16bit）	只读	0～32767 次
3号压缩机累积运行分钟	VW1082	40092	整数（16bit）	只读	0～60 分钟
3号压缩机累积运行小时	VW1084	40093	整数（16bit）	只读	0～32767 小时
1号压缩机当前容量	VD1104	40103	浮点数（32bit）	只读	0～100％
2号压缩机当前容量	VD1112	40107	浮点数（32bit）	只读	0～100％
3号压缩机当前容量	VD1204	40153	浮点数（32bit）	只读	0～100％
出水温度防冻保护报警	V905.5	40003（Bit5）	位	只读	1＝报警，0＝正常
冷媒水断流报警	V906.0	40004（Bit8）	位	只读	1＝报警，0＝正常
电源掉电报警	V906.1	40004（Bit9）	位	只读	1＝报警，0＝正常
电源电压过高报警	V906.2	40004（Bit10）	位	只读	1＝报警，0＝正常
电源电压过低报警	V906.3	40004（Bit11）	位	只读	1＝报警，0＝正常
1号压缩机低油位报警	V906.4	40004（Bit12）	位	只读	1＝报警，0＝正常
2号压缩机低油位报警	V906.5	40004（Bit13）	位	只读	1＝报警，0＝正常
3号压缩机低油位报警	V906.6	40004（Bit14）	位	只读	1＝报警，0＝正常
1号压缩机接触器报警	V907.0	40004（Bit0）	位	只读	1＝报警，0＝正常
2号压缩机接触器报警	V907.1	40004（Bit1）	位	只读	1＝报警，0＝正常
3号压缩机接触器报警	V907.2	40004（Bit2）	位	只读	1＝报警，0＝正常
1号压缩机不运行报警	V907.4	40004（Bit4）	位	只读	1＝报警，0＝正常

续表

变量描述	PLC 地址	MODBUS 地址	数据类型	操作 属性	备注
2号压缩机不运行报警	V907.5	40004 (Bit5)	位	只读	1＝报警，0＝正常
3号压缩机不运行报警	V907.6	40004 (Bit6)	位	只读	1＝报警，0＝正常
1号压缩机不停机报警	V908.0	40005 (Bit8)	位	只读	1＝报警，0＝正常
2号压缩机不停机报警	V908.1	40005 (Bit9)	位	只读	1＝报警，0＝正常
3号压缩机不停机报警	V908.2	40005 (Bit10)	位	只读	1＝报警，0＝正常
吸气压力过低报警	V908.4	40005 (Bit12)	位	只读	1＝报警，0＝正常
吸排气压差过低报警	V908.5	40005 (Bit13)	位	只读	1＝报警，0＝正常
排气压力过高报警	V908.6	40005 (Bit14)	位	只读	1＝报警，0＝正常
1号压缩机排气温度高报警	V908.7	40005 (Bit15)	位	只读	1＝报警，0＝正常
2号压缩机排气温度高报警	V909.0	40005 (Bit0)	位	只读	1＝报警，0＝正常
3号压缩机排气温度高报警	V909.1	40005 (Bit1)	位	只读	1＝报警，0＝正常
1号压缩机启动过载报警	V909.3	40005 (Bit3)	位	只读	1＝报警，0＝正常
2号压缩机启动过载报警	V909.4	40005 (Bit4)	位	只读	1＝报警，0＝正常
3号压缩机启动过载报警	V909.5	40005 (Bit5)	位	只读	1＝报警，0＝正常
蒸发器出水温度传感器故障	V909.7	40005 (Bit7)	位	只读	1＝报警，0＝正常
蒸发器进水温度传感器故障	V910.0	40006 (Bit8)	位	只读	1＝报警，0＝正常
冷凝器出水温度传感器故障	V910.1	40006 (Bit9)	位	只读	1＝报警，0＝正常
冷凝器进水温度传感器故障	V910.2	40006 (Bit10)	位	只读	1＝报警，0＝正常
吸气压力传感器故障报警	V910.3	40006 (Bit11)	位	只读	1＝报警，0＝正常
排气压力传感器故障报警	V910.4	40006 (Bit12)	位	只读	1＝报警，0＝正常

变量描述	PLC 地址	MODBUS 地址	数据类型	操作属性	备注
1号压缩机排气温度传感器故障	V910.6	40006 (Bit14)	位	只读	1＝报警，0＝正常
2号压缩机排气温度传感器故障	V910.7	40006 (Bit15)	位	只读	1＝报警，0＝正常
3号压缩机排气温度传感器故障	V911.0	40006 (Bit0)	位	只读	1＝报警，0＝正常
1号压缩机电流传感器故障	V911.2	40006 (Bit2)	位	只读	1＝报警，0＝正常
2号压缩机电流传感器故障	V911.3	40006 (Bit3)	位	只读	1＝报警，0＝正常
3号压缩机电流传感器故障	V911.4	40006 (Bit4)	位	只读	1＝报警，0＝正常
1号压缩机运行电流过载报警	V911.6	40006 (Bit6)	位	只读	1＝报警，0＝正常
2号压缩机运行电流过载报警	V911.7	40006 (Bit7)	位	只读	1＝报警，0＝正常
3号压缩机运行电流过载报警	V912.0	40007 (Bit8)	位	只读	1＝报警，0＝正常
电压传感器故障	V912.2	40007 (Bit10)	位	只读	1＝报警，0＝正常
机组启停机	V924.0	40013 (Bit8)	位	读/写	1－启动，0－停机
报警复位按钮	V924.1	40013 (Bit9)	位	读/写	0－正常，1（≥3s）－复位
出水温度设定值	VD1410	40256	浮点数（32bit）	读/写	默认 7.0℃
出水温度控制死区设定值	VD1414	40258	浮点数（32bit）	读/写	默认 0.5℃
1号压缩机运行指示	Q0.0	000001	位	只读	1＝运行，0＝停机
2号压缩机运行指示	Q0.4	000005	位	只读	1＝运行，0＝停机
3号压缩机运行指示	Q2.0	000017	位	只读	1＝运行，0＝停机
机组故障报警指示	Q1.1	000010	位	只读	1＝报警，0＝正常
本地远程指示	V924.2	40013 (Bit10)	位	只读	1＝远程，0＝本地

注：1. 此表适用于单、双和三压缩机的冷水机组；
2. 对于单压缩机的机组，表中的 2♯、3♯ 压缩机数据无效；对于双压缩机的机组，表中的 3♯ 压缩机数据无效。

附录三：国外空调机组功能检测表

本附录节选翻译自《Functional Testing Guide：from the Fundamentals to the Field》[57]。

1. 预功能检测表

项目名称：＿＿＿＿＿＿＿＿＿＿＿＿＿＿＿＿＿＿＿＿＿

预检－＿＿＿空气处理箱编号 ♯＿＿＿＿＿＿＿＿＿＿＿＿＿＿＿

包括部件：＿＿＿送风机，＿＿＿回风、排风风机，＿＿＿盘管，＿＿＿水阀，＿＿＿变频器，＿＿＿风阀

关联检测表：　冷冻水、热水管网，＿＿＿＿＿＿＿＿＿＿＿＿＿＿＿

1）提交/批准

提交．上述设备及集成系统已经完成，可以进行功能检测。如下所示，检测表中各项均已安装完成，并且均由各责任承包商聘请具有直接相关知识的组织进行了检测。这份提交审查的预功能检测表，用于等待完成的所列项目。在各所列项目完成后，将提交更正报告用于审查。所列各项均不妨碍安全可靠的功能检测的进行。＿＿＿＿＿＿ 项目列表

机械设备承包商	日期	控制承包商	日期
电气承包商	日期	金属板承包商	日期
测试与平衡调节承包商	日期	总承包商	日期

预功能检测的各项即将完成，检测各项为部分启动与试运行检查，是功能检测的预备。

● 本检测表不能代替设备生产厂商推荐的检查、启动程序或报告。

● 无法进行检测的项目应该在表格中表明原因。（N/A＝不适用，BO＝通过其他方法）

● 如果这份表格用于存档，应该使用与此类似的更为严格的表格。

● 各承包商应对表中所负责的部分，应该检查各检测项目是否已被其分包商完成和检查。

● 每个检测项目最右侧的"检查员"列或者括于方括号中的缩写表示由承包商负责检查该项目是否完成。A/E ＝建筑师/工程师，All＝所有承包商，CA＝性能检验机构，CC＝控制承包商，EC＝电气承包商，GC＝总承包商，MC＝机械设备承包商，SC ＝金属板承包商，TAB＝测试与平衡调节承包商，＿＿＿＿＿＝＿＿＿＿＿＿＿＿＿＿＿＿＿＿＿。

批准．该填写完整的表格已经审查，除下面有标注的项目之外，完成状况审查通过。

＿＿＿＿＿＿＿＿＿＿＿＿	＿＿＿＿＿＿＿＿	＿＿＿＿＿＿＿＿＿＿＿＿	＿＿＿＿＿＿＿＿
性能验证机构	日期	建设方代表	日期

2）提交审查的材料

检查是否合格，填写注释，如果表格空间不够，可用编号进行注释。

检查 设备标签→	第1次	第2次	第3次			检查员
设备制造商提供的设备信息文档						
性能数据（风机曲线，盘管数据等）						
安装与启动手册与计划						
控制顺序与策略						
操作维护手册						

● 每项设备交易的文档记录都符合合同内容吗？＿＿＿＿＿＿是＿＿＿＿＿否

3）型号检查

［检查员＝＿＿＿＿＿＿＿］

1＝与说明书相同，2＝与提交材料相同，3＝与安装相同．

检查是否合格．如果表格空间不够，增加编号进行注释。

设备标签→						
制造商	1					
	2					
	3					
型号	1					
	2					
	3					
序列号	3					
出力	1					
	2					
	3					
电压/相	1					
	2					
	3					

● 安装的设备符合相应的订货参数吗？_____是_____否

4）安装检查

检查是否合格．如果表格空间不够，增加编号进行注释。

检查 设备标签→						检查员
箱体及总体安装情况						
粘贴永久标识标签，包括风机						
箱体状况良好：无凹痕、泄漏、安装有检修门密封垫						
检修门关闭严密，无漏风						
风道与空调箱连接出是否严密、状况良好						
减振设备安装以及运输用锁紧设备的拆除						
空调箱及部件的维修空间可接受						
消声设备已安装						
保温材料安装正确并满足参数要求						
仪表已安装并满足参数要求（温度计、压力表、流量计等）						
按照合同文件要求完成设备清扫						
过滤器已安装、可更换型号、效率、固定于箱体安装用过滤器已拆除						
阀门、管道、盘管（见管道检查表）						
管道安装完成、固定良好						
管道已做标记						
管道保温良好						
过滤器安装位置合理并已清扫						
管道系统已正确冲洗						
管道连接处没有泄漏						
盘管清洁、翅片状态良好						
凝结水盘清洁、坡向排水管、满足设计要求						
阀门标记合理						
阀门方向安装正确						
室外空气温度、混风温度、送风温度、回风温度、冷水供水温度传感器安装位置合理、防护良好（室外空气温度传感器已安装防护罩）						
传感器校正（见下面的校正章节）						
电机：主要工作点效率已验证（如果有标明）						
压力、温度传感器接口及关断阀已安装并满足设计要求						
风机、风阀						

检查 设备标签→						检查员
送风机、电机调整正确						
送风机皮带张紧程度合适、状态良好						
送风机皮带保护装置安装位置合理、固定良好						
送风机周边清洁						
送风机及电机润滑正确						
回风、排风风机、电机调整正确						
回风、排风风机皮带张紧程度合适、状态良好						
回风、排风风机皮带保护装置安装位置合理、固定良好						
回风、排风风机周边清洁						
回风、排风风机及电机润滑用线路已安装、润滑正确						
过滤器清洁并安装严密						
过滤器延长传感装置已安装并动作正常（压差计、倾向压力计等）						
防烟防火阀安装合同文件正确安装（位置正确、检查门、等级规格正确）						
所有风阀关闭严密						
所有阀门满足最小泄漏量的要求						
防冻下限温度传感器安装位置正确、能处理温度分布及旁通						
风道（初步检查）						
消声器已安装						
风道密封填充安装正确						
风道没有明显的大阻力部件 No apparent severe duct restrictions						
直角弯头处按照设计图纸设有导流叶片						
新风口远离污染源及排风口						
压力检漏已完成						
支风道调节阀动作正常						
风道清洁满足设计要求						
平衡调节风阀已按照图纸安装并已完成现场平衡调节						
电气与控制						
指示灯动作正常						

检查 设备标签→						检查员 .
电力切断装置安装位置合理并已做标记						
所有电气连接牢固						
部件及空调箱整体接地安装正确						
保险装置安装位置正确、动作正常						
启动器过载保护断路器已安装并且选型正确						
传感器已校正（见下面）						
控制系统联锁装置已安装并动作正常						
烟感传感器安装位置正确						
所有控制设备、气动管道、接线完成						
变频调速器						
变频调速器驱动已完成（已连接到被控设备）						
变频调速器与控制系统互锁						
静压或其他控制用传感器按照图纸正确安装						
静压或其他控制用传感器已校正						
变频调速器不受过高温度影响						
变频调速器不受过多湿气及灰尘影响						
变频调速容量符合电机容量						
变频调速内部设置正确						
电机的满负荷输入电流为额定满负荷电流的 100%～105%						
电压-频率曲线使用正确						
除特殊应用外，加速、减速时间大约为 10～50 秒，实际加速时间＝_____ 实际加速时间＝_____						
VAV 风机的频率下限为 0，冷冻水泵的频率下限为 10%～30%，实际值＝_____						
除有注明的特例之外，频率上限设定为 100%						
空调箱编程控制有完整的现场编程记录						
调节与平衡						
系统安装及调平衡装置能正确进行平衡调节，并满足国家环境平衡调节局（NEEB）和风平衡联合会（AABC）以及合同文档的要求						
最终检查						
防烟防火阀及无动力末端设备处于打开状态						

检查 设备标签→						检查员 .
初运行完成并附有本检测表						
保险装置已安装并且设备的保险操作范围已提交性能检验机构						
如果空调箱已启动并将在施工过程中连续使用：有足够等级的过滤器安装于回风格栅等处、最大程度地减少灰尘进入风道、盘管及其他施工完成区域；检查没有因不同空间的压力差引起湿气进入的问题						

● 该工程的第四部分检测项目均已完成并满足要求_____是_____否

5）运行检查

设备制造商附件检查项目，本部分内容不属于功能性能检查。

检查是否合格，填写注释，如果表格空间不够，可用编号进行注释。

检查　设备标签→						检查员
送风机转动正确						
回风、排风风机转动正确						
＞5马力风机的三相检查： （％不平衡率＝100×（平均－最小）／平均）记录全部三相电压。不平衡率小于2％？						
记录所有风机的满负荷运行电流。_____额定满负荷电流 x _____负荷率＝_____（最大电流）。运行电流小于最大电流？						
回风、排风风机噪声与振动可接受						
送风机没有不正常的噪声与振动						
入口导叶已调整、执行器动作范围已调整、调节灵活并与输入信号成比例动作、楼宇监控系统能读取其状态						
所有风阀（新风、回风、排风等）无阻碍全行程动作、行程范围校正、现场校正楼宇监控系统读取数据（按照校正与检漏程序进行）已检测的阀门列表： _____						
水阀无阻碍全行程动作、行程范围校正（按照校正与检漏程序进行）已进行行程校正的阀门列表： _____						

检查　设备标签→						检查员
检验在正常运行压力下，水阀关闭时没有水泄漏到盘管（按照校正与检漏程序进行）						
手自动切换开关能正常启动、停止空调箱						
运行顺序、运行时间表已经执行，所有变量有记录						
指定的点对点检查已完成，记录文档已提交						

- 该工程的第五部分检测项目均已完成并满足要求＿＿＿＿是＿＿＿＿否

6）传感器与执行器校正

所有现场安装、用于该空调箱的温度、相对湿度、CO、CO_2和压力传感器、仪表、所有执行器（风阀和水阀）应根据校正与检漏程序文档进行校正。所有的检测仪表均在12个月内标定过： 是/否＿＿＿＿＿＿。在工厂里安装于空调箱内部并且提供了工厂校正合格证的传感器不需要现场校正。

传感器、执行器位置	位置正常	初次现场仪表或楼控系统读数	检测仪表测量值	最终现场仪表或楼控系统读数	是否通过

现场仪表读数＝永久安装在设备上的仪表读数；楼控系统＝楼宇监控系统；检测仪表＝检测用标准仪器；观测＝实际观测值，如果检测内容相同并执行参考文献规定的检测程序，承包商自己的传感器检测表可以替代上表。

- 所有传感器已校正并满足要求精度＿＿＿＿是＿＿＿＿否

—检测表结束—

2. 功能检测表

工程：＿＿＿＿＿＿＿＿＿＿＿＿＿＿＿＿＿＿＿＿＿＿＿＿＿

功检—＿＿＿＿＿＿＿＿供冷用空气调节箱 AHU ＿＿＿＿＿＿＿＿

以及相关设备，包括：

＿＿＿＿回风机，RF ＿＿＿＿＿＿＿＿

＿＿＿＿新风处理箱，AHU ＿＿＿＿＿＿＿＿＿＿＿＿

相关检测：＿＿＿＿＿＿＿＿＿＿＿＿＿＿＿＿＿＿＿＿＿＿＿＿＿

1）参加单位

机构	参与内容

填写及监写此表的机构＿＿＿＿＿＿＿＿＿＿＿＿＿　检测日期＿＿＿＿＿＿＿＿＿

2）先决条件

a. 下列项目已经起动并且起动报告及预功能检测表已提交并合格，可以进行功能检测：

＿＿＿＿冷冻水系统　＿＿＿＿冷却水泵

＿＿＿＿相连的末端设备　＿＿＿＿冷冻水管道及水阀

＿＿＿＿冷却塔　＿＿＿＿水泵变频调速器

b. ＿＿＿＿所有与此相关的空调系统及互锁系统均已按照合同要求编程并可操作，包括最终设定值、可修改的时间表、闭环调节、传感器校正均已完成。

＿＿＿＿＿＿＿＿＿＿＿＿＿＿＿＿＿　＿＿＿＿＿＿＿＿＿＿＿＿＿＿＿＿＿

　控制承包商签字或口头声明　　　　　　　日期

c. ＿＿＿＿管道系统冲洗完成，所需检测报告合格。

d. ＿＿＿＿水处理系统完成并可操作。

e. ＿＿＿＿减振控制检测报告合格（如果需要）。

f. ＿＿＿＿水系统及相连的末端设备的平衡调节完成并合格。

g. ＿＿＿＿所有有关该设备的建筑师/工程师提出的问题清单都已更正。

h. ＿＿＿＿安装承包商审阅并通过此功能检测程序。

i. ＿＿＿＿保险和运行范围已审阅。

j. ＿＿＿＿检测需求和操作程序已添附。

k. ＿＿＿＿时间表及设定值已添附。

l. ＿＿＿＿虚拟负荷设备、系统及程序已准备好（锅炉、预热或再热盘管、控制回路、新风阀指令的超驰控制等）。

m. ＿＿＿＿本设备及控制系统可及的所有节能控制策略、设定值、时间表已集成？如果没有，在下面列出建议。

n. ＿＿＿＿控制程序审阅。审阅本设备的控制程序软件，参数、设定值和控制逻辑应满足指定的控制顺序。

o. ＿＿＿＿记录所有设定点的数值、控制参数、上下限、延迟、停机、时间表等。改变这些参数使之适合检测：

参数	检测前数值	恢复到检测前数值 √		参数	检测前数值	恢复到检测前数值 √
送风静压设定值				建筑静压		
送风空气温度				脏堵过滤器压差		
静压重置时间表				新风风量		
送风空气温度重置时间表						

3）传感器校正检查：

检查下列传感器的校正及位置是否合适。对预功能检测的传感器校正进行抽样检查。

"校正"是指使用标定过的测试仪器在距离被校正传感器 6 英寸以内位置读数，确认传感器读数（通过永久温控器、仪表或者楼控系统读取）与检测仪表的测量值相比满足预功能检测表（＿＿＿＿＿＿＿＿＿＿＿＿＿＿＿＿＿＿＿＿＿＿）中所列的精度。如果不满足，在楼控系统中设置补偿、校正或更换传感器。如果可能，使用与原来校正时相同的检测仪表。

传感器、执行器位置	位置正常？	初次现场仪表或楼控系统读数	检测仪表测量值	最终现场仪表或楼控系统读数	是否通过？
送风温度					
回风温度					
新风温度					

传感器、执行器位置	位置正常？	初次现场仪表或楼控系统读数	检测仪表测量值	最终现场仪表或楼控系统读数	是否通过？
送风温度设定值					

[1] 传感器位置合理并远离引发异常运行的因素。

4）设备校正检查：

检查下列传感器或设备的校正情况，对预功能检测或启动过程中做过的校正进行抽样检查。

"校正"是指观察楼控系统的读数，去查看现在执行器或被控设备，确认楼控系统的读数正确。对于不满足校正检查的，如果简单可行的话，通过在楼控系统中设偏移来调节或者修正，或者进行机械修理。

设备或执行器及位置	检查程序/状态	初次楼控系统读数	现场观测值	最终楼控系统读数	是否通过？
冷水盘管水阀位置或指令及行程*	1. 中间位置				
	2. 全开				
	3. 增加输出（开）				
	4. 全关				
	5. 切断电源或气动源（关）				
排风风阀开度**	1. 全关				
	2. 全开				
混风风阀开度**	1. 全关				
	2. 全开				
主送风风阀开度**	1. 全关				
	2. 全开				
最小新风调节风阀开度**	1. 全关				
	2. 全开				
入口导叶阀开度***	1. 全关				
	2. 全开				
变频调速器输出***	1. 最小：_____%				
	2. 最大：_____%				

* 将水泵设置为普通模式，步骤 1. 发送水阀中等开度指令，检查楼控系统显示于实际开度是否吻合。对于冷水盘管水阀：步骤 2. 降低房间温度设定值到比房间温度低 20°F，确认楼控系统显示水阀是否 100% 打开，现场确认水阀是否 100% 打开。步骤 3. 对于气动执行器，通过能耗管理系统的超驰功能，将压力增加 3psi（不要超过阀门执行器压力），确认阀杆及执行器位置不发生改变。步骤 4. 升高房间温度设定值到比房间温度高 20°F，确认楼控系统显示水阀是否关闭，现场确认水阀是否 1 关闭。步骤 5. 切断阀门的气动源或电源，确认阀杆及执行器位置不发生改变。

** 步骤 1. 发送关闭风阀指令，确认风阀已关闭、楼控系统的返回值也是关闭。步骤 2. 采取相同步骤确认风阀的全开动作。

*** 步骤 1. 降低静压设定值（风道或者送风）到现在值的 1/4，确认入口导叶阀已关闭或者变频调速器输出降到下限，并且现场控制器的读数相同，然后将静压设定值改回正常值。步骤 2. 降低房间温度设定值到比房间温度低 20°F 以使末端设备的风阀全开供冷，升高静压设定值使风道静压不满足要求，确认入口导叶阀全开或者风机转速到达上限，并且现场控制器的读数相同。最后将所有设定值改回正常值。

5）各种其他预功能检测的检查

各种其他现场预功能检测及启动报告完成并满足要求。

合格？　　是/否_____

检测的总体情况

_____

_____

_____

6）功能检测记录

文档序列号[1]	模式编号[2]	检测程序[3]（包括特殊工况）	期望响应[4]	是否通过	注释
1	风机停止	**待机检查**：通过楼控系统发指令停止空调箱	通过现场观察确认： AHU-3 和 4 的回风阀打开 AHU-3 和 4 的新风阀关闭 AHU-9 和 10 的隔断阀关闭 RF-3 和 RF-4 的排风阀关闭 AHU-3 和 4 的冷水盘管水阀关闭		
1	空调箱起动	由楼控系统发出起动指令	AHU-3 和 4 的送风风机关断阀打开（每台空调箱的送风风机） 送风风机通过变频调速器起动 与 AHU-9 和 10 的送风隔断阀打开 AHU-9 和 10 的风机起动 RF-3 和 4 的隔断阀打开 RF-3 和 4 的风机通过变频调速器启动 排风风机 F-5，6，7，8，9 和 12 启动		
2	回风机风量控制	1. 确认回风机风量，利用位于回风风机 RF-3 和 4、AHU-3 和 4 的送风风机、车库排风风机 EF-1 的风量计，以及平衡调节时的确定的排风机 EF-5，6，7，8，9，12 的风量、平衡调节时确定的固定风量差，进行下述计算：回风风量＝1/2（送风机风量（AHU-3 风量＋AHU－4 风量）－EF5 风量－EF6 风量－EF7 风量－EF8 风量－EF9 风量－EF12 风量－固定风量差） 2. 以 5 分钟间隔记录 RF3 和 4，AHU3 和 4，SF－1 的风量变化，以 5 分钟间隔关闭 EF－5，6，7，8，9 和 12	确认 RF 风量计读数与计算值相符 确认 RF 风量计读数持续与计算值相符		

文档序列号[1]	模式编号[2]	检测程序[3]（包括特殊工况）	期望响应[4]	是否通过	注释
3	温度控制—节能器	1. 利用楼控系统，读取室外空气温度和露点温度。 2. 计算室外空气焓值。 3. 利用焓值计算结果，重置温差设定值，使重置后室外空气焓低于送风空气焓值	新风阀和回风风阀应根据温差设定值进行调节，冷盘管水阀应关闭		
3	温度控制—节能器	1. 利用上述焓值计算，重置温差设定值，使送风空气焓低于室外空气焓值。 2. 改好正常运行。利用楼控系统的连续记录功能，以15分钟间隔记录室外空气温度、回风温度、室外空气露点温度、温差设定值8小时	新风阀应关闭，回风阀应打开，冷盘管水阀应能调节到维持送风温度。当适合新风免费供冷时，空调箱应能使用节能器		
4	风道静压控制	利用楼控软件取消风道静压重置功能。调节室温设定值使大量区域的温度设定值比实际温度低较多	确认变频调速器按要求调节能满足送风压力设定值并没有振荡与超调		
4	高静压报警与停机	在空调箱运行在较低流量的条件下，通过挤压橡皮球，模拟送风静压升高的工况	确认楼控系统在静压达到3.6吋水柱时能发出报警，在4吋水柱时您那个停止风机		
4	静压设定值重置	1. 将9-16层外区的室温设定值改为低于实际温度，利用楼控系统的连续记录功能以5分钟间隔记录送风静压设定值、外区末端的达到极限开度比例。 2. 重置室温设定值使之高于实际温度，利用上述记录功能记录上述数据	确认送风静压设定值以5分钟0.10吋水柱的速度增加，直至只有一个外区末端达到极限开度。确认设定值能够满足并没有过多的振荡。 确认送风静压设定值以5分钟0.10吋水柱的速度减少，直至有一个外区末端达到极限开度		
5	送风温度重置	1. 将9-16层外区的室温设定值改为高于实际温度，利用楼控系统的连续记录功能以6分钟间隔记录送风温度设定值、送风温度和外区末端的风量。 2. 将9-16层外区的室温设定值改为低于实际温度，利用楼控系统的连续记录功能以6分钟间隔记录送风温度设定值、送风温度和外区末端的风量	确认送风温度设定值以6分钟2°F的速度升高，以维持5个外区末端的设计冷风量。 确认送风温度设定值以6分钟2°F的速度降低，以维持5个外区末端的设计冷风量。 两种工况都不能有过多的振荡		

续表

文档序列号[1]	模式编号[2]	检测程序[3]（包括特殊工况）	期望响应[4]	是否通过	注释
6	排烟工况	利用与紧急状况控制的接口，用消防控制系统模拟火灾模式	确认空调系统回复到风机停止状态，新风阀、排风阀均关闭		
7	速热控制	通过楼控系统将空调箱的控制模式改为供热模式。改变回风温度传感器的读数到 65℉	确认风阀执行 100% 回风的模式		
7	速热控制	通过楼控系统将空调箱的控制模式改为供热模式。改变回风温度传感器的读数到 72℉	确认空调箱返回正常运行模式		
11	防冻工况	修改下限温度控制器的读数到 38℉	确认系统能报警、停止风机、关闭新风阀、排风阀，打开回风阀		
13	回风机静压	在 AHU-3 和 4 运行在低风量条件下，修改 RF-3 和 4 的回风风机入口静压读数到低于 -1.5 吋水柱	确认系统能报警并停止所有风机		
14	夜间余热清除	将系统设置为夜间下限温度模式，随机选择一个区域的温度传感器，将其读数修改为 82℉，将室外空气温度值修改为 63℉，将排风温度修改为 82℉。15 分钟后，将排风温度传感器的读数修改为 75℉	确认空调箱起动、回风阀关闭、加热水阀关闭、新风阀打开、用室外空气吹扫房间。当室内温度到达 75℉，夜间余热清除循环应能停止		
15	手动防排烟加压系统	将火灾报警系统置于报警状态，使用消防控制中心的控制面板，选择一个楼层将该楼层置为排烟模式	确认单风机运行、只有运行风机的关断阀打开、回风机停止、新风处理箱停止、新风阀打开、回风阀关闭		
B1	最小新风空调箱风机停止	发指令停止 AHU-1 和 2	确认 AHU-9 和 10 的关断阀关闭，如果室外空气温度超过 35℉，加热盘管的水阀关闭		
B1	最小新风空调箱风机停止	模拟室外空气温度低于 35℉	确认加热盘管水阀打开		
B2	最小新风空调箱温度控制	通过楼控软件，将送风设定值改为 80℉	确认迎面及旁通风阀、加热盘管水阀逐渐调节维持 80℉ 的设定值		
B3	最小新风空调箱防冻工况	模拟下限温度控制器的读数到 40℉ 的工况	确认楼控系统能报警、AHU-7 和 8 的风机停止、AHU-7 和 8 的关断阀关闭、加热阀打开		

文档序列号[1]	模式编号[2]	检测程序[3]（包括特殊工况）	期望响应[4]	是否通过	注释[5]
	地上回风机运行	将 AHU-3 和 4 置于正常运行模式	确认 RAF 9-1，9-2，10-1，10-2，11-1，11-2，12-1，12-2，13-1，13-2，14-1，14-2，15-1，15-2 启动运转		
	建筑静压	以 5 分钟为步长连续记录送风风机转速、排风机转速、排风阀开度以及建筑静压 24 小时。如果需要，在记录过程中，强制节能器阀门全开和最小开度并记录相应时刻	观察记录数据，建筑静压维持在设定值±0.05 吋水柱并没用过多振荡。仔细检查节能器阀门在极限开度时的状况。观察排风阀能否根据排风机的运行及静压调节		
	空调箱过滤器压降	修改过滤器压降到超过制造厂商推荐的设定值	确认楼控系统能报警		
—	冷冻水阀关闭效率	1. 使用楼控系统将空调箱置于快速加热模式。2. 手动关闭空调箱盘管的冷冻水供水阀。3. 将温度计置于冷冻水出水管紧贴空调箱的位置，以 1 分钟为间隔记录温度 15 分钟。4. 手动打开空调箱盘管的冷冻水供水阀。6. 画出结果的温度-时间图	冷冻水回水温度应该接近回风温度，如果有明显差别，检查冷冻水控制阀的性能要求		
—	送风机关断阀	通过楼控系统，发指令将 AHU-1、SF-1 置于停止状态	确认 AHU-1、SF-1 的关断阀已关闭		
	检查	检查时间表、当前设定值和控制顺序是否符合合同详细条款 5950-3.3A 节和控制承包商的设计图	提交审核通过的变更并整合到竣工图中		

注：1. 合同文件（添附）中注明的操作序列。

2. 工程文档的检测需求章节规定的模式或者功能编号。

3. 手动检测、趋势记录或者数据记录仪监测时一步一步的检测程序。

4. 包括合格工况的误差。

5. 记录永久改变到达参数值，并提交给建筑业主。

参 考 文 献

[1] 中华人民共和国国家标准 GB/T 50314－2000 智能建筑设计标准[S]. 北京：中国建筑工业出版社，2000 年 5 月第 1 版.

[2] 中华人民共和国国家标准 GB 50339—2003 智能建筑工程质量验收规范[S]. 北京：中国建筑工业出版社，2003 年 9 月第 1 版.

[3] 中华人民共和国国家标准 GB/T 50314－2006 智能建筑设计标准[S]. 北京：中国计划出版社，2007 年 5 月第 1 版.

[4] 中华人民共和国行业标准 JGJ 16—2008 民用建筑电气设计规范[S]. 北京：中国建筑工业出版社，2008 年 6 月第 1 版.

[5] 中华人民共和国行业标准 JGJ 16—2008 民用建筑电气设计规范条文说明[S]. 北京：中国建筑工业出版社，2008 年 6 月第一版.

[6] 中华人民共和国行业标准 JGJ/T 334—2014 建筑设备监控系统工程技术规范[S]. 北京：中国建筑工业出版社，2008 年 6 月第 1 版.

[7] 杨守权. 建筑设备监控系统的 3-6-9 规则低压电器[J]. 2008 年第 18 期，pp51～54.

[8] 于艳荣，齐笑. 建筑设备监控系统的网络结构(二)——论剑：建筑设备监控系统的网络结构及其发展，智能建筑与城市信息[J]. 2006 年第 11 期，44～49.

[9] 董春桥. 智能建筑自控网络[M]. 北京：清华大学出版社，2008.

[10] 江亿，姜子炎. 建筑设备自动化[M]. 北京：中国建筑工业出版社，2007.

[11] 陆耀庆. 实用供热空调设计手册[M]. 北京：中国建筑工业出版社，2008.

[12] 江亿. 暖通空调系统的计算机控制管理：第 4 讲 建筑设备自动化系统建筑自动化控制系统. 暖通空调[J]. 1997 增刊，10：40-46.

[13] 李玉云. 建筑设备自动化[M]. 北京：机械工业出版社，2007.

[14] 龙惟定、程大章. 智能化大楼的建筑设备[M]. 北京：中国建筑工业出版社，1997.

[15] A. S. 坦尼伯姆. 计算机网络[M]. 第二版. 成都：成都科技大学出版社，1989.

[16] 凌志浩. 现场总线与工业以太网[M]. 北京：机械工业出版社，2007.

[17] 陈晨，陈龙. 智能建筑/居住小区信息网络系统[M]. 北京：中国建筑工业出版社，2003.

[18] 阳宪惠. 工业数据通信与控制网络[M]. 北京：清华大学出版社，2003.

[19] Wang Shengwei. Intelligent Buildings and Building Automation[M]. Taylor & Francis Ltd，2009. 11.

[20] 建科 [2008] 115 号，关于印发《公共建筑室内温度控制管理办法》的通知，http：//www. mohurd. gov. cn/wjfb/200807/t20080702 _ 174383. html.

[21] 中华人民共和国国务院令第 530 号，《民用建筑节能条例》，http：//www. mohurd. gov. cn/fgjs/xzfg/200808/t20080815 _ 176550. html.

[22] 中华人民共和国国务院令第 531 号，《公共机构节能条例》，http：//www. mohurd. gov. cn/fgjs/xzfg/200808/t20080815 _ 176549. html.

[23] Peter Deng, Intelligent Controls in Buildings Environmental Building Controls China (2008－2013)，BSRIA(Building Services Research and Information Association)Proplan，Report 52381/1 Edition 2，March 2009.

［24］ 中国银河证券股份有限公司研究所. 倡导节能理念，领跑智能建筑电气［R］. 电气设备行业企业深度研究，2008 年 8 月 11 日

［25］ 吕琪，王华. 智能是手段，节能是目的，建筑节能是大势所趋［R］. 申银万国智能建筑暨建筑节能行业深度报告，2009 年 1 月 9 日.

［26］ 夏东培. 论国产楼宇自动化系统的应用. 智能建筑［J］. 2008 年第 6 期，32～33.

［27］ 黄久松. 加快工程标准化建设 提高行业整体发展水平. 智能建筑［J］. 2008 年第 11 期，22～23.

［28］ 《智能建筑与城市信息》编辑部. 2007 年智能建筑市场盘点：2007 年智能建筑市场浅谈，智能建筑与城市信息［J］. 2008 年第 1 期，pp9～14.

［29］ 綦春明，聂春龙. 智能建筑工程建设有关问题的探讨. 基建优化［J］. 2007 年第 5 期，22～24.

［30］ ISOk-ISO Standards- ISO/TC 205－Building environment design，http：//www. iso. org/iso/iso _ catalogue/catalogue _ tc/catalogue _ tc _ browse. htm？commid＝54740.

［31］ 中华人民共和国国家标准 GB/T 28847.1—2012 建筑自动化和控制系统 第 1 部分：概述和定义［S］. 北京：中国标准出版社，2012 年 7 月第 1 版.

［32］ 中华人民共和国国家标准 GB/T 28847.2—2012 建筑自动化和控制系统 第 2 部分：硬件［S］. 北京：中国标准出版社，2013 年 2 月第 1 版.

［33］ 中华人民共和国国家标准 GB/T 28847.3—2012《建筑自动化和控制系统 第 3 部分：功能［S］. 北京：中国标准出版社，2013 年 2 月第 1 版.

［34］ 国家工程建设标准化信息网，http：//www. risn. org. cn/Default. aspx.

［35］ 住房和城乡建设部标准定额司. 工程建设标准编制指南［S］. 北京：中国建筑工业出版社，2009 年 6 月第 1 版.

［36］ 陈哲良，王福林，马蕊. 公共建筑智能化系统现状调研与分析. 智能建筑［J］. 2015 年第 3 期，26～33.

［37］ 赵哲身. 关于楼宇自动化系统技术经济价值的反思和对策——论 BA 系统的可持续发展. 智能建筑［J］. 2007 年第 6 期，18～21.

［38］ 借力奥运推进智能化进程 智能建筑描绘青岛表情.《青岛财经日报》2006-11-20. 青岛新闻网.

［39］ 杂志编辑部. "楼宇自控系统与建筑节能座谈会"在京召开. 智能建筑［J］. 2007 年第 9 期，8～24.

［40］ 陈哲良，王福林，马蕊. 公共建筑智能化系统问卷调查与分析. 智能建筑［J］. 2015 年第 3 期，13～18.

［41］ 杨为民. 可靠性维修性保障性总论［M］. 北京：国防工业出版社，1995.

［42］ 《公共建筑节能设计标准》编制组. GB 50189—2015《公共建筑节能设计标准》实施指南［M］，北京：中国建筑工业出版社，2015.

［43］ 中华人民共和国国家标准 GB 50300－2013 建筑工程施工质量验收统一标准［S］. 北京：中国建筑工业出版社，2014.

［44］ 中华人民共和国国家标准 GB 50736－2012 民用建筑供暖通风与空气调节设计规范［S］. 北京：中国建筑工业出版社，2012.

［45］ 中华人民共和国国家标准 GB 50015－2003(2009 年版)建筑给水排水设计规范［S］. 北京：中国计划出版社，2010.

［46］ 中国建筑标准设计研究院. 国家建筑标准设计图集 03X201-2 建筑设备监控系统设计安装［M］. 2003.

［47］ 中南建筑设计院. 建筑工程设计文件编制深度规定［M］. 北京：中国计划出版社，2009.

［48］ 中华人民共和国国家标准 GB 50339－2013 智能建筑工程质量验收规范［S］. 北京：中国建筑工业出版社，2013.

［49］ 徐学峰. 传感器变送器测控仪表大全［M］. 北京：机械工业出版社，1998.

［50］ 殷宏义. 可编程控制器选择设计与维护［M］. 北京：机械工业出版社，2002.

［51］ 王常力，罗安. 分布式控制系统设计与应用实例［M］. 北京：电子工业出版社，2010.

［52］ 住房和城乡建设部工程质量安全监管司，中国建筑标准设计研究院. 全国民用建筑工程设计技术措施·电气 2009［M］. 北京：中国计划出版社，2009.

［53］ 全国智能建筑技术情报网，中国建筑设计研究院机电院. 建筑设备监控与管理系统应用手册［M］. 北京：中国建筑工业出版社，2006.

［54］ 梁镒. 国际工程施工经营管理［M］. 中国水利电力出版社，1994

［55］ 中华人民共和国国家标准 GB 50606－2010 智能建筑工程施工规范［S］. 北京：中国计划出版社，2011.

［56］ 《建筑工程施工质量验收统一标准》GB 50300—2013 编制组，北京建科研软件技术有限公司. 建筑工程施工质量验收统一标准解读与资料编制指南—依据 GB 50300—2013 及各专业验收规范［M］. 北京：中国建筑工业出版社，2014.

［57］ Functional Testing Guide：from the Fundamentals to the Field，http：//www. ftguide. org/ftg/ Functional _ Testing _ Guide _ from _ the _ Fundamentals _ to _ the _ Field. htm.

［58］ 《建筑工程施工质量验收统一标准》GB 50300—2013 编制组，北京建科研软件技术有限公司. 建筑工程施工质量验收统一标准解读与资料编制指南—依据 GB 50300—2013 及各专业验收规范［M］，北京：中国建筑工业出版社，2014.

［59］ 中华人民共和国行业标准 JGJ/T 185－2009 建筑工程资料管理规程［S］. 北京：中国建筑工业出版社，2010.

［60］ Woo S，Jeong S，Mok E，et al. Application of WiFi－based indoor positioning system for labor tracking at construction sites：A case study in Guangzhou MTR［J］. Automation in Construction，2011，20(1)：3-13.

［61］ Biswas J，Veloso M. Wifi localization and navigation for autonomous indoor mobile robots［C］，Robotics and Automation (ICRA)，2010 IEEE International Conference on. IEEE，2010：4379-4384.

［62］ Balaji B，Xu J，Nwokafor A，et al. Sentinel：occupancy based HVAC actuation using existing WiFi infrastructure within commercial buildings［C］，Proceedings of the 11th ACM Conference on Embedded Networked Sensor Systems. ACM，2013：17.

［63］ Ahn J，Han R. An indoor augmented-reality evacuation system for the Smartphone using personalized Pedometry［J］. Human-Centric Computing and Information Sciences，2012，2(1)：1-23.

［64］ Veichtlbauer A，Pfeiffenberger T. Dynamic evacuation guidance as safety critical application in building automation［M］，Critical Information Infrastructure Security. Springer Berlin Heidelberg，2013：58-69.

［65］ Zhou J，Wu C C，Yu K M，et al. Crowd Guidance for Emergency Fire Evacuation Basedon Wireless Sensor Networks［C］，The 5th IET International Conference on Ubi-media Computing (U-Media 2012). 2012：303-309.

［66］ British Department for Business Innovation ＆ Skills，Innovation and Research Strategy for Growth，2011，p. 29

［67］ S. Roundy，P. K. Wright and J. Rabaey：A study of low level vibrations as a power source for wireless sensor nodes，Comp. Commu. ，26(2003)，pp. 1131～1144

［68］ J. A. Paradiso and T. Starner：Energy scavenging for mobile and wireless electronics，IEEE Pervasive Comput. ，4(2005)，pp. 18～27

［69］ R. J. M. Vullers，R. van Schaijk，H. J. Visser，J. Penders and C. Van Hoof：Energy harvesting for autonomous wireless sensor networks, IEEE Solid — State Circuits Mag. , 2(2010), pp. 29～38

[70] 竹内敬治，エネルギーハーベスティング技術の建物設備への応用例，SAHSE Journal, 2008, 87 (2)：83-88

[71] http：//www. Flickr. com/photos/philips_newscenter/4171029869/sizes/l/in/photostream/.

[72] http：//phys. org/news/2012-09-wireless-window-sentinel. html.

[73] Beyer, Mark A. , and Douglas Laney. "The importance of 'big data'：a definition. "Stamford, CT：Gartner (2012).

[74] BARWICKH. The"four Vs"of big data [EB/OL]. [2011-08-05], accessed 2016-01-31. http：// www. computerworld. com. au/article/396198/iii3-four-vs-big_data/.

[75] IBM, What is big data? [EB/OL]. http：//www-01. ibm. com/software/data/bigdata/what-is-big-data. html, accessed 2016-1-31.

[76] (英)维克托·迈尔-舍恩伯格，肯尼思·库克耶著，盛杨燕，周涛译，大数据时代：生活、工作与思维的大变革，杭州：浙江人民出版社，2012.

[77] Lu Y. Practical heating and air conditioning design manual (2th Edition). China Architecture & Building Press, 2008, Beijing, China.

[78] Mumma S. A. Transient occupancy ventilation by monitoring CO_2. ASHRAE, Winter 2004：21-23.

[79] Ito S. , Nishi H. Estimation of the number of people under controlled ventilation using a CO_2 concentration sensor. In：Proceedings of the 38th Annual Conference on IEEE Industrial Electronics Society, 2012, pp. 4834-4839.

[80] Sun Z. , Wang S. , and Ma Z. In-situ implementation and validation of aCO_2-based adaptive demand-controlled ventilation strategy in a multi-zone office building. Building and Environment, 2011, 46：124-133.

[81] Gruber M. , Trüschel A. , and Dalenbäck J. CO_2 sensors for occupancy estimations：Potential in building automation applications. Energy and Buildings, 2014, 84：548-556.

[82] Saleh S. A. M. , Suandi S. A. , and Ibrahim H. Recent survey on crowd density estimation and counting for visual surveillance. Engineering Applications of Artificial Intelligence, 2015, 41：103-114.

[83] Wang H. , Jia Q. , Song C. , Yuan R. and Guan X. Estimation of occupancy level in indoor environment based on heterogeneous information fusion. In：Proceedings of the 49th IEEE Conference on Decision and Control, 2010：15－17.

[84] Jia H. , Zhang Y. Automatic People Counting Based on Machine Learning in Intelligent Video Surveillance. Video application & project, 2009, 33(4)：78-81.

[85] 柴进. 视频监控中的人数统计和人群密度分析[硕士学位论文]. 西安：西安电子科技大学，2011.

[86] Erickson V. L. , Lin Y. , Kamthe A. , Brahme R. et al. Energy efficient building environment control strategies using real-time occupancy measurements. In：Embedded Sensing Systems for Energy-Efficiency in Buildings：Proceedings of the First ACM Workshop, 2009：19-24.

[87] Benezeth Y. , Laurent H. , Emile B. , and Rosenberger C. Towards a sensor for detecting human presence and characterizing activity. Energy and Buildings, 2011, 43：305-314.

[88] Yang Z. , Li N. , Becerik-Gerber B. , and Orosz M. A systematic approach to occupancy modeling in ambient sensor-rich buildings, Simulation：Transactions of the Society for Modeling and Simulation International, 2014, 90(8)：960-977.

[89] 梁光清. 基于被动式红外探测器的人体识别技术研究[硕士学位论文]. 重庆：重庆大学. 2009.

[90] Henze G. P. , Dodier R. H. , Tiller D. K. and Guo X. Building occupancy detection through sensor

belief networks. Energy and Buildings，2006，38：1033 – 1043.

［91］ 李超 . 红外传感器客流技术系统的统计［硕士学位论文］. 石家庄：河北科技大学 . 2010.

［92］ Weppner J. ，Lukowicz p. Bluetooth Based Collaborative Crowd Density Estimation with Mobile Phones. In：2013 IEEE International Conference on Pervasive Computing and Communications，2013：193-200.

［93］ Xi W. ，Zhao J. ，Li X. et al. Electronic Frog Eye：Counting Crowd Using WiFi. In：IEEE INFO-COM 2014 - IEEE Conference on Computer Communications，2014：361-369.

［94］ Depatla S. ，Muralidharan A. and Mostofi Y. Occupancy Estimation Using Only WiFi Power Measurements. IEEE Journal on Selected Areas in Communications，2015，(7)：1381-1393.

［95］ Zhu Q. ，Chen Z. and Soh Y. C. Using Unlabeled Acoustic Data with Locality-constrained Linear Coding for Energy-related Activity Recognition in Buildings. In：2015 IEEE International Conference on Automation Science and Engineering (CASE)，2015：174-179.

［96］ Jia R. ，Jin M. ，Chen Z. andSpanos C. J. SoundLoc：Accurate Room-level Indoor Localization Using Acoustic Signatures. In：2015 IEEE International Conference on Automation Science and Engineering (CASE)，2015：186-193.

［97］ Melfi R. ，Rosenblum B. ，Nordman B. et al. Measuring building occupancy using existing network infrastructure. In：2011 International Green Computing Conference and Workshop，2011.

［98］ Lu J. ，Sookoor T. ，Srinivasan V. et al. The Smart Thermostat Using Occupancy Sensors to Save Energy in Homes. In：Embedded Networked Sensor Systems：Proceedings of the 8th ACM Conference，2010：211-224.

［99］ Dong B. ，Andrews B. ，Khee P. L. et al. An information technology enabled sustainability test-bed (ITEST) for occupancy detection through an environmental sensing network. Energy and Buildings. 2010，42：1038-1046.

［100］ Hailemariam E. ，Goldstein R. ，Attar R. et al. Real-time occupancy detection using decision trees with multiple sensor types. In：SimAUD'11 Proceedings of the 2011 Symposium on Simulation for Architecture and Urban Design. 2013.

［101］ Meyn A. ，Surana A. ，Lin Y. et al. A sensor-utility-network method for estimation of occupancy in buildings. In：Proceedings of the 48th IEEE Conference on Decision and Control and the 28th Chinese Control Conference，2009：1494-1500.

［102］ Ke，Y. ，S. Mumma. Using carbon dioxide measurements to determine occupancy for ventilation controls. ASHRAE Transactions，1997，103(2)：365-374.

［103］ Yan D. ，Xia J. ，Tang W. ，Song F. ，Zhang X. ，Jiang Y. DeST-An integrated building simulation toolkit Part I：Fundamentals，Building Simulation，2008，1(2)：95-110.

［104］ Chen Z. ，Xue F. ，Wang F. A novel control logic for fan coil unit considering both room temperature and humidity control. Building Simulation，2015，8：27-37.

［105］ Chen Z. ，Wang F. ，Guo Z, Zhao Q. ，Cheng Z. ，Zhong Z. Comparison between Set-point Based and Satisfaction Based Indoor Environment Control. In：The ISHVAC-COBEE 2015 Conference，2015.